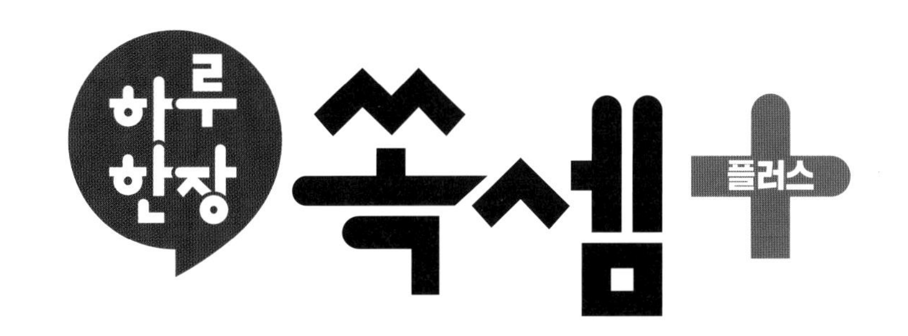

"연산 문제는 잘 푸는데 문장제만 보면 머리가 멍해져요."

"문제를 어떻게 풀어야 할지 모르겠어요."

"문제에서 무엇을 구해야 할지 이해하기가 힘들어요."

연산 문제는 척척 풀 수 있는데
문장제를 보면 문제를 풀기도 전에
어렵게 느껴지나요?

하지만 연산 문제도 처음부터 쉬웠던 것은 아닐 거예요.
반복 학습을 통해 계산법을 익히면서 잘 풀게 된 것이죠.
문장제를 학습할 때에도 마찬가지입니다.
단순하게 연산만 적용하는 문제부터 점점 난이도를 높여 가며,
문제를 이해하고 풀이 과정을 반복하여 연습하다 보면
문장제에 대한 두려움은 사라지고
아무리 복잡한 문장제라도 척척 풀어낼 수 있을 거예요.
『하루 한장 쏙셈+』는
가장 단순한 문장제부터 한 단계 높은 응용 문제까지
알차게 구성하였어요.

자, 우리 함께 시작해 볼까요?

구성과 특징

1일차

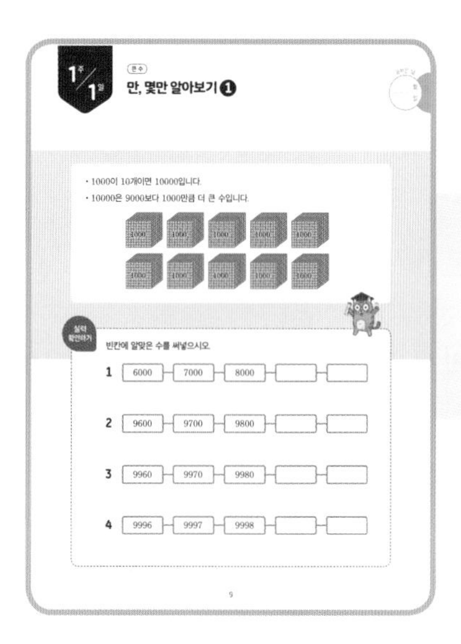

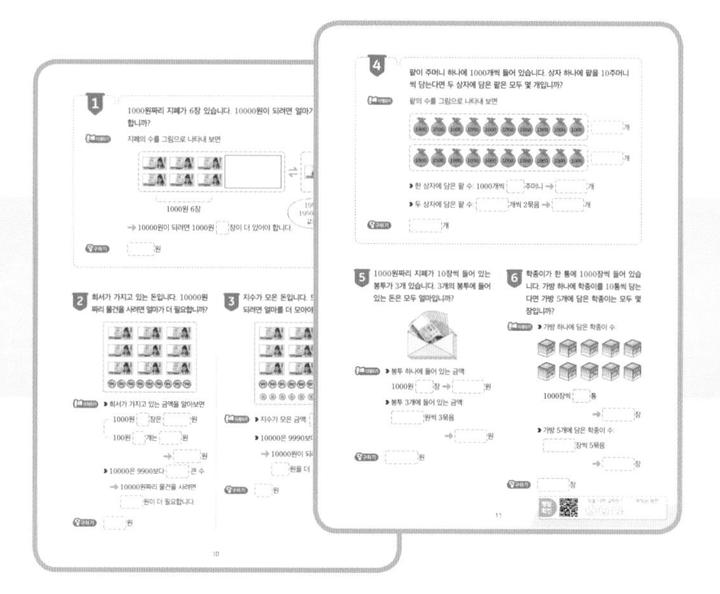

- 주제별 개념을 확인합니다.
- 개념을 확인하는 기본 문제를 풀며 실력을 점검합니다.

- 주제별로 가장 단순한 문장제를 『문제 이해하기 ➡ 식 세우기 ➡ 답 구하기』 단계를 따라가며 풀어 보면서 문제풀이의 기초를 다집니다.
- 문제는 예제, 유제 형태로 구성되어 있어 반복 학습이 가능합니다.

2일차

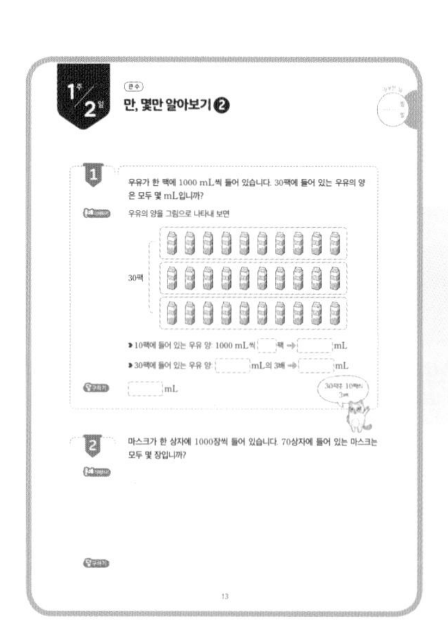

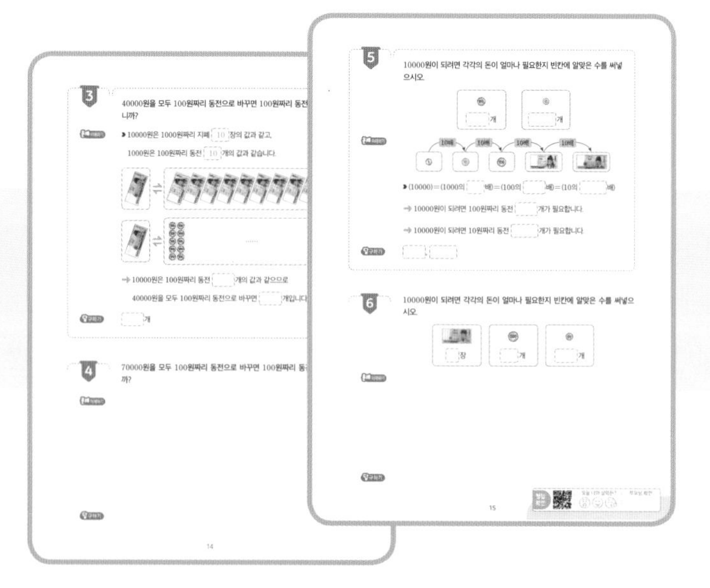

- 1일차 학습 내용을 다시 한 번 확인합니다.

- 주제별 1일차보다 난이도 있는 다양한 유형의 문제를 예제, 유제 형태로 구성하였습니다.
- 교과서에서 다루고 있는 문제 중에서 교과 역량을 키울 수 있는 문제를 선별하여 수록하였습니다.

쏙셈+는
주제별로 2일 학습으로 구성되어 있습니다.

1일차 학습을 통해 **기본 개념**을 다지고,

2일차 학습을 통해 **문장제 적용 훈련**을 할 수 있습니다.

- 창의력을 키우는 수학 놀이터로 하루 학습을 마무리합니다.
- 학습에 대한 부담은 줄이고, 수학에 대한 흥미, 자신감을 최대로 끌어올릴 수 있습니다.

- 창의력을 키우는 수학 놀이터로 하루 학습을 마무리합니다.
- 학습에 대한 부담은 줄이고, 수학에 대한 흥미, 자신감을 최대로 끌어올릴 수 있습니다.

단원의 마무리 학습

- 단원에서 배웠던 내용을 되짚어 보며 실력을 점검합니다.
- 수학적으로 생각하는 힘을 키울 수 있는 문제를 수록하였습니다.

차례

큰 수

각도

곱셈과 나눗셈

『하루 한장 쏙셈+』 이렇게 활용해요!

교과서와 연계 학습을!

교과서에 따른 모든 영역별 연산 부분에서 다양한 유형의 문장제를 만날 수 있습니다. **『하루 한장 쏙셈+』**는 학기별 교과서와 연계되어 있으므로 방학 중 선행 학습 교재나 학기 중 진도 교재로 사용할 수 있습니다.

실력이 쑥쑥!

수학의 기본이 되는 연산 학습을 체계적으로 학습했다면, 문장으로 된 문제를 이해하고 어떻게 풀어야 하는지 수학적으로 사고하는 힘을 길러야 합니다.
『하루 한장 쏙셈+』로 문제를 이해하고 그에 맞게 식을 세워서 풀이하는 과정을 반복함으로써 문제 푸는 실력을 키울 수 있습니다.

문장제를 집중적으로!

문장제는 연산을 적용하는 가장 단순한 문제부터 난이도를 점점 높여 가며 문제 푸는 과정을 반복하는 학습이 필요합니다. **『하루 한장 쏙셈+』**로 문장제를 해결하는 과정을 집중적으로 훈련하면 특정 문제에 대한 풀이가 아닌 어떤 문제를 만나도 스스로 해결 방법을 생각해 낼 수 있는 힘을 기를 수 있습니다.

큰 수

이것을 배울 거예요!

- 만, 몇만 알아보기
- 다섯 자리 수 알아보기
- 십만, 백만, 천만 알아보기
- 억과 조 알아보기
- 큰 수의 뛰어 세기
- 큰 수의 크기 비교하기

학습 계획 세우기

공부할 내용에 대한 계획을 세우고,
학습해 보아요!

		학습 계획일
1주 1일	만, 몇만 알아보기 ❶	월 일
1주 2일	만, 몇만 알아보기 ❷	월 일
1주 3일	다섯 자리 수 알아보기 ❶	월 일
1주 4일	다섯 자리 수 알아보기 ❷	월 일
1주 5일	십만, 백만, 천만 알아보기	월 일
2주 1일	억과 조 알아보기 ❶	월 일
2주 2일	억과 조 알아보기 ❷	월 일
2주 3일	뛰어 세기 ❶	월 일
2주 4일	뛰어 세기 ❷	월 일
2주 5일	큰 수의 크기 비교하기 ❶	월 일
3주 1일	큰 수의 크기 비교하기 ❷	월 일
3주 2일	단원 마무리	월 일

큰 수

만, 몇만 알아보기 ❶

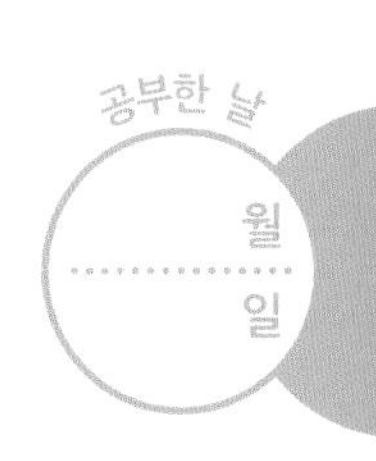

• 1000이 10개이면 10000입니다.

• 10000은 9000보다 1000만큼 더 큰 수입니다.

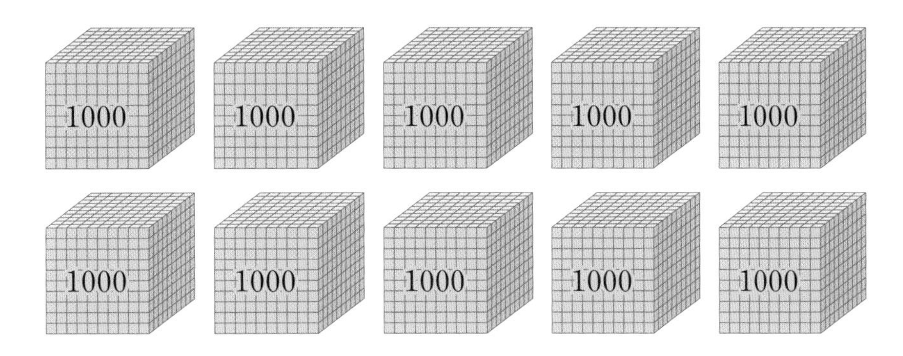

실력 확인하기

빈칸에 알맞은 수를 써넣으시오.

1 6000 — 7000 — 8000 — ☐ — ☐

2 9600 — 9700 — 9800 — ☐ — ☐

3 9960 — 9970 — 9980 — ☐ — ☐

4 9996 — 9997 — 9998 — ☐ — ☐

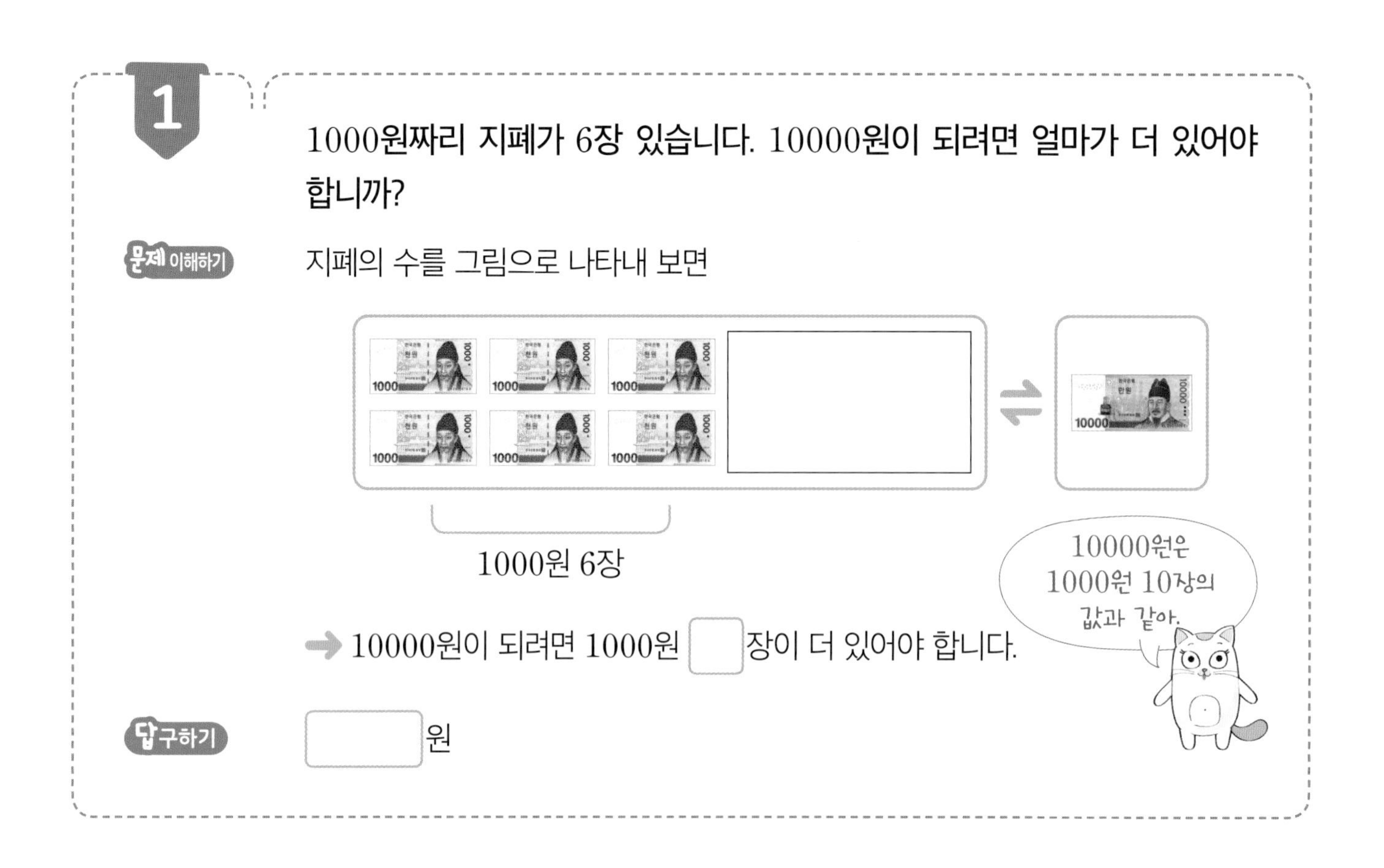

1

1000원짜리 지폐가 6장 있습니다. 10000원이 되려면 얼마가 더 있어야 합니까?

문제 이해하기 지폐의 수를 그림으로 나타내 보면

1000원 6장
10000원은 1000원 10장의 값과 같아.

➡ 10000원이 되려면 1000원 ☐장이 더 있어야 합니다.

답구하기 ☐원

2

희서가 가지고 있는 돈입니다. 10000원짜리 물건을 사려면 얼마가 더 필요합니까?

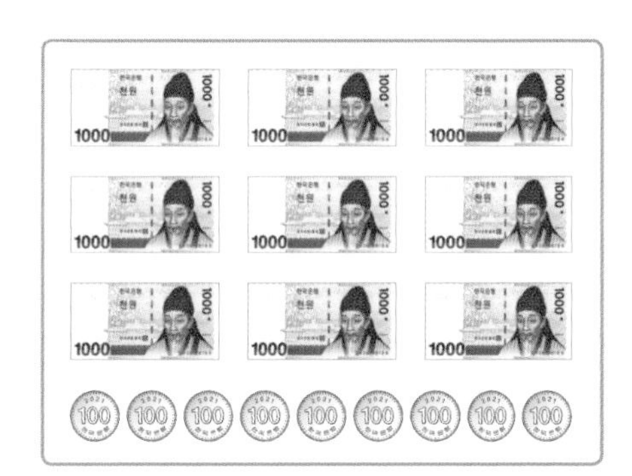

문제 이해하기 ▶ 희서가 가지고 있는 금액을 알아보면

1000원 ☐장은 ☐원

100원 ☐개는 ☐원

➡ ☐원

▶ 10000은 9900보다 ☐ 큰 수

➡ 10000원짜리 물건을 사려면 ☐원이 더 필요합니다.

답구하기 ☐원

3

지수가 모은 돈입니다. 모두 10000원이 되려면 얼마를 더 모아야 합니까?

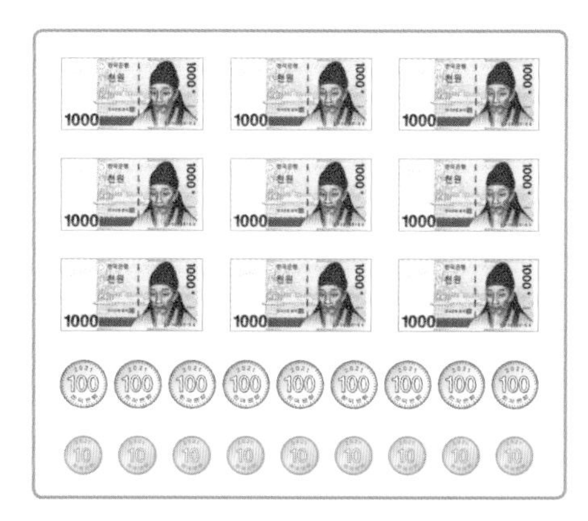

문제 이해하기 ▶ 지수가 모은 금액: ☐원

▶ 10000은 9990보다 ☐ 큰 수

➡ 10000원이 되려면 ☐원을 더 모아야 합니다.

답구하기 ☐원

4 팥이 주머니 하나에 1000개씩 들어 있습니다. 상자 하나에 팥을 10주머니씩 담는다면 두 상자에 담은 팥은 모두 몇 개입니까?

문제 이해하기 팥의 수를 그림으로 나타내 보면

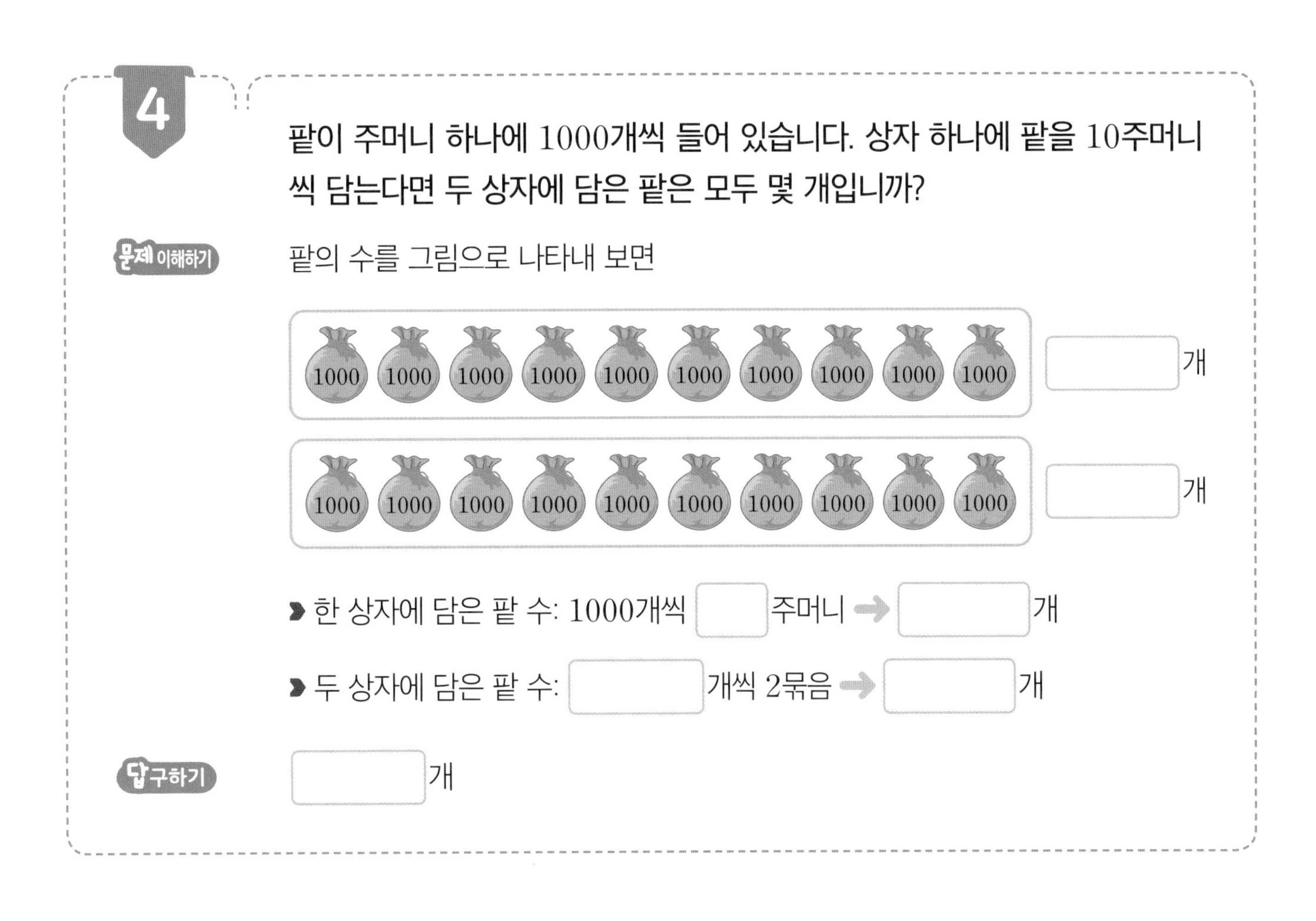

➤ 한 상자에 담은 팥 수: 1000개씩 ☐ 주머니 → ☐ 개

➤ 두 상자에 담은 팥 수: ☐ 개씩 2묶음 → ☐ 개

답 구하기 ☐ 개

5 1000원짜리 지폐가 10장씩 들어 있는 봉투가 3개 있습니다. 3개의 봉투에 들어 있는 돈은 모두 얼마입니까?

문제 이해하기 ➤ 봉투 하나에 들어 있는 금액:

1000원 ☐ 장 → ☐ 원

➤ 봉투 3개에 들어 있는 금액:

☐ 원씩 3묶음

→ ☐ 원

답 구하기 ☐ 원

6 학종이가 한 통에 1000장씩 들어 있습니다. 가방 하나에 학종이를 10통씩 담는다면 가방 5개에 담은 학종이는 모두 몇 장입니까?

문제 이해하기 ➤ 가방 하나에 담은 학종이 수:

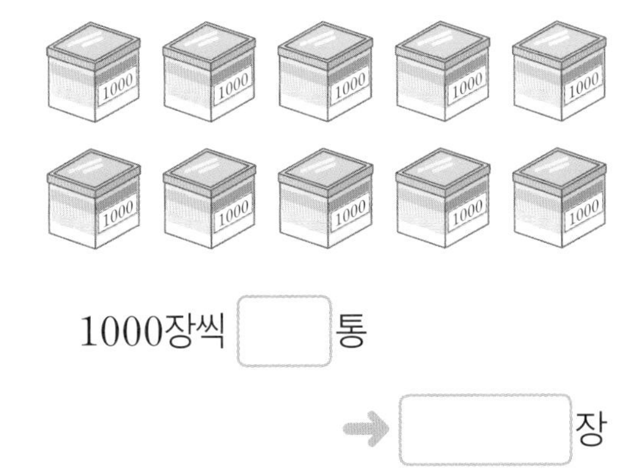

1000장씩 ☐ 통

→ ☐ 장

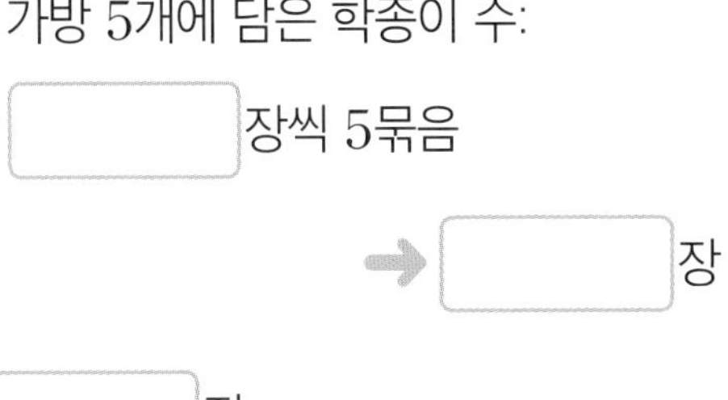

➤ 가방 5개에 담은 학종이 수:

☐ 장씩 5묶음

→ ☐ 장

답 구하기 ☐ 장

떨어진 돈을 찾아라!

트램펄린에서 친구들이 신나게 뛰어놀다 보니 주머니에 있는 돈들이 모두 바닥으로 떨어졌어요. 준서, 예찬, 미래는 각각 10000원씩 가지고 있었답니다. 하윤이는 얼마를 가지고 있었을까요?

큰 수

만, 몇만 알아보기 ②

1

우유가 한 팩에 1000 mL씩 들어 있습니다. 30팩에 들어 있는 우유의 양은 모두 몇 mL입니까?

문제 이해하기

우유의 양을 그림으로 나타내 보면

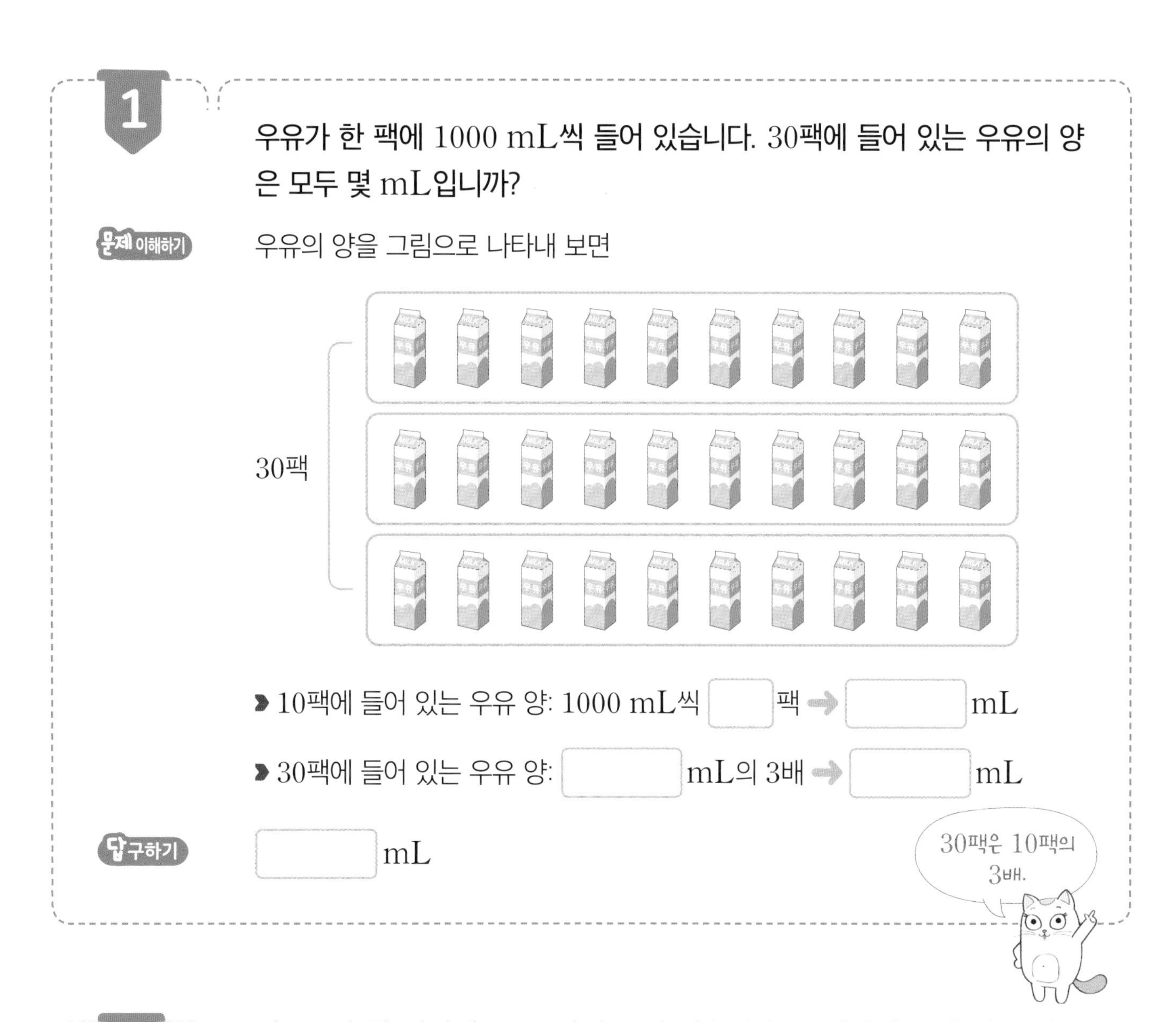

› 10팩에 들어 있는 우유 양: 1000 mL씩 ☐팩 → ☐ mL

› 30팩에 들어 있는 우유 양: ☐ mL의 3배 → ☐ mL

답 구하기

☐ mL

2

마스크가 한 상자에 1000장씩 들어 있습니다. 70상자에 들어 있는 마스크는 모두 몇 장입니까?

문제 이해하기

답 구하기

3

40000원을 모두 100원짜리 동전으로 바꾸면 100원짜리 동전 몇 개가 됩니까?

문제 이해하기

› 10000원은 1000원짜리 지폐 ☐장의 값과 같고,

1000원은 100원짜리 동전 ☐개의 값과 같습니다.

→ 10000원은 100원짜리 동전 ☐개의 값과 같으므로

40000원을 모두 100원짜리 동전으로 바꾸면 ☐개입니다.

답구하기 ☐개

4

70000원을 모두 100원짜리 동전으로 바꾸면 100원짜리 동전 몇 개가 됩니까?

문제 이해하기

답구하기

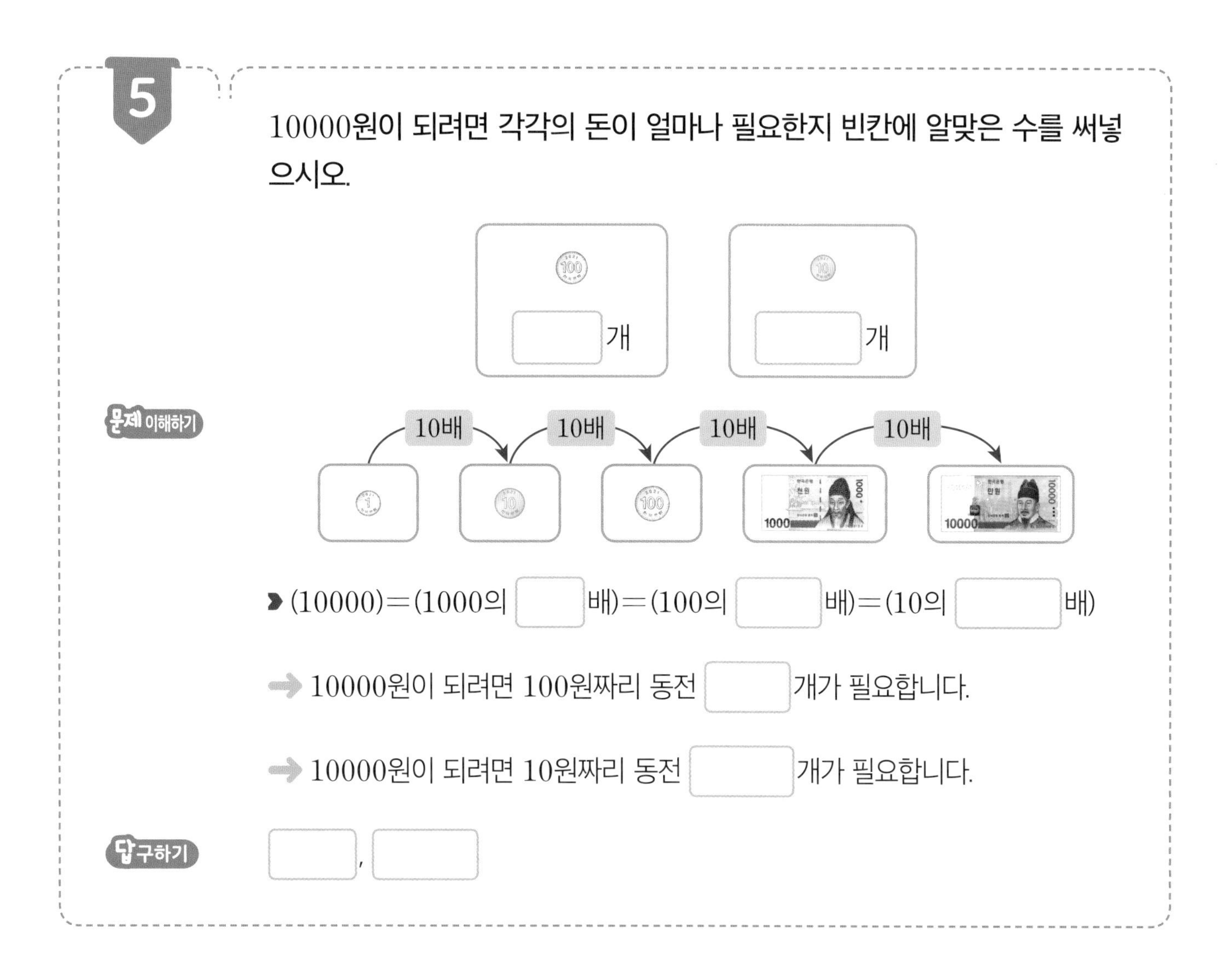

5

10000원이 되려면 각각의 돈이 얼마나 필요한지 빈칸에 알맞은 수를 써넣으시오.

□개 □개

문제 이해하기

› (10000)=(1000의 □배)=(100의 □배)=(10의 □배)

➡ 10000원이 되려면 100원짜리 동전 □개가 필요합니다.

➡ 10000원이 되려면 10원짜리 동전 □개가 필요합니다.

답구하기 □, □

6

10000원이 되려면 각각의 돈이 얼마나 필요한지 빈칸에 알맞은 수를 써넣으시오.

□장 □개 □개

문제 이해하기

답구하기

어떤 장난감을 선물 받았나요?

부모님께 생일 선물로 장난감을 받은 연주가 친구들 앞에서 자랑을 합니다. 그러자 다른 친구들도 자신이 받은 선물을 자랑하고 있어요. 친구들이 선물 받은 장난감이 아닌 것에 ○표 하세요.

큰 수

다섯 자리 수 알아보기 ❶

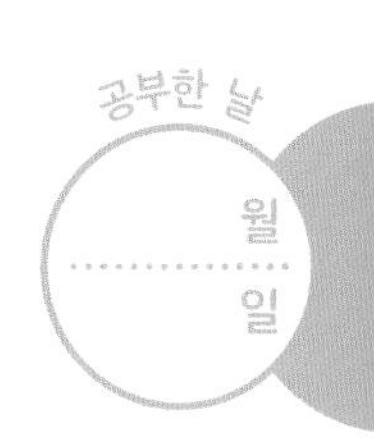

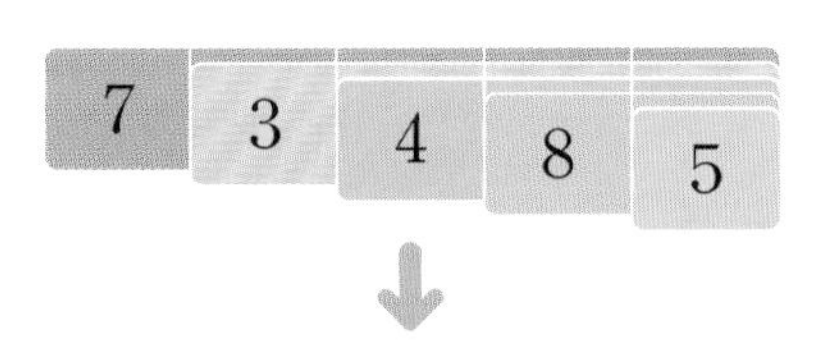

73485=70000+3000+400+80+5

7	0	0	0	0	7은 만의 자리 숫자이고, 70000을 나타냅니다.
	3	0	0	0	3은 천의 자리 숫자이고, 3000을 나타냅니다.
		4	0	0	4는 백의 자리 숫자이고, 400을 나타냅니다.
			8	0	8은 십의 자리 숫자이고, 80을 나타냅니다.
				5	5는 일의 자리 숫자이고, 5를 나타냅니다.

실력 확인하기

빈칸에 알맞은 수를 써넣으시오.

1
10000이 1개
1000이 3개
100이 7개
10이 2개
1이 1개
→ ☐

2
10000이 3개
1000이 8개
100이 6개
10이 5개
1이 7개
→ ☐

3
10000이 5개
1000이 2개
100이 0개
10이 9개
1이 4개
→ ☐

4
10000이 8개
1000이 0개
100이 6개
10이 8개
1이 0개
→ ☐

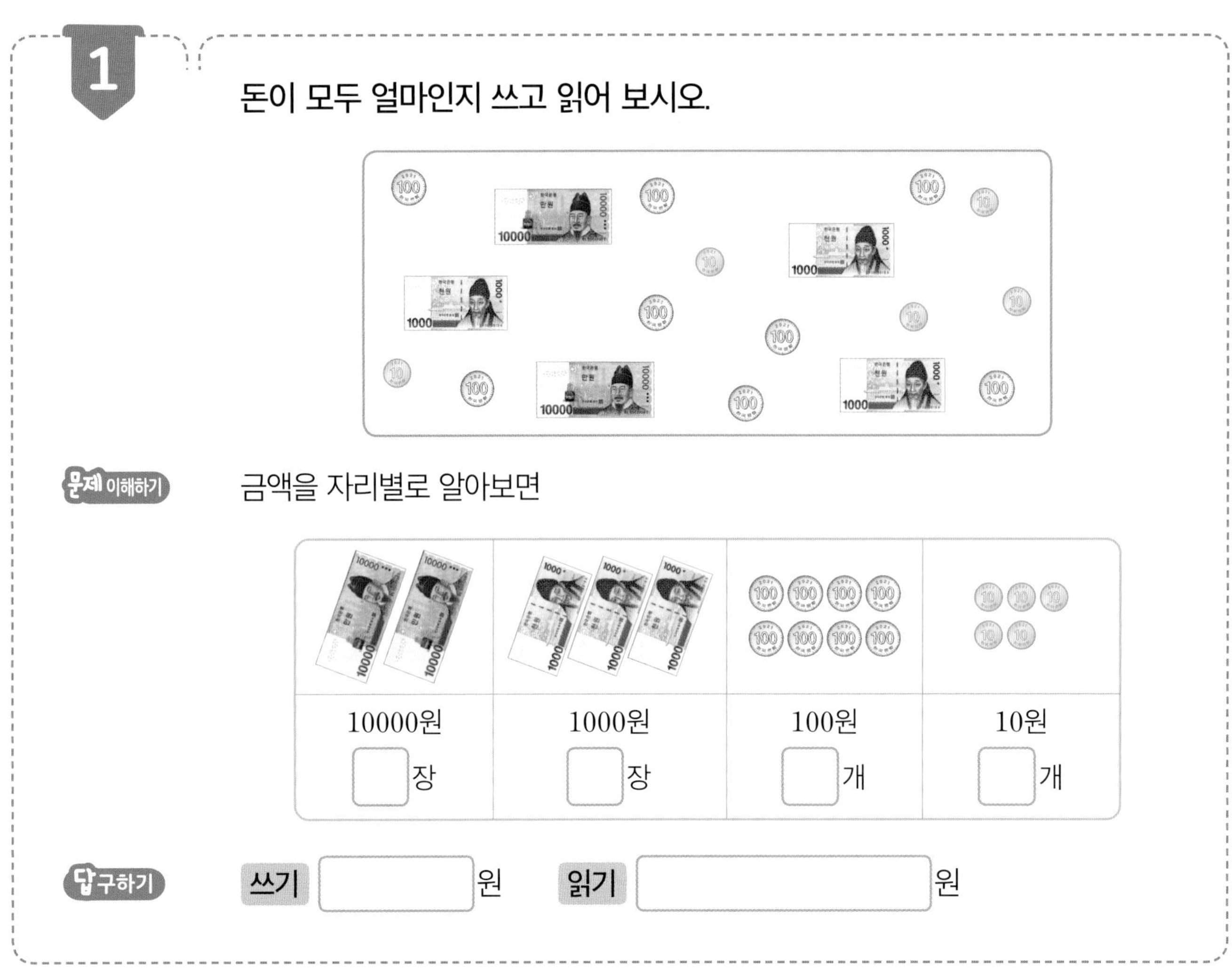

1 돈이 모두 얼마인지 쓰고 읽어 보시오.

문제 이해하기 금액을 자리별로 알아보면

10000원	1000원	100원	10원
□장	□장	□개	□개

답 구하기 쓰기 □원 읽기 □원

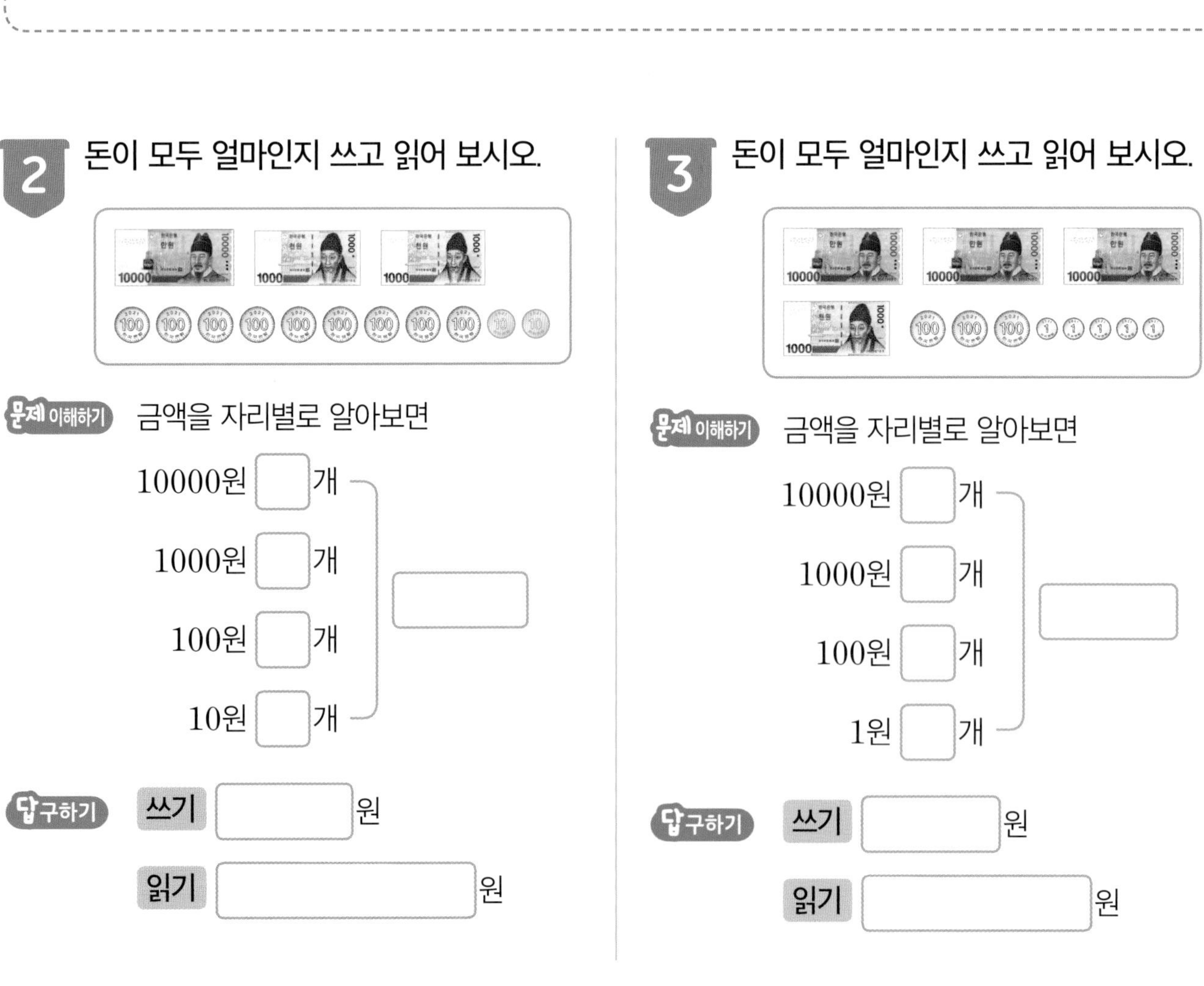

2 돈이 모두 얼마인지 쓰고 읽어 보시오.

문제 이해하기 금액을 자리별로 알아보면

10000원 □개
1000원 □개
100원 □개
10원 □개
→ □

답 구하기
쓰기 □원
읽기 □원

3 돈이 모두 얼마인지 쓰고 읽어 보시오.

문제 이해하기 금액을 자리별로 알아보면

10000원 □개
1000원 □개
100원 □개
1원 □개
→ □

답 구하기
쓰기 □원
읽기 □원

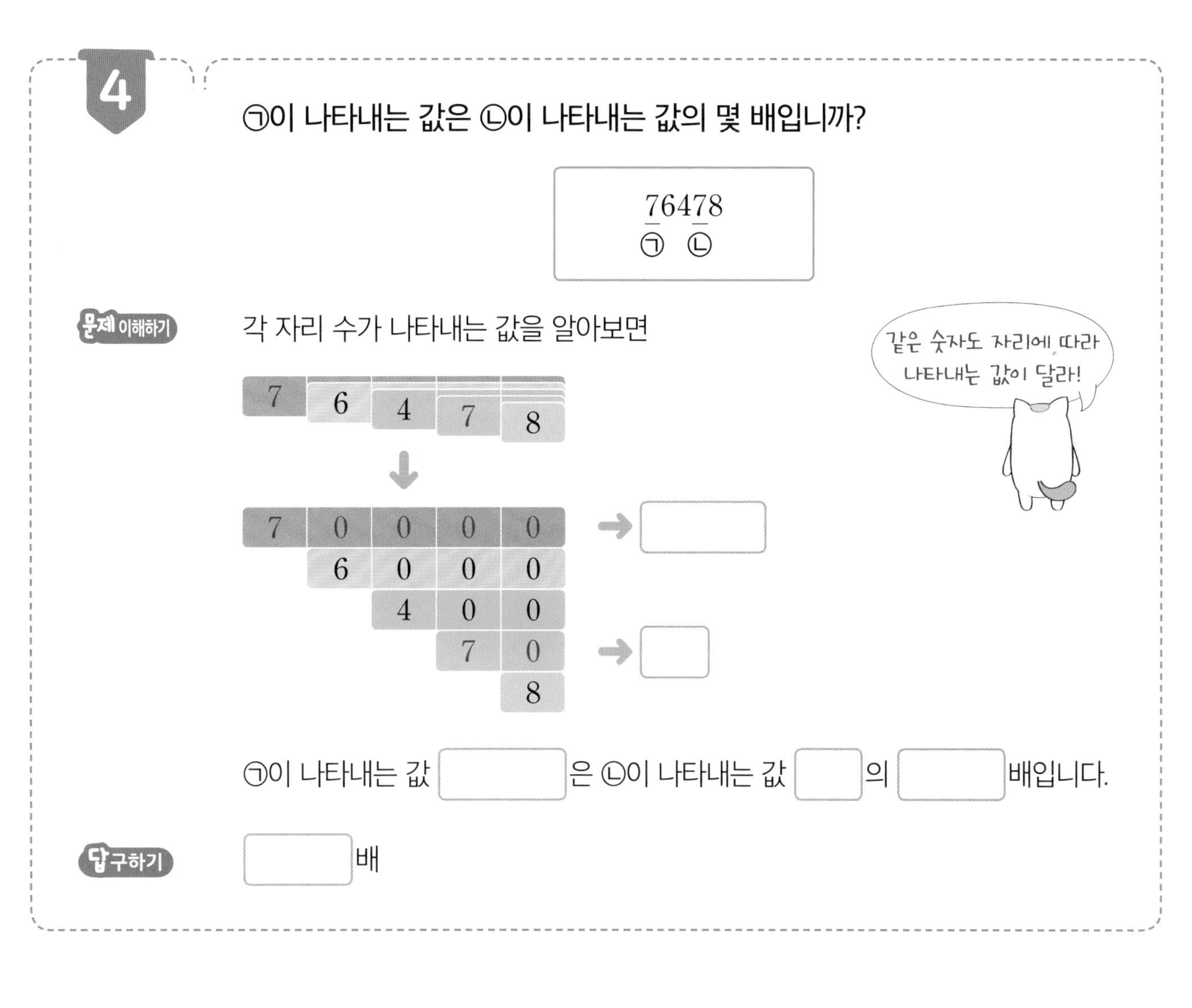

4 ㉠이 나타내는 값은 ㉡이 나타내는 값의 몇 배입니까?

76478 (㉠: 7, ㉡: 4)

문제 이해하기 각 자리 수가 나타내는 값을 알아보면

㉠이 나타내는 값 [ ] 은 ㉡이 나타내는 값 [ ] 의 [ ] 배입니다.

답 구하기 [ ] 배

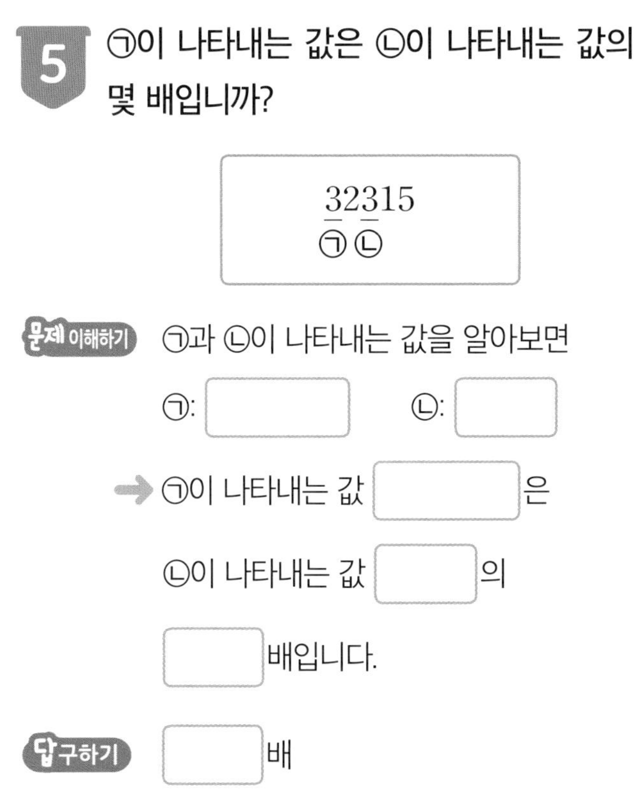

5 ㉠이 나타내는 값은 ㉡이 나타내는 값의 몇 배입니까?

32315 (㉠: 2, ㉡: 3)

문제 이해하기 ㉠과 ㉡이 나타내는 값을 알아보면

㉠: [ ]　㉡: [ ]

→ ㉠이 나타내는 값 [ ] 은 ㉡이 나타내는 값 [ ] 의 [ ] 배입니다.

답 구하기 [ ] 배

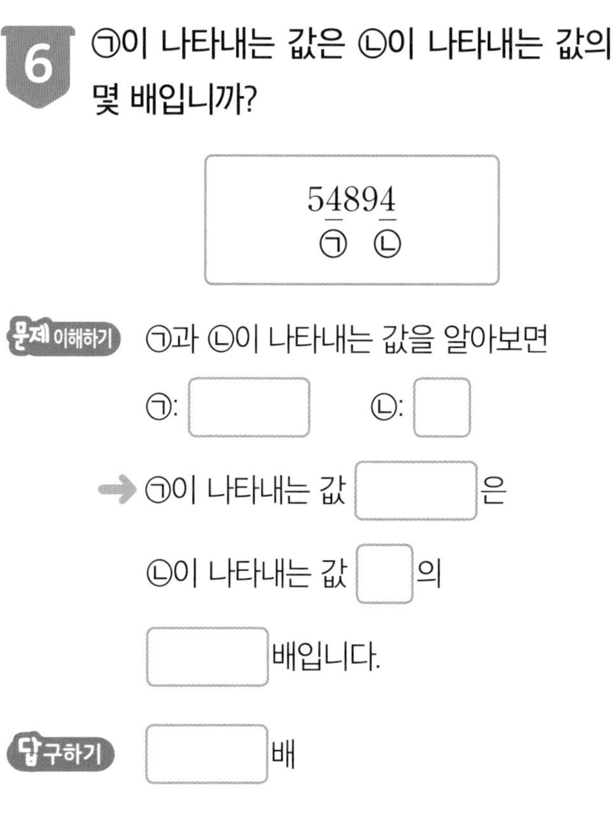

6 ㉠이 나타내는 값은 ㉡이 나타내는 값의 몇 배입니까?

54894 (㉠: 4, ㉡: 9)

문제 이해하기 ㉠과 ㉡이 나타내는 값을 알아보면

㉠: [ ]　㉡: [ ]

→ ㉠이 나타내는 값 [ ] 은 ㉡이 나타내는 값 [ ] 의 [ ] 배입니다.

답 구하기 [ ] 배

오늘 나의 실력은?

부모님 확인

어디에 도착할까요?

개울 앞에 도착한 친구들은 자기가 들고 있는 수의 자릿값을 순서대로 밟으며 돌다리를 건너라는 지시를 받았어요. 이 지시대로 돌다리를 끝까지 건넌 친구는 어디에 도착하게 될까요? 알맞은 것에 ○표 하세요.

큰 수

다섯 자리 수 알아보기 ②

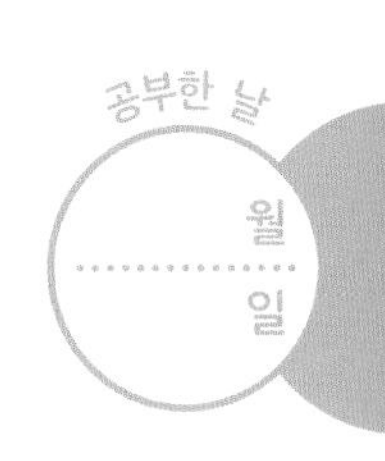

1

수 카드 5장을 한 번씩 사용하여 다섯 자리 수를 만들려고 합니다. 만의 자리 숫자가 80000을, 십의 자리 숫자가 20을, 일의 자리 숫자가 6을 나타내는 다섯 자리 수를 모두 만들어 보시오.

6　2　1　8　4

문제 이해하기

▸ 만의 자리 숫자가 80000, 십의 자리 숫자가 20, 일의 자리 숫자가 6을 나타내는 다섯 자리 수 ➡ □□□□□

▸ 천의 자리나 백의 자리에 올 수 있는 숫자는 □, □이므로

만	천	백	십	일
□	□	□	□	□
	□	□		

답구하기 □, □

2

수 카드 5장을 한 번씩 사용하여 다섯 자리 수를 만들려고 합니다. 천의 자리 숫자가 4000을, 백의 자리 숫자가 700을, 일의 자리 숫자가 3을 나타내는 다섯 자리 수를 모두 만들어 보시오.

3　4　5　7　9

문제 이해하기

답구하기

3

10000원짜리 지폐 1장, 1000원짜리 지폐 13장, 100원짜리 동전 5개, 10원짜리 동전 6개는 모두 얼마입니까?

문제 이해하기

1000원짜리 지폐 10장을 10000원짜리 지폐 1장으로 바꾸어 나타내 보면

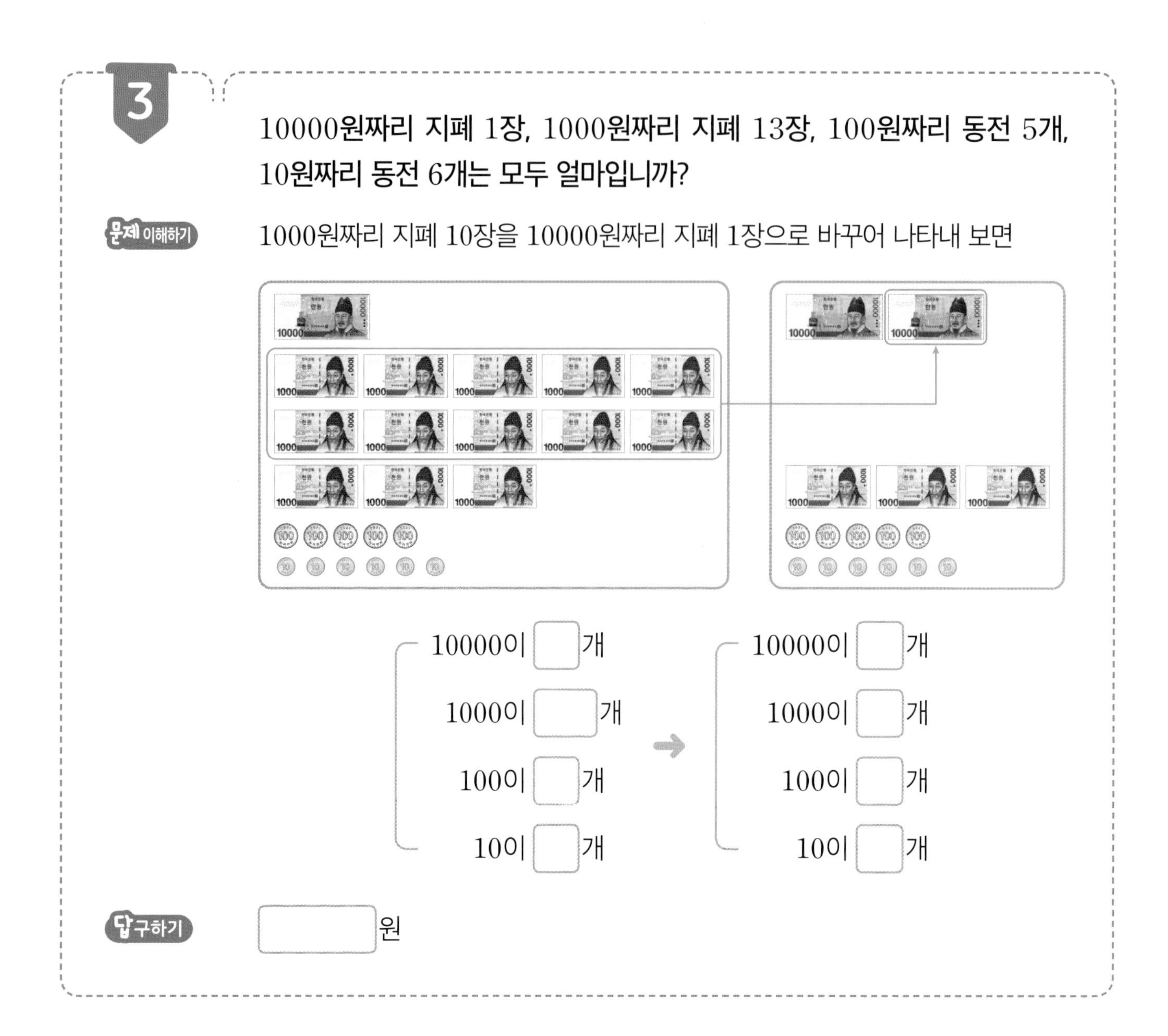

답구하기 원

10000원짜리 지폐 6장, 1000원짜리 지폐 19장, 100원짜리 동전 7개, 10원짜리 동전 3개는 모두 얼마입니까?

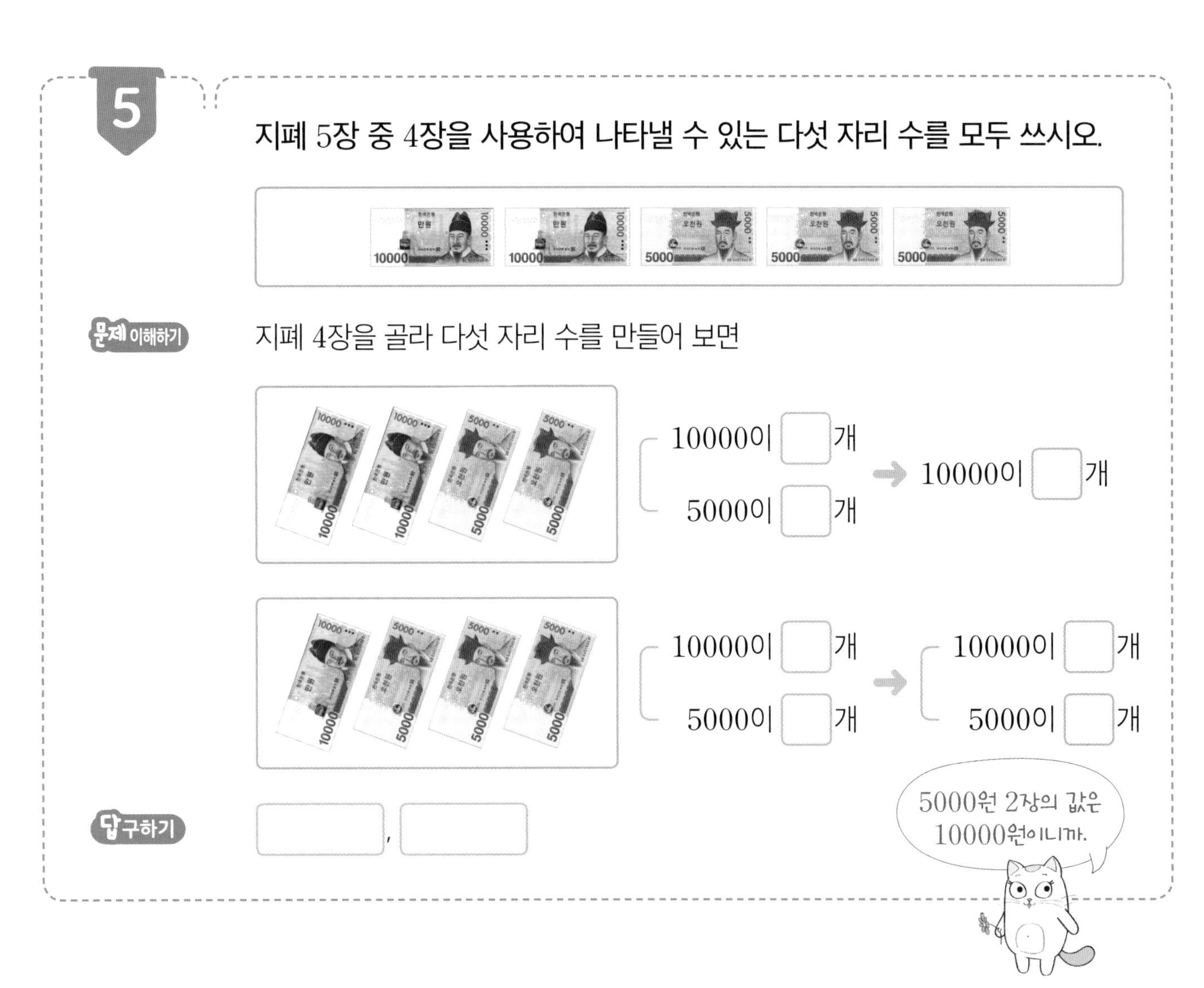

5 지폐 5장 중 4장을 사용하여 나타낼 수 있는 다섯 자리 수를 모두 쓰시오.

문제 이해하기 지폐 4장을 골라 다섯 자리 수를 만들어 보면

10000이 □개, 5000이 □개 → 10000이 □개

10000이 □개, 5000이 □개 → 10000이 □개, 5000이 □개

답 구하기 □, □

6 지폐 5장 중 4장을 사용하여 나타낼 수 있는 다섯 자리 수를 모두 쓰시오.

답 구하기

정답 확인 | 오늘 나의 실력은? | 부모님 확인

초콜릿을 먹은 사람은 누구?

윤정이는 친구들과 이야기를 하다가 엄마의 전화를 받고 왔어요. 그런데 윤정이 앞에 있던 초콜릿이 감쪽같이 사라지고 없었어요. 밑줄 친 숫자가 나타내는 수를 찾아 암호를 이어서 윤정이의 초콜릿을 먹은 사람에게 ○표 하세요.

35241	
30000	네
3000	윤
300	잘
30	가
3	소

27863	
60000	희
6000	인
600	진
60	사
6	은

46895	
80000	는
8000	가
800	람
80	이
8	은

59762	
90000	먹
9000	모
900	아
90	없
9	범

14574	
40000	님
4000	음
400	다
40	진
4	두

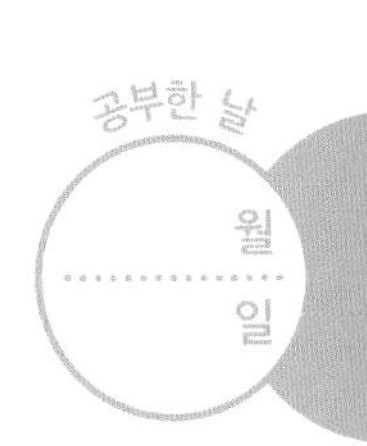

큰 수

십만, 백만, 천만 알아보기

		쓰기		읽기
• 10000이	10개이면 →	100000	10만	십만
	100개이면 →	1000000	100만	백만
	1000개이면 →	10000000	1000만	천만

• 10000이 1236개인 수 쓰기 12360000 또는 1236만

읽기 천이백삼십육만

실력 확인하기

밑줄 친 숫자가 나타내는 값을 빈칸에 써넣으시오.

1 $\underline{3}59720$

2 $1\underline{6}0904$

3 $\underline{5}306800$

4 $2\underline{9}74913$

5 $\underline{4}8005000$

6 $72\underline{5}16188$

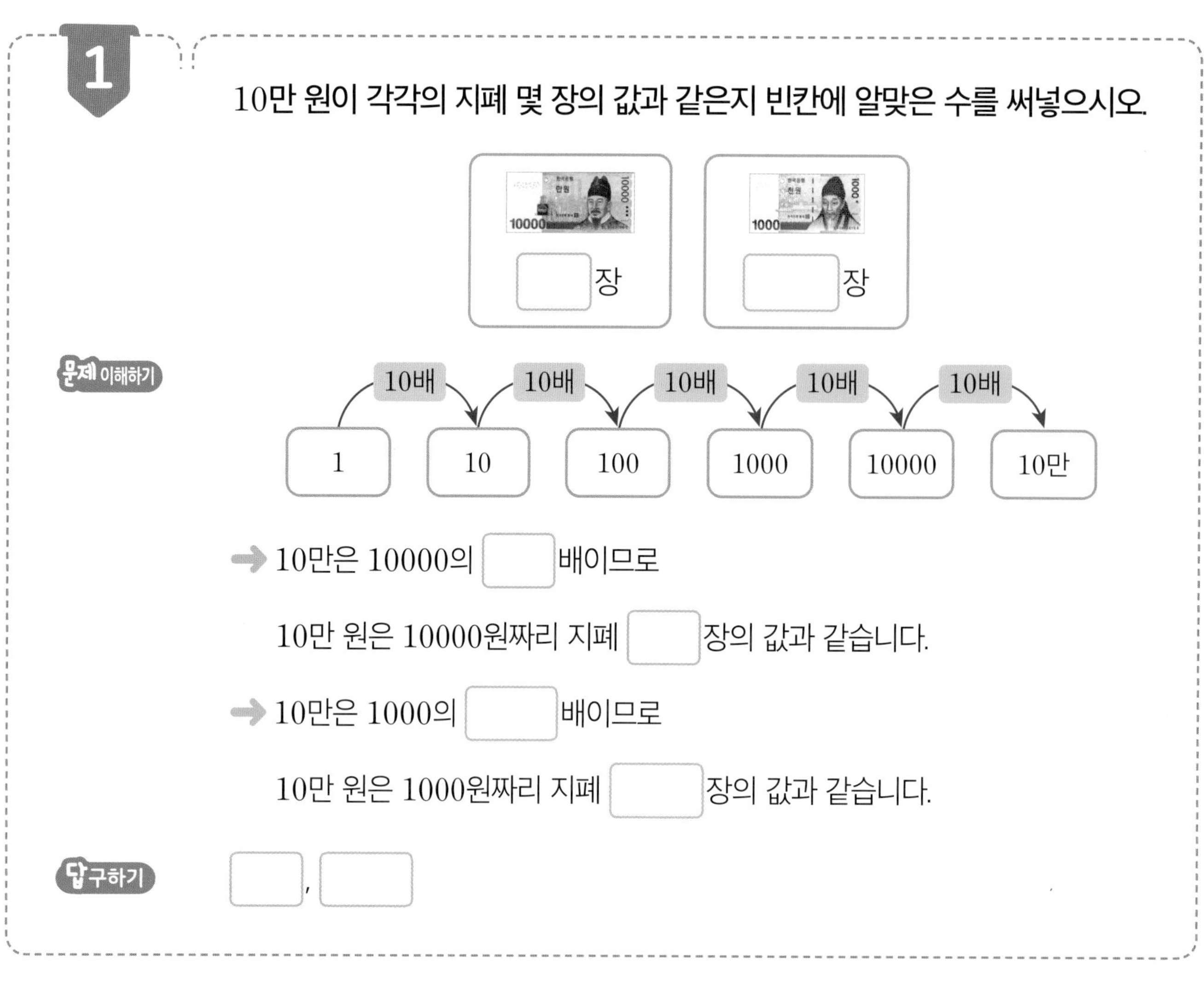

1 10만 원이 각각의 지폐 몇 장의 값과 같은지 빈칸에 알맞은 수를 써넣으시오.

10000원 지폐 [ ]장 | 1000원 지폐 [ ]장

문제 이해하기

1 →(10배) 10 →(10배) 100 →(10배) 1000 →(10배) 10000 →(10배) 10만

→ 10만은 10000의 [ ]배이므로

10만 원은 10000원짜리 지폐 [ ]장의 값과 같습니다.

→ 10만은 1000의 [ ]배이므로

10만 원은 1000원짜리 지폐 [ ]장의 값과 같습니다.

답 구하기 [ ], [ ]

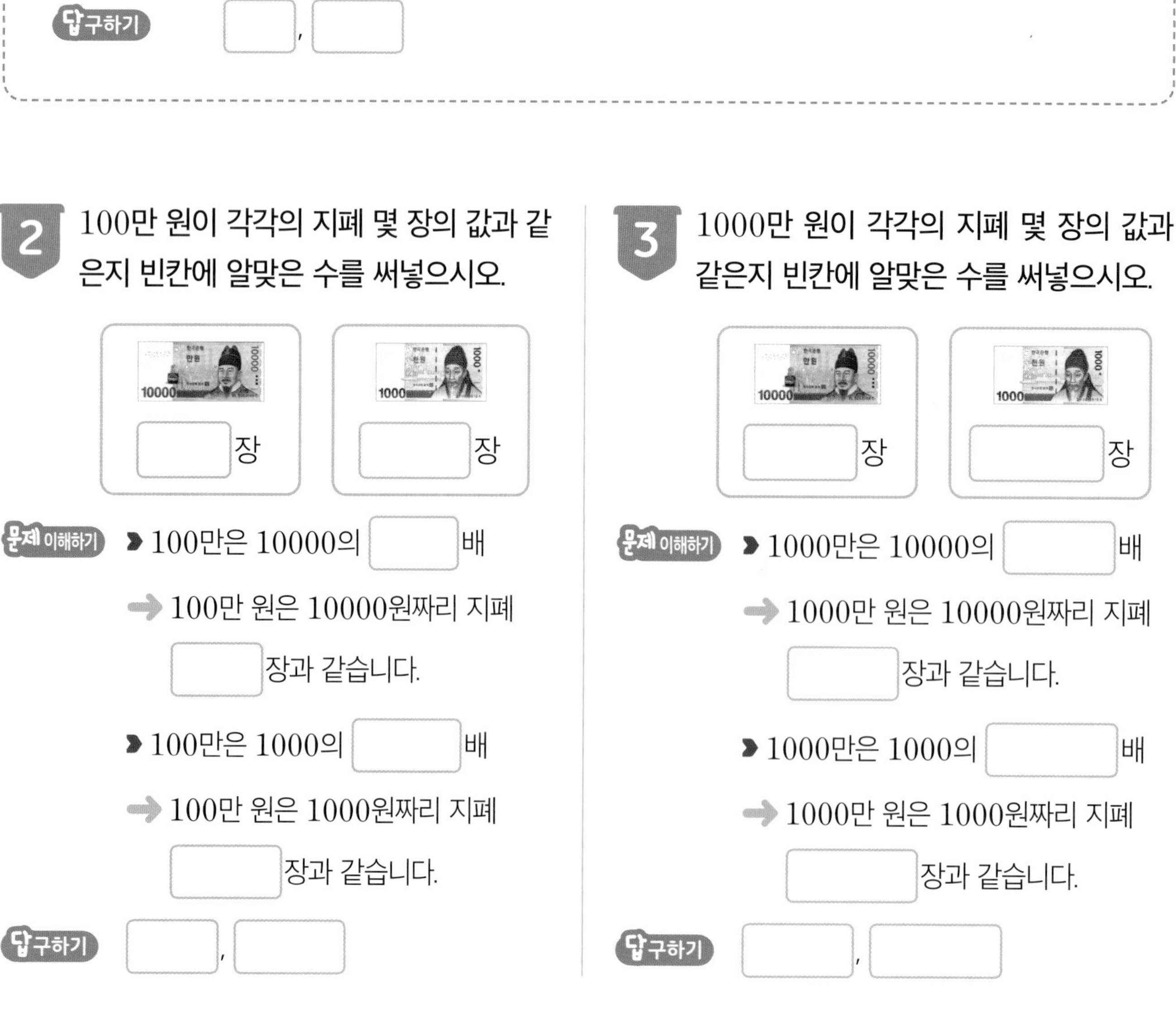

2 100만 원이 각각의 지폐 몇 장의 값과 같은지 빈칸에 알맞은 수를 써넣으시오.

10000원 지폐 [ ]장 | 1000원 지폐 [ ]장

문제 이해하기

▸ 100만은 10000의 [ ]배

→ 100만 원은 10000원짜리 지폐 [ ]장과 같습니다.

▸ 100만은 1000의 [ ]배

→ 100만 원은 1000원짜리 지폐 [ ]장과 같습니다.

답 구하기 [ ], [ ]

3 1000만 원이 각각의 지폐 몇 장의 값과 같은지 빈칸에 알맞은 수를 써넣으시오.

10000원 지폐 [ ]장 | 1000원 지폐 [ ]장

문제 이해하기

▸ 1000만은 10000의 [ ]배

→ 1000만 원은 10000원짜리 지폐 [ ]장과 같습니다.

▸ 1000만은 1000의 [ ]배

→ 1000만 원은 1000원짜리 지폐 [ ]장과 같습니다.

답 구하기 [ ], [ ]

4 수 카드를 모두 한 번씩 사용하여 가장 큰 수를 만들고 읽어 보시오.

0	2	3	4	5	7	8

문제 이해하기

- 가장 큰 수를 만들려면 (큰 수 , 작은 수)부터 높은 자리에 차례로 놓습니다.
- 수의 크기를 비교해 보면 ☐ > ☐ > ☐ > ☐ > ☐ > ☐ > ☐

➡ 만들 수 있는 가장 큰 수:

천	백	십	일	천	백	십	일
			만				일

답구하기 쓰기 ☐ 읽기 ☐

5 수 카드를 모두 한 번씩 사용하여 가장 큰 수를 만들고 읽어 보시오.

7	6	3	4
1	9	2	8

문제 이해하기 가장 큰 수를 만들려면 (큰 수 , 작은 수)부터 높은 자리에 차례로 놓습니다.

➡ 만들 수 있는 가장 큰 수:

천	백	십	일	천	백	십	일
			만				일

답구하기 쓰기 ☐

읽기 ☐

6 수 카드를 모두 한 번씩 사용하여 가장 작은 수를 만들고 읽어 보시오.

6	5	3	2
8	9	1	

문제 이해하기 가장 작은 수를 만들려면 (큰 수 , 작은 수)부터 높은 자리에 차례로 놓습니다.

➡ 만들 수 있는 가장 작은 수:

천	백	십	일	천	백	십	일
			만				일

답구하기 쓰기 ☐

읽기 ☐

정답 확인 

오늘 나의 실력은? 부모님 확인

재미있는
수학
놀이터

숨겨진 메시지를 읽어요

윤수와 주원이는 도서관에서 함께 공부를 하고 있었어요. 그런데 주원이는 윤수에게 쪽지 한 장을 남기고 집으로 갔어요. 주원이의 쪽지에 적힌 대로 하면 숨겨진 메시지를 읽을 수 있어요. 주원이가 남긴 메시지는 무엇이었는지 써 보세요.

윤수야, 내가 왜 집에 가는지 궁금하지?
다음을 순서대로 따라하면 내가 왜 집에 갔는지 알 수 있을 거야.
그럼 내일 보자.
1. 책꽂이에 꽂힌 책들의 번호를 이용하여 십만의 자리 숫자가 2인 가장 큰 수를 만든다.
2. 책 제목의 첫 글자만 순서대로 놓는다.
늘푸른 나무 6
오징어와 문어 7
의좋은 형제 2
공주와 제비 3
수박 키우기 5
부지런한 다람쥐 1
끝까지 간다 0
학교에서 생긴 일 4
아하, 이제 알겠어.
주원이가 하고 싶은 말은 바로
이였어.
윤수

큰수

억과 조 알아보기 1

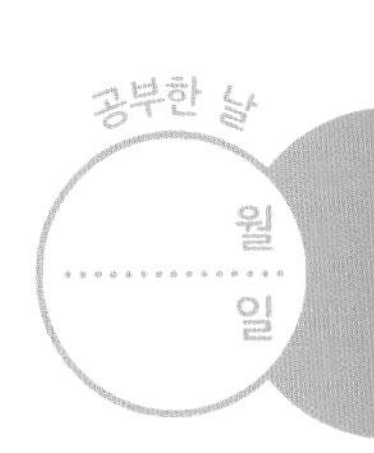

	쓰기		읽기	
• 1000만이 10개이면 ➜	100000000	1억	억	일억
• 1000억이 10개이면 ➜	1000000000000	1조	조	일조

• 1억이 3257개인 수 쓰기 325700000000 또는 3257억

읽기 삼천이백오십칠억

• 1조가 6824개인 수 쓰기 6824000000000000 또는 6824조

읽기 육천팔백이십사조

실력 확인하기

빈칸에 알맞은 수를 써넣으시오.

1 1조가 87개이고, 1억이 394개인 수

천	백	십	일	천	백	십	일	천	백	십	일	천	백	십	일
			조				억				만				일

2 1조가 3620개이고, 1억이 50개인 수

천	백	십	일	천	백	십	일	천	백	십	일	천	백	십	일
			조				억				만				일

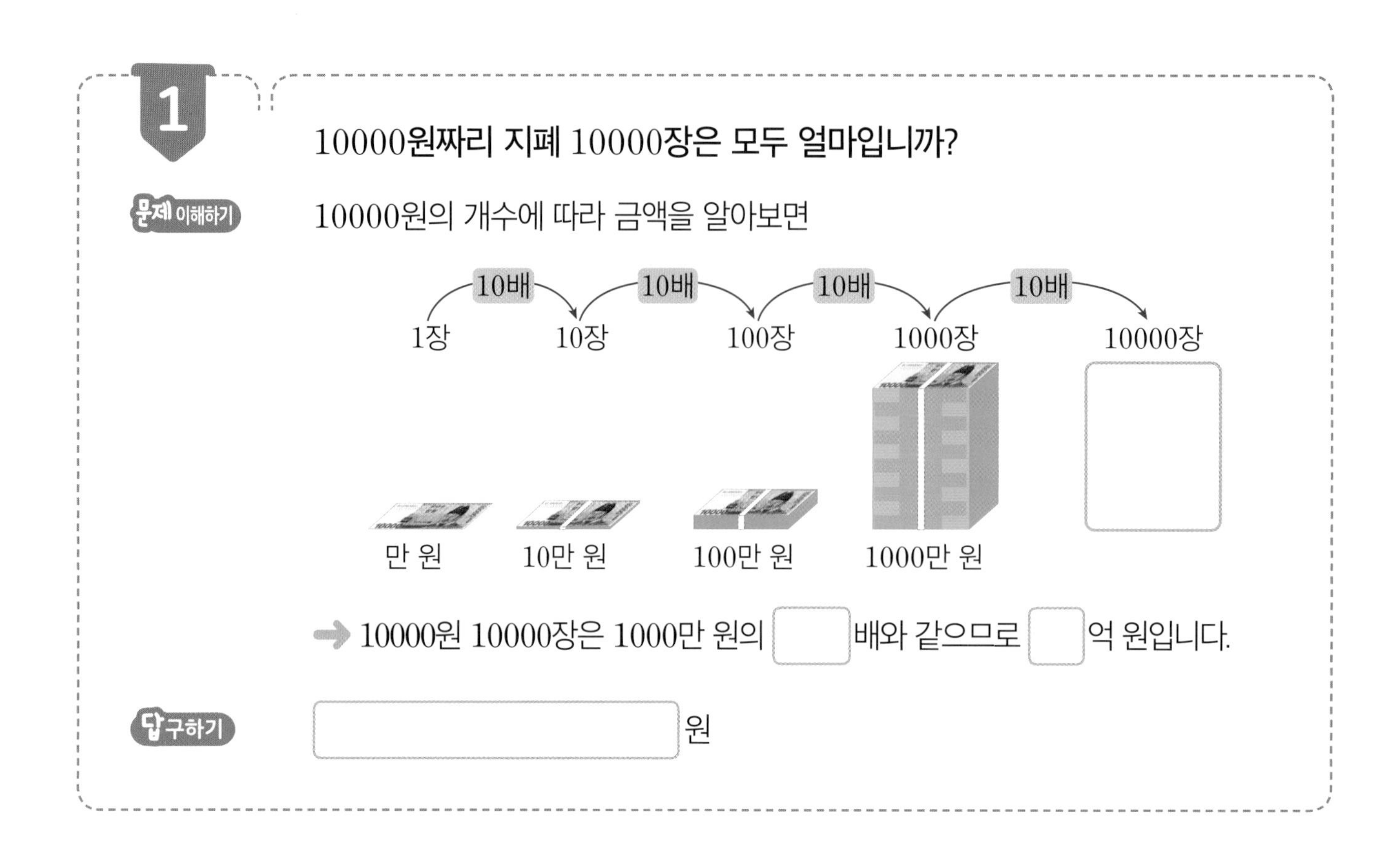

1

10000원짜리 지폐 10000장은 모두 얼마입니까?

문제 이해하기 10000원의 개수에 따라 금액을 알아보면

➡ 10000원 10000장은 1000만 원의 [ ]배와 같으므로 [ ]억 원입니다.

답구하기 [ ] 원

2

10000원짜리 지폐를 1000장씩 한 묶음으로 묶었습니다. 100묶음은 모두 얼마입니까?

문제 이해하기 ▶ 한 묶음의 금액: [ ]만 원

천	백	십	일	천	백	십	일
			억				만
							1
						1	0
					1	0	0
				1	0	0	0
			1	0	0	0	0
		1	0	0	0	0	0
	1	0	0	0	0	0	0
1	0	0	0	0	0	0	0

10배 10배 10배 10배 10배 10배 10배

▶ 100묶음의 금액:

[ ]만 원의 100배 ➡ [ ]억 원

답구하기 [ ] 원

3

은행에서 금고 하나에 돈을 10억 원씩 보관한다면 1000개의 금고에 보관하는 금액은 모두 얼마입니까?

문제 이해하기 ▶ 금고 하나에 보관하는 금액: [ ]억 원

천	백	십	일	천	백	십	일
			조				억
							1
						1	0
					1	0	0
				1	0	0	0
			1	0	0	0	0
		1	0	0	0	0	0
	1	0	0	0	0	0	0
1	0	0	0	0	0	0	0

10배 10배 10배 10배 10배 10배 10배

▶ 1000개의 금고에 보관하는 금액:

[ ]억 원의 1000배 ➡ [ ]조 원

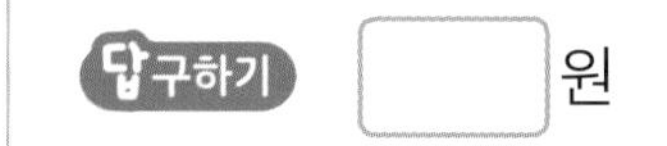

답구하기 [ ] 원

4

㉠이 나타내는 값은 ㉡이 나타내는 값의 몇 배입니까?

8235891967400000
㉠ ㉡

문제 이해하기 각 자리의 수를 알아보면

								6	7	4	0	0	0	0	0
천	백	십	일	천	백	십	일	천	백	십	일	천	백	십	일
			조				억				만				일

➡ ㉠이 나타내는 값 [ ]조는

㉡이 나타내는 값 [ ]억의 [ ]배입니다.

답 구하기 [ ]배

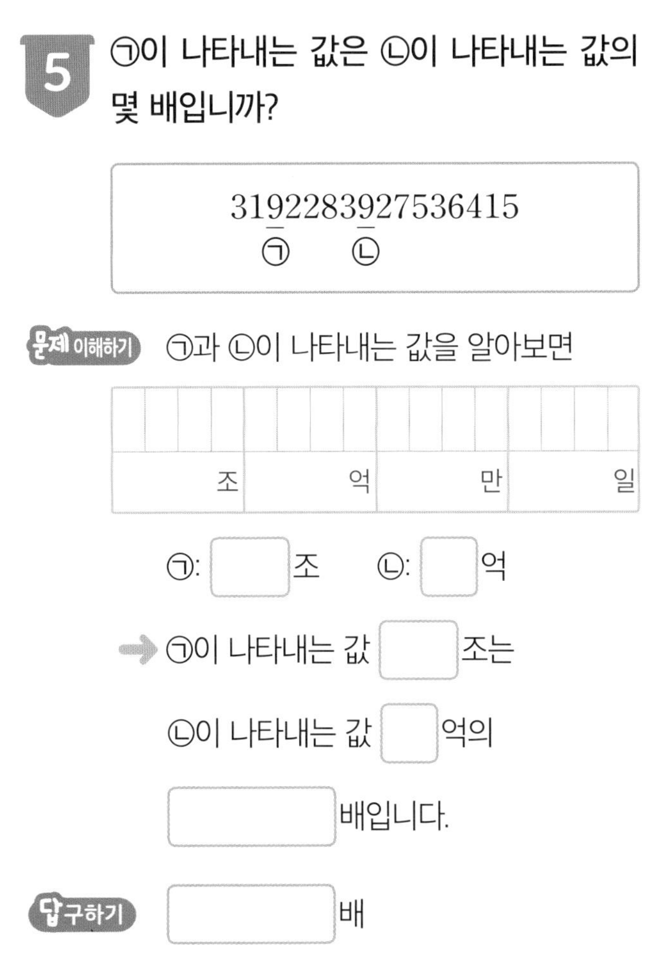

5

㉠이 나타내는 값은 ㉡이 나타내는 값의 몇 배입니까?

3192283927536415
㉠ ㉡

문제 이해하기 ㉠과 ㉡이 나타내는 값을 알아보면

			조				억				만				일

㉠: [ ]조 ㉡: [ ]억

➡ ㉠이 나타내는 값 [ ]조는

㉡이 나타내는 값 [ ]억의

[ ]배입니다.

답 구하기 [ ]배

6

㉠이 나타내는 값은 ㉡이 나타내는 값의 몇 배입니까?

6304370601935890
㉠ ㉡

문제 이해하기 ㉠과 ㉡이 나타내는 값을 알아보면

			조				억				만				일

㉠: [ ]조 ㉡: [ ]억

➡ ㉠이 나타내는 값 [ ]조는

㉡이 나타내는 값 [ ]억의

[ ]배입니다.

답 구하기 [ ]배

즐거운 우주여행

토리는 가족과 함께 우주여행을 하고 있어요. 각 별마다 몇 명이 살고 있는지 인구 수가 적혀 있네요. 토리네 가족은 백억의 자리 숫자가 큰 별부터 차례대로 여행하기로 했어요. 토리네 가족이 세 번째로 여행한 별은 어디인지 찾아 ○표 하세요.

큰 수

억과 조 알아보기 ②

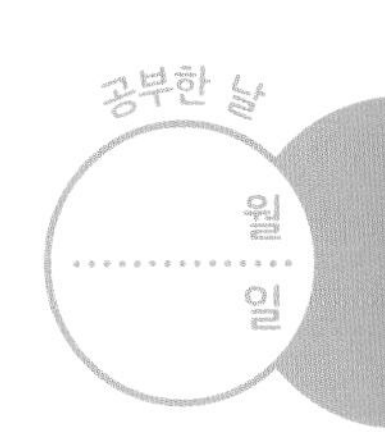

1

설명하는 수를 써 보시오.

1조가 40개, 1000억이 20개, 100억이 50개, 10억이 70개인 수

문제 이해하기

(1조가 40개)=(조가 4개)=(조)

(1000억이 20개)=(조가 2개)=(조)

(100억이 50개)=(억이 5개)=(억)

(10억이 70개)=(억이 7개)=(억)

								0	0	0	0	0	0	0	0
천	백	십	일	천	백	십	일	천	백	십	일	천	백	십	일
			조				억				만				일

답구하기

  조   억

2

설명하는 수를 써 보시오.

1조가 800개, 1000억이 600개, 100억이 300개, 10억이 900개인 수

답구하기

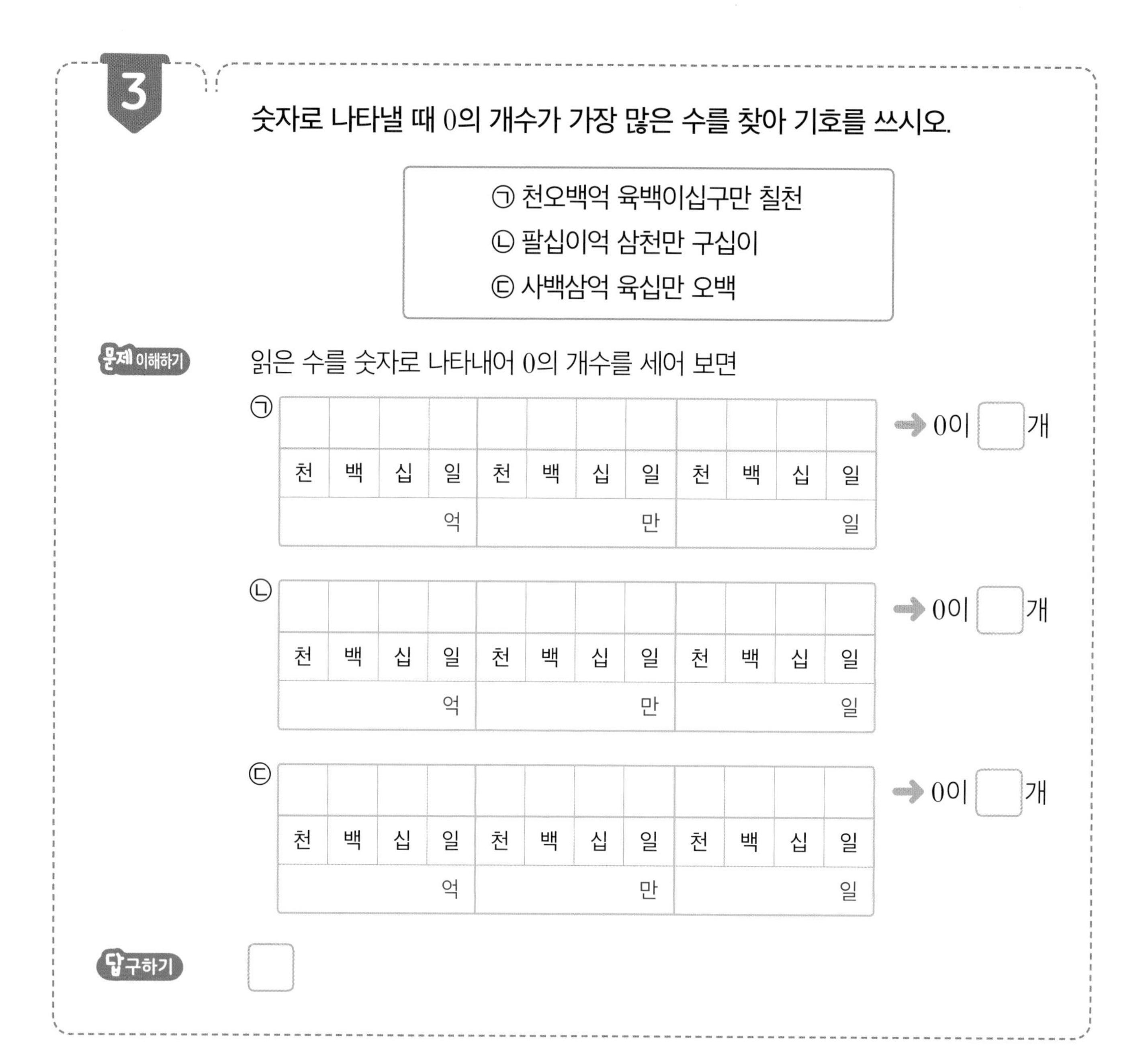

3

숫자로 나타낼 때 0의 개수가 가장 많은 수를 찾아 기호를 쓰시오.

㉠ 천오백억 육백이십구만 칠천
㉡ 팔십이억 삼천만 구십이
㉢ 사백삼억 육십만 오백

문제 이해하기

읽은 수를 숫자로 나타내어 0의 개수를 세어 보면

㉠

천	백	십	일	천	백	십	일	천	백	십	일
			억				만				일

→ 0이 ☐개

㉡

천	백	십	일	천	백	십	일	천	백	십	일
			억				만				일

→ 0이 ☐개

㉢

천	백	십	일	천	백	십	일	천	백	십	일
			억				만				일

→ 0이 ☐개

답구하기 ☐

숫자로 나타낼 때 0의 개수가 가장 많은 수를 찾아 기호를 쓰시오.

㉠ 삼백팔십조 천사억 육십만
㉡ 육천칠조 오천억 삼백사십만
㉢ 구백조 이십칠억 오천삼십만

문제 이해하기

5

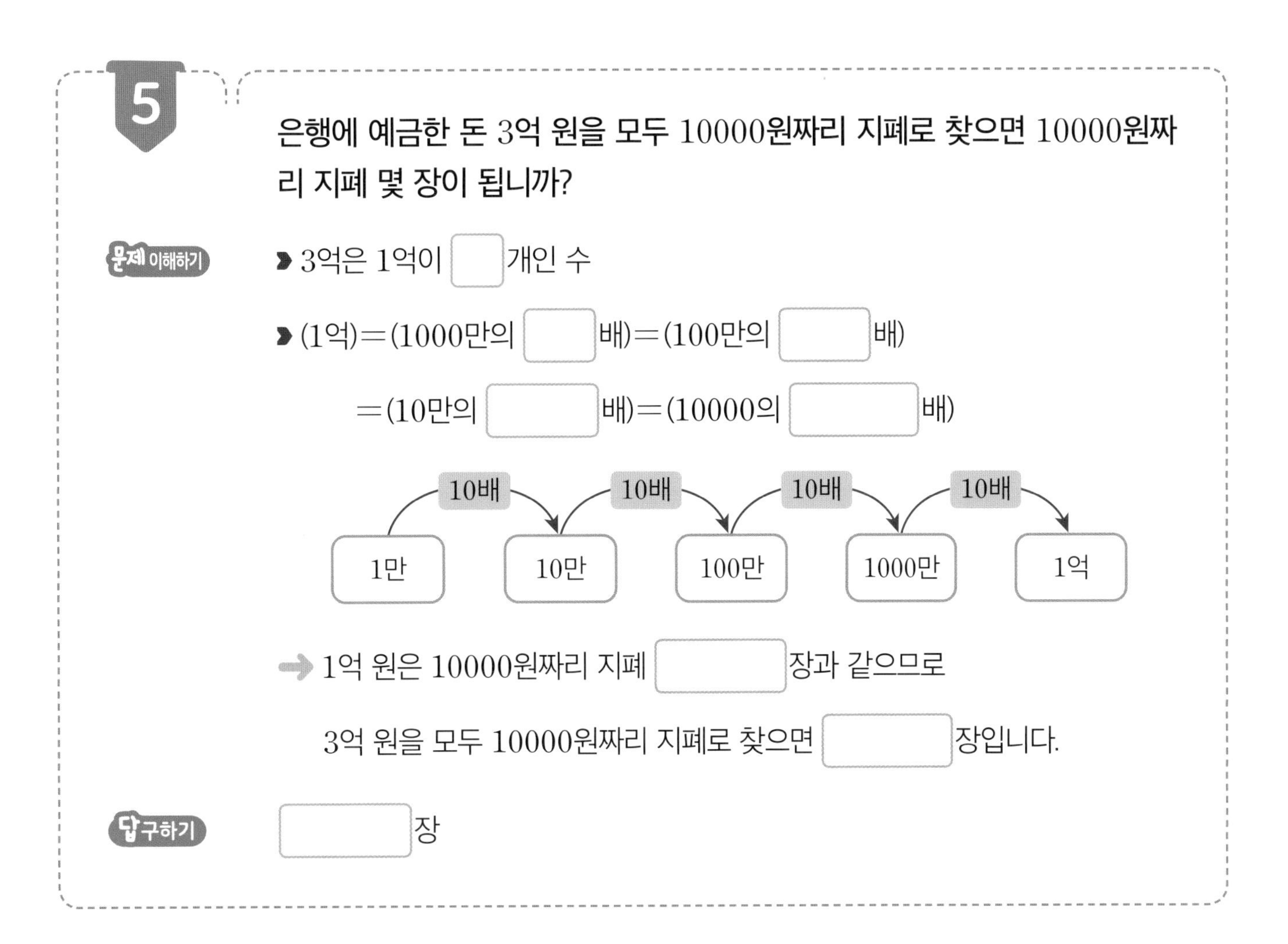

은행에 예금한 돈 3억 원을 모두 10000원짜리 지폐로 찾으면 10000원짜리 지폐 몇 장이 됩니까?

문제 이해하기

- 3억은 1억이 [ ]개인 수
- (1억)=(1000만의 [ ]배)=(100만의 [ ]배)
  =(10만의 [ ]배)=(10000의 [ ]배)

→ 1억 원은 10000원짜리 지폐 [ ]장과 같으므로
3억 원을 모두 10000원짜리 지폐로 찾으면 [ ]장입니다.

답구하기 [ ]장

6

복권 당첨 금액 80억 원을 모두 10000원짜리 지폐로 찾으면 10000원짜리 지폐 몇 장이 됩니까?

문제 이해하기

답구하기

정답 확인 오늘 나의 실력은? 부모님 확인

즐거운 색칠 놀이

다음 수를 빈칸에 채워서 써 보세요. 그리고 빈칸에 들어간 숫자에 해당하는 색깔로 그림을 예쁘게 색칠해 보세요.

(큰 수)

뛰어 세기 ①

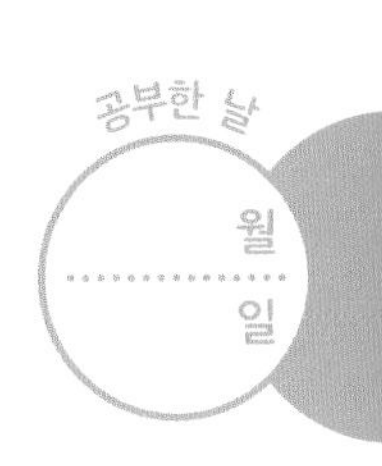

- ■씩 뛰어 세면 ■의 자리 수가 1씩 커집니다.

  예 10만씩 뛰어 세면 십만의 자리 수가 1씩 커집니다.

  예 10억씩 뛰어 세면 십억의 자리 수가 1씩 커집니다.

실력 확인하기

뛰어 세어 빈칸에 알맞은 수를 써넣으시오.

1

2 2354만 — 2454만 — 2554만 — ☐ — ☐

3 7603억 — 7613억 — 7623억 — ☐ — ☐

4 4650조 — 5650조 — 6650조 — ☐ — ☐

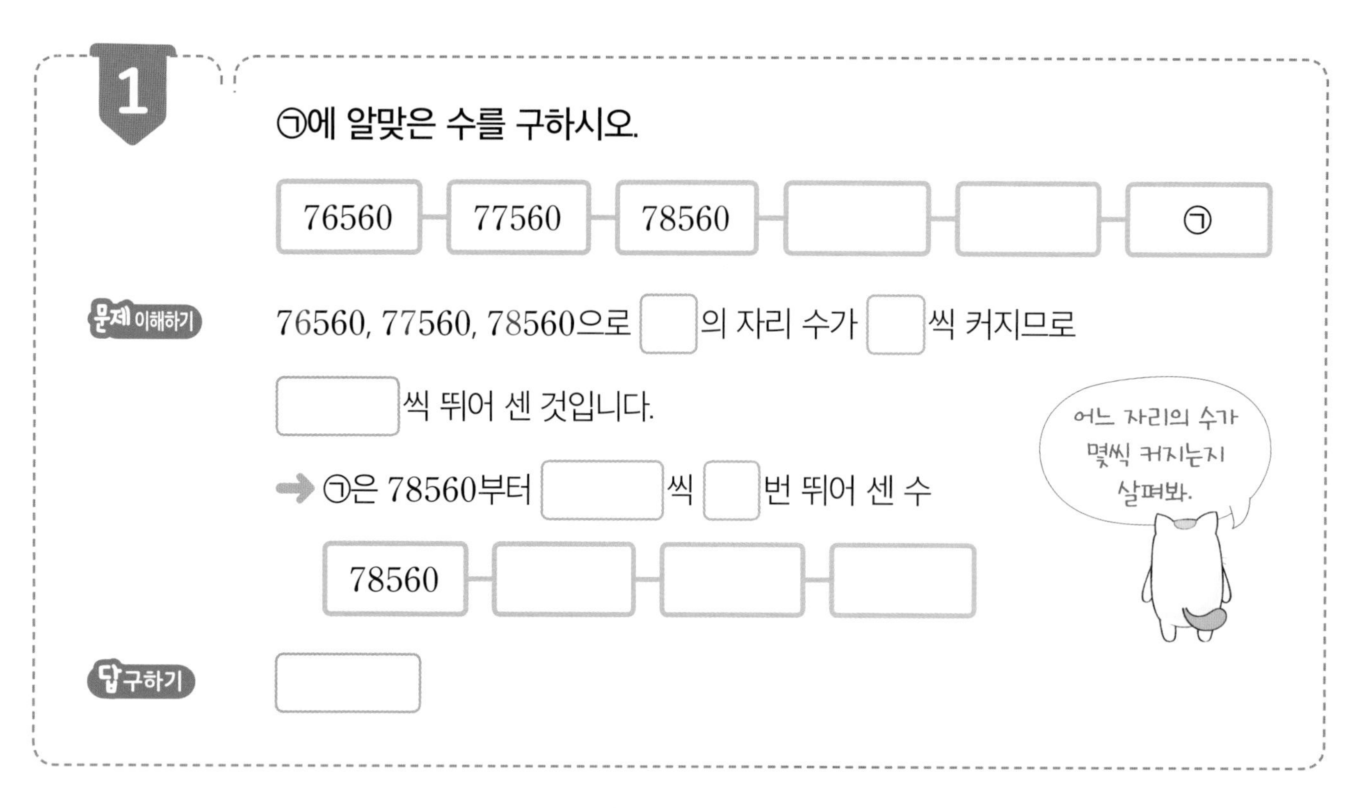

어느 자리의 수가
몇씩 커지는지
살펴봐.

1

㉠에 알맞은 수를 구하시오.

76560 — 77560 — 78560 — ☐ — ☐ — ㉠

문제 이해하기 76560, 77560, 78560으로 ☐의 자리 수가 ☐씩 커지므로 ☐씩 뛰어 센 것입니다.

➡ ㉠은 78560부터 ☐씩 ☐번 뛰어 센 수

78560 — ☐ — ☐ — ☐

답 구하기 ☐

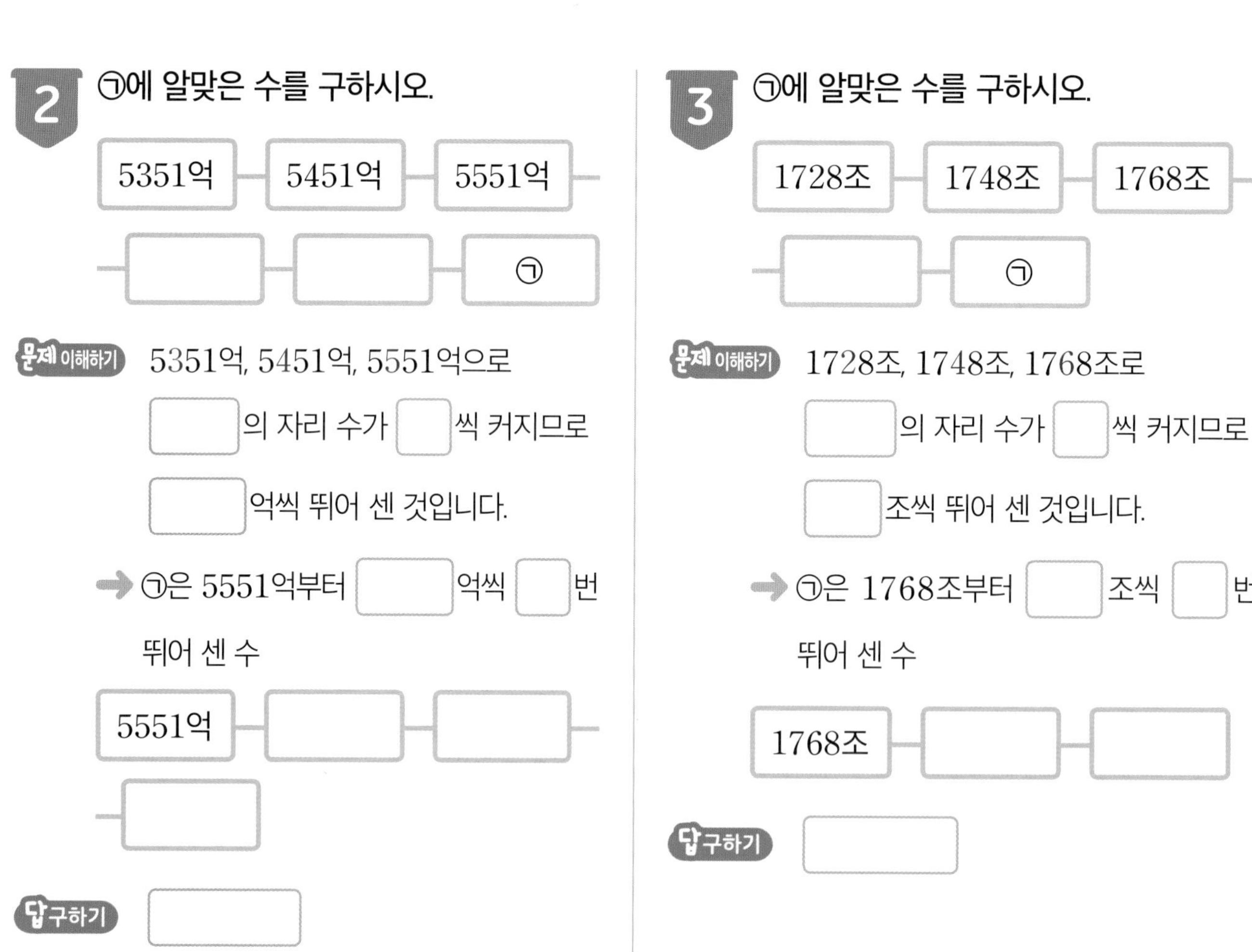

2

㉠에 알맞은 수를 구하시오.

5351억 — 5451억 — 5551억 — ☐ — ☐ — ㉠

문제 이해하기 5351억, 5451억, 5551억으로 ☐의 자리 수가 ☐씩 커지므로 ☐억씩 뛰어 센 것입니다.

➡ ㉠은 5551억부터 ☐억씩 ☐번 뛰어 센 수

5551억 — ☐ — ☐ — ☐

답 구하기 ☐

3

㉠에 알맞은 수를 구하시오.

1728조 — 1748조 — 1768조 — ☐ — ㉠

문제 이해하기 1728조, 1748조, 1768조로 ☐의 자리 수가 ☐씩 커지므로 ☐조씩 뛰어 센 것입니다.

➡ ㉠은 1768조부터 ☐조씩 ☐번 뛰어 센 수

1768조 — ☐ — ☐

답 구하기 ☐

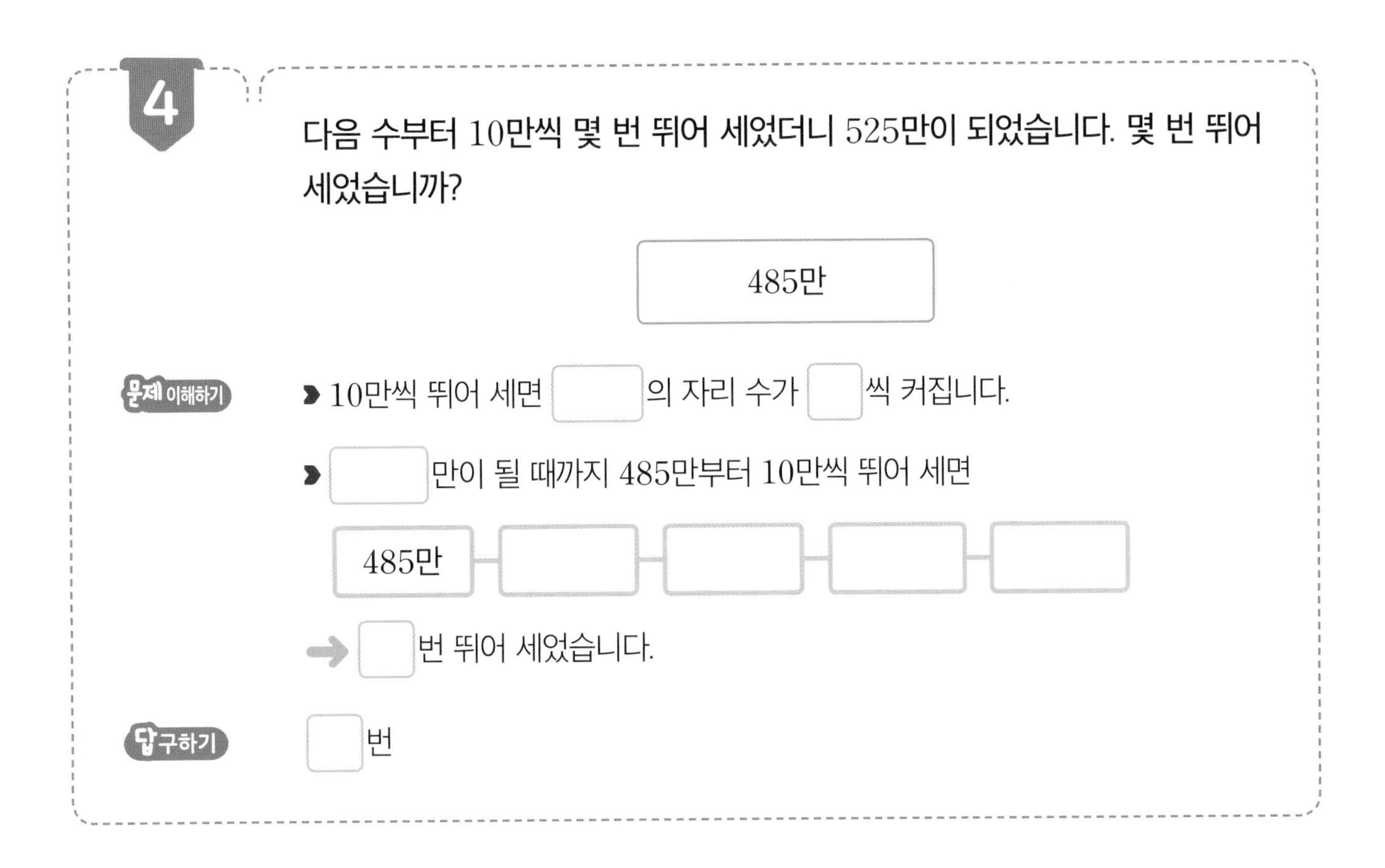

4 다음 수부터 10만씩 몇 번 뛰어 세었더니 525만이 되었습니다. 몇 번 뛰어 세었습니까?

485만

문제 이해하기 ▸ 10만씩 뛰어 세면 ☐의 자리 수가 ☐씩 커집니다.

▸ ☐만이 될 때까지 485만부터 10만씩 뛰어 세면

485만 – ☐ – ☐ – ☐ – ☐

➜ ☐번 뛰어 세었습니다.

답 구하기 ☐번

5 다음 수부터 100조씩 몇 번 뛰어 세었더니 9160조가 되었습니다. 몇 번 뛰어 세었습니까?

8860조

문제 이해하기 ▸ 100조씩 뛰어 세면 ☐의 자리 수가 ☐씩 커집니다.

▸ ☐조가 될 때까지 8860조부터 100조씩 뛰어 세면

8860조 – ☐ – ☐ – ☐

➜ ☐번 뛰어 세었습니다.

답 구하기 ☐번

6 다음 수부터 30억씩 몇 번 뛰어 세었더니 5149억이 되었습니다. 몇 번 뛰어 세었습니까?

5029억

문제 이해하기 ▸ 30억씩 뛰어 세면 ☐의 자리 수가 ☐씩 커집니다.

▸ ☐억이 될 때까지 5029억부터 30억씩 뛰어 세면

5029억 – ☐ – ☐ – ☐ – ☐

➜ ☐번 뛰어 세었습니다.

답 구하기 ☐번

정답 확인 | 오늘 나의 실력은? | 부모님 확인

얼마를 기부했을까요?

희망 복지 단체에 올해도 많은 기부금이 모였어요. 기부금 현황을 파악하기 위해 규칙에 따라 기부금 벽돌을 쌓아올리고 있어요. 규칙을 찾아 뛰어 세기를 하여 빈 벽돌에 기부금을 써넣으세요. 또 '나봉사' 씨의 기부금을 찾아 ○표 하세요.

내가 올해 기부한 금액은 노란색 기부금 벽돌에 적힌 수부터 200억씩 두 번 뛰어 센 수와 같아요.

햇 살 일 보

나봉사(42세) 씨는 매년 희망 복지 단체에 많은 돈을 기부하는 사람이다. 올해도 나봉사 씨는 상당한 금액을 기부했다. 그는 자신의 돈이 꼭 필요한 곳에 쓰이면 좋겠다고 말하며 앞으로도 어려운 사람들을 도우면서 살아가겠다는 다짐을 밝혀 주변 사람들의 마음을 따뜻하게 만들었다.

큰 수

뛰어 세기 ②

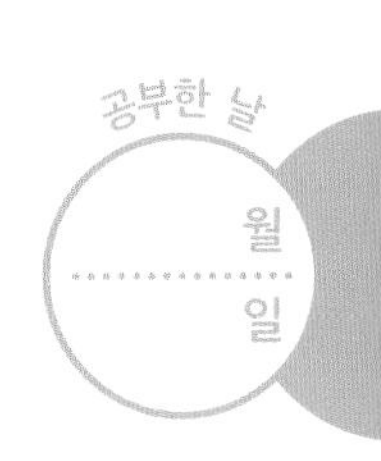

1

재경이가 뛰어 센 것입니다. 같은 방법으로 3719억부터 4번 뛰어 세면 얼마가 됩니까?

5294억 — 5394억 — 5494억 — 5594억 — 5694억

문제 이해하기

5294억, 5394억, 5494억으로 ☐의 자리 수가 1씩 커지므로

☐억씩 뛰어 센 것입니다.

➡ 3719억부터 ☐억씩 4번 뛰어 세면

3719억 — ☐ — ☐ — ☐ — ☐

답 구하기

☐

2

승호가 뛰어 센 것입니다. 같은 방법으로 582640부터 5번 뛰어 세면 얼마가 됩니까?

648301 — 658301 — 668301 — 678301 — 688301

문제 이해하기

답 구하기

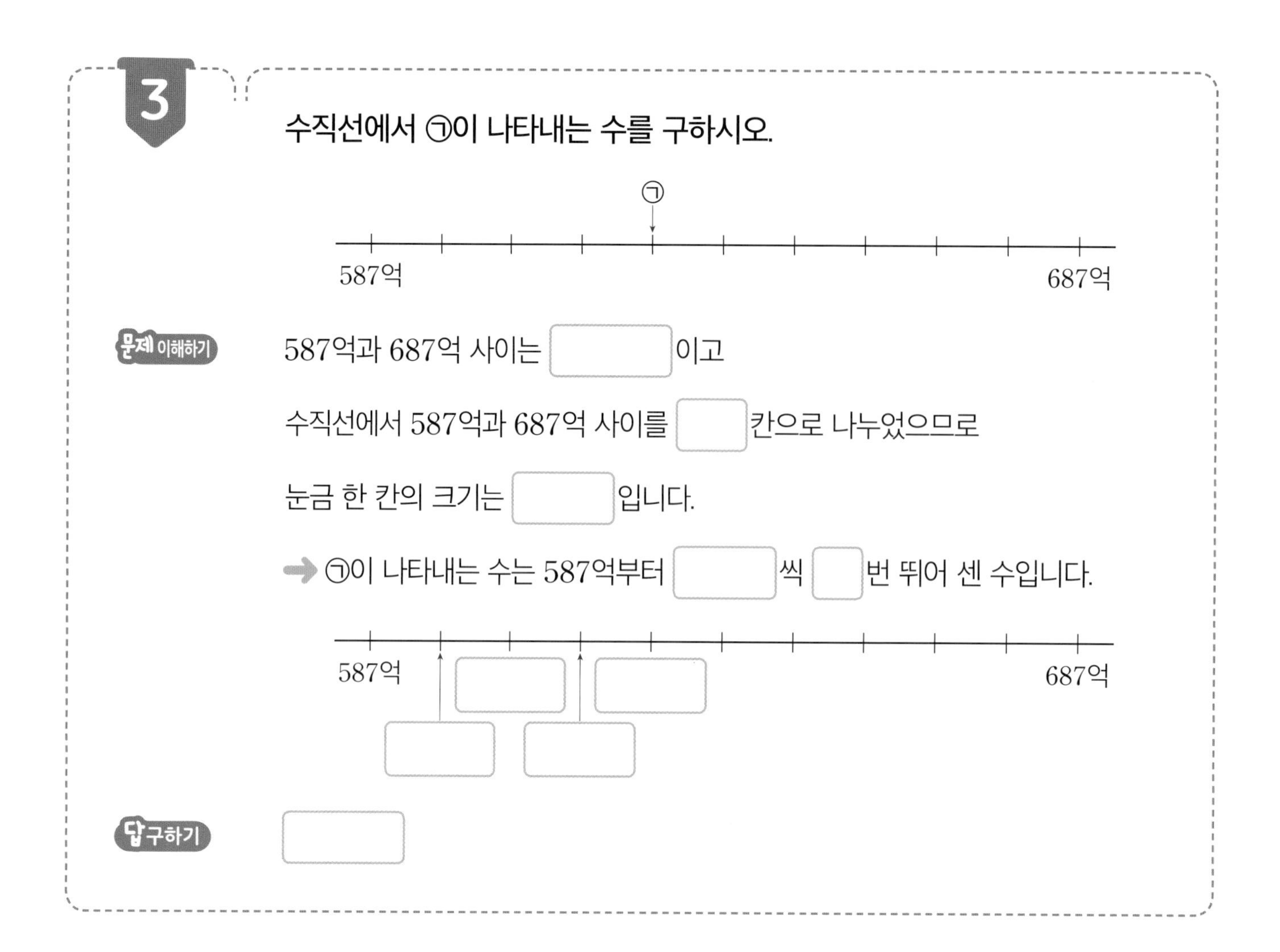

3

수직선에서 ㉠이 나타내는 수를 구하시오.

문제 이해하기

587억과 687억 사이는 ☐ 이고

수직선에서 587억과 687억 사이를 ☐ 칸으로 나누었으므로

눈금 한 칸의 크기는 ☐ 입니다.

➜ ㉠이 나타내는 수는 587억부터 ☐ 씩 ☐ 번 뛰어 센 수입니다.

답구하기 ☐

수직선에서 ㉠이 나타내는 수를 구하시오.

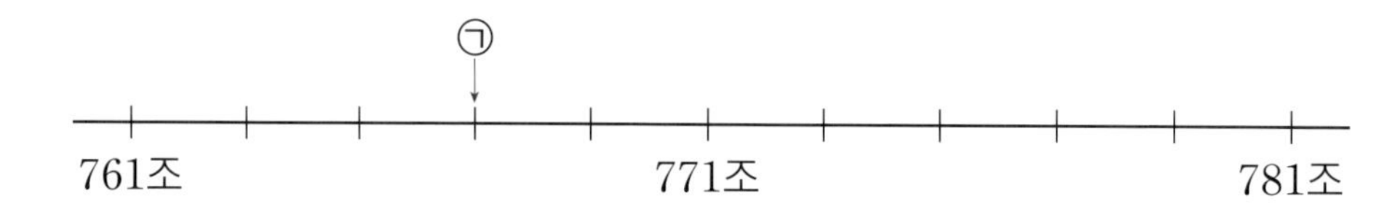

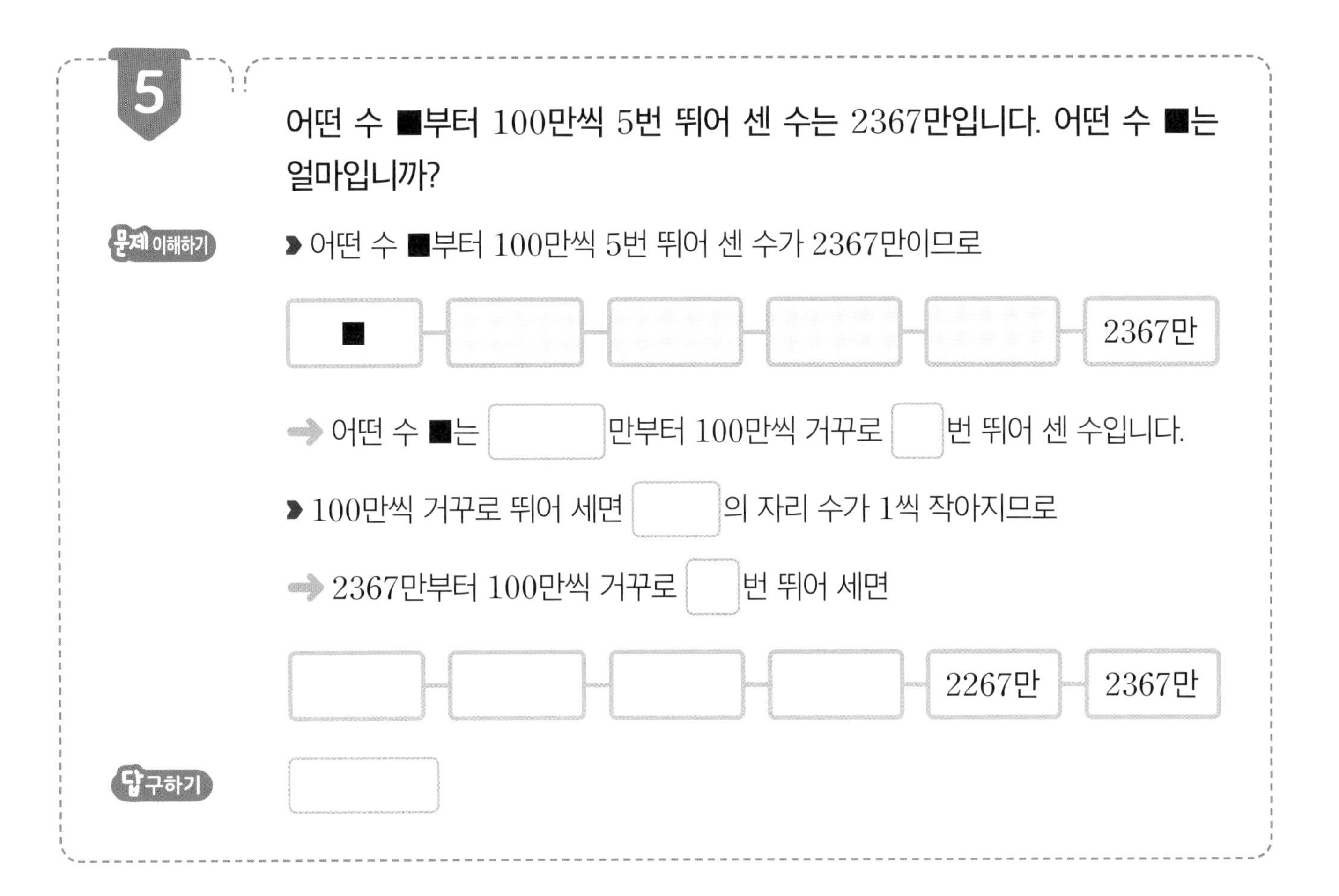

5
어떤 수 ■부터 100만씩 5번 뛰어 센 수는 2367만입니다. 어떤 수 ■는 얼마입니까?
문제 이해하기
어떤 수 ■부터 100만씩 5번 뛰어 센 수가 2367만이므로
■
2367만
어떤 수 ■는 만부터 100만씩 거꾸로 번 뛰어 센 수입니다.
100만씩 거꾸로 뛰어 세면 의 자리 수가 1씩 작아지므로
2367만부터 100만씩 거꾸로 번 뛰어 세면
2267만
2367만
답 구하기

6

어떤 수 ▲부터 10조씩 4번 뛰어 센 수는 6528조입니다. 어떤 수 ▲는 얼마입니까?

즐거운 보드게임

미래가 친구들과 함께 보드게임을 시작했어요. 주사위 두 개를 한꺼번에 던져 나온 눈의 수를 합한 만큼 말을 움직였어요. 다음 대화를 보고, 세 친구들의 말이 놓인 칸을 찾아 이름을 쓰세요.

게임 설명
— 게임에 참여하는 사람은 모두 똑같이 3조 9930억 원을 가지고 시작합니다.
— 한 칸씩 이동할 때마다 재산이 10억 원씩 늘어납니다.

나는 3조 9980억 원이 됐어.
나는 4조 원이 됐어.
나는 4조 30억 원이 됐어.
대한
미래
선우
출발

(큰 수)

큰 수의 크기 비교하기 ❶

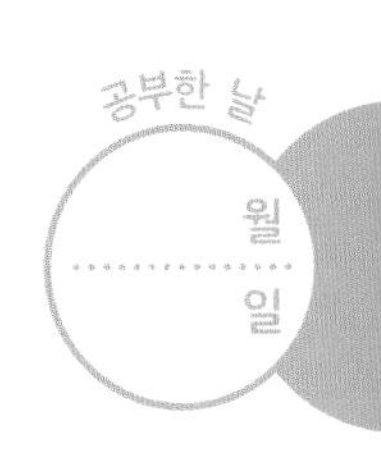

큰 수의 크기를 비교할 때는

❶ 자리 수가 다르면 자리 수가 많은 쪽이 더 큰 수입니다.

$$\underset{\text{다섯 자리 수}}{\underline{23147}} < \underset{\text{여섯 자리 수}}{\underline{231478}}$$

❷ 자리 수가 같으면 가장 높은 자리 수부터 차례로 비교합니다.

$$4572560 < 4573310$$

실력 확인하기

두 수의 크기를 비교하여 ○ 안에 > 또는 <를 알맞게 써넣으시오.

1 345201 ○ 3452014

2 259302730 ○ 25930273

3 30만 5300 ○ 30만 4900

4 425만 4350 ○ 426만 4350

5 7억 393만 ○ 7억 430만

6 45억 380만 ○ 45억 3800만

7 3071227804632050 ○ 3071조 8430억 5000만

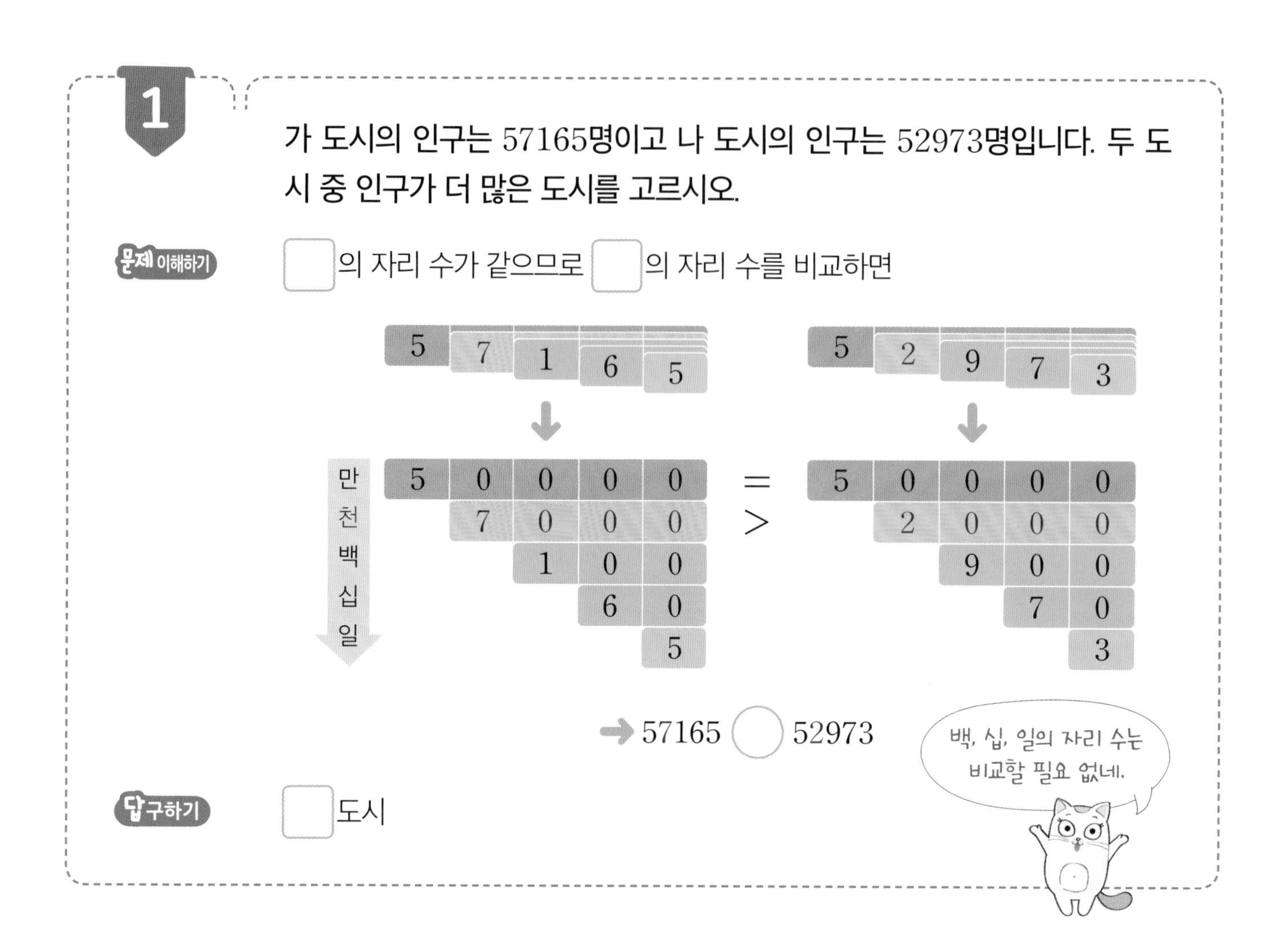

1 가 도시의 인구는 57165명이고 나 도시의 인구는 52973명입니다. 두 도시 중 인구가 더 많은 도시를 고르시오.

문제 이해하기 □의 자리 수가 같으므로 □의 자리 수를 비교하면

➜ 57165 ○ 52973

답 구하기 □ 도시

2 가 공장의 작년 매출액은 2478억 원이고 나 공장의 작년 매출액은 2748억 원입니다. 두 공장 중 작년 매출액이 더 큰 공장을 고르시오.

문제 이해하기 천억의 자리부터 차례로 비교하면

천억	백억	십억	억
2	4	7	8
2	7	4	8

□의 자리 수가 같으므로

□의 자리 수를 비교합니다.

➜ 2478억 ○ 2748억

답 구하기 □ 공장

3 불우이웃 돕기 성금이 가 단체에 4558만 원 모금되었고, 나 단체에 4590만 원 모금되었습니다. 두 단체 중 더 적은 성금이 모금된 단체를 고르시오.

문제 이해하기 천만의 자리부터 차례로 비교하면

천만	백만	십만	만
4	5	5	8
4	5	9	0

□의 자리 수와 □의 자리 수가 각각 같으므로 □의 자리 수를 비교합니다.

➜ 4558만 ○ 4590만

답 구하기 □ 단체

4

큰 수부터 차례로 기호를 쓰시오.

㉠ 100500060000　　㉡ 958억 3000만　　㉢ 천사십억 팔십만

문제 이해하기

	천억	백억	십억	억	천만	백만	십만	만
㉠	1	0	0	5	0	0	0	6
㉡								
㉢								

▶ 자리 수가 가장 적은 수는 □이므로 가장 작은 수는 □입니다.

자리 수가 적을수록 작은 수야.

▶ 나머지 두 수의 천억의 자리 수와 백억의 자리 수가 각각 같으므로 □의 자리 수를 비교하면 ➜ 1005억 6만 ○ □

답구하기 □, □, □

5

큰 수부터 차례로 기호를 쓰시오.

㉠ 70830000000
㉡ 사천이백구십사억 육천만
㉢ 695억 2000만

문제 이해하기

	천억	백억	십억	억	천만
㉠		7	0	8	3
㉡					
㉢					

▶ 자리 수가 가장 많은 수는 □이므로 가장 큰 수는 □입니다.

▶ 나머지 두 수를 비교하면 708억 3000만 ○ 695억 2000만

답구하기 □, □, □

6

큰 수부터 차례로 기호를 쓰시오.

㉠ 430840000000000
㉡ 287조 500억
㉢ 구십조 오천억

문제 이해하기

	백조	십조	조	천억	백억
㉠					
㉡	2	8	7	0	5
㉢					

▶ 자리 수가 가장 적은 수는 □이므로 가장 작은 수는 □입니다.

▶ 나머지 두 수를 비교하면 430조 8400억 ○ 287조 500억

답구하기 □, □, □

정답 확인

오늘 나의 실력은?

부모님 확인

가장 강한 마법약을 찾아라!

미미가 가장 강한 마법약을 구하려고 길을 떠나요. 마법약은 약병에 적혀 있는 수의 크기만큼 강해요. 미미는 자기가 가지고 있는 약과 비교하여 더 강한 것만 들고 갈 수 있답니다. 집으로 돌아온 미미는 어떤 색의 마법약을 들고 있을지 ○표 하세요.

(큰 수)

큰 수의 크기 비교하기 ②

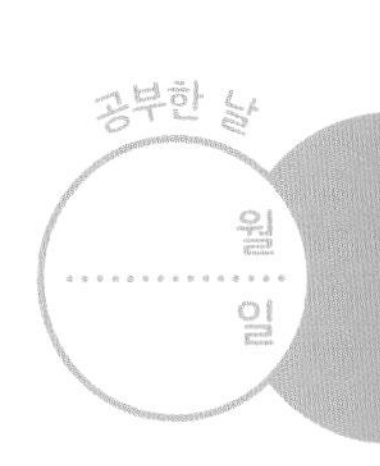

1 0부터 9까지의 수 중 □ 안에 들어갈 수 있는 수를 모두 구하시오.

3275012 < 32□1956

문제 이해하기

- 두 수의 자리 수가 같으므로 높은 자리 수부터 차례로 비교합니다.
- 백만의 자리 수와 십만의 자리 수가 각각 같으므로 □의 자리 수를 비교하면

3275012 < 32□1956

→ □ 안에 7보다 (큰 수 , 작은 수)가 들어갈 수 있습니다.

- 만약 만의 자리 수가 7로 같다면

3275012 ○ 32719560이 되므로

→ □ 안에 7은 들어갈 수 (있습니다 , 없습니다).

만의 자리 수까지 같은 경우도 꼭 생각해 봐야 해!

답 구하기 □, □

2 0부터 9까지의 수 중 □ 안에 들어갈 수 있는 수를 모두 구하시오.

18647510 > 186□5203

문제 이해하기

3

다음에서 설명하는 수를 구하시오.

- 5부터 9까지의 수를 모두 한 번씩 사용하여 만든 수입니다.
- 95600보다 크고 95700보다 작은 수입니다.
- 십의 자리 수는 짝수입니다.

문제 이해하기

› □개의 수를 한 번씩 사용하였으므로 다섯 자리 수

→ □□□□□

› 95600보다 크고 95700보다 작으므로

만의 자리 수는 □, 천의 자리 수는 □, 백의 자리 수는 □

→ 95600 < □□□□□ < 95700

› 십의 자리 수는 짝수이므로 □ → □□□□□

› 일의 자리 수는 □ → □□□□□

답구하기

□

다음에서 설명하는 수를 구하시오.

- 3부터 7까지의 수를 모두 한 번씩 사용하여 만든 수입니다.
- 34000보다 크고 35000보다 작은 수입니다.
- 백의 자리 수는 짝수입니다.
- 십의 자리 수는 일의 자리 수보다 큽니다.

문제 이해하기

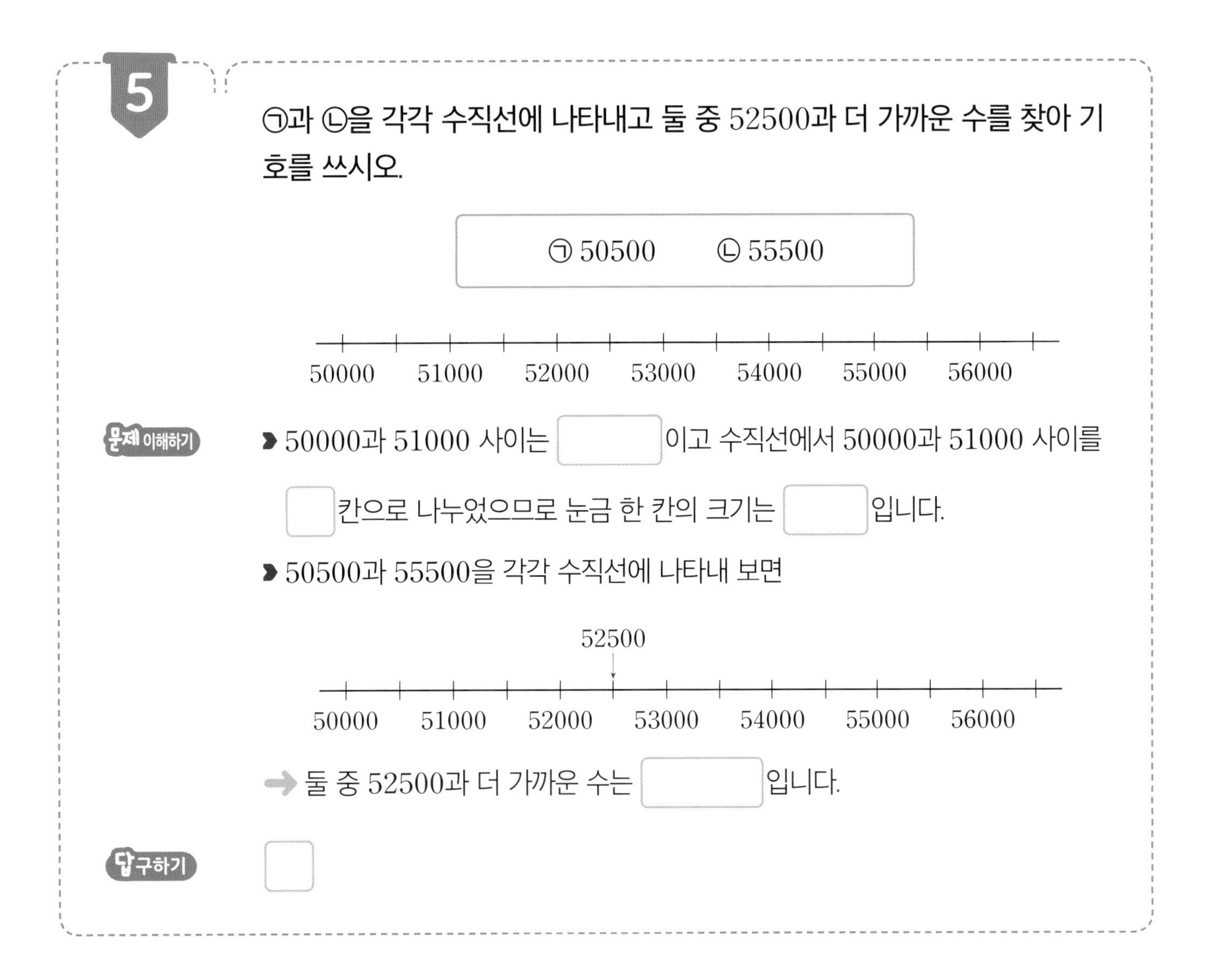

5

㉠과 ㉡을 각각 수직선에 나타내고 둘 중 52500과 더 가까운 수를 찾아 기호를 쓰시오.

㉠ 50500 ㉡ 55500

50000 51000 52000 53000 54000 55000 56000

문제 이해하기

▶ 50000과 51000 사이는 [ ]이고 수직선에서 50000과 51000 사이를 [ ]칸으로 나누었으므로 눈금 한 칸의 크기는 [ ]입니다.

▶ 50500과 55500을 각각 수직선에 나타내 보면

52500

50000 51000 52000 53000 54000 55000 56000

➡ 둘 중 52500과 더 가까운 수는 [ ]입니다.

답구하기 [ ]

6

㉠과 ㉡을 각각 수직선에 나타내고 둘 중 495000과 더 가까운 수를 찾아 기호를 쓰시오.

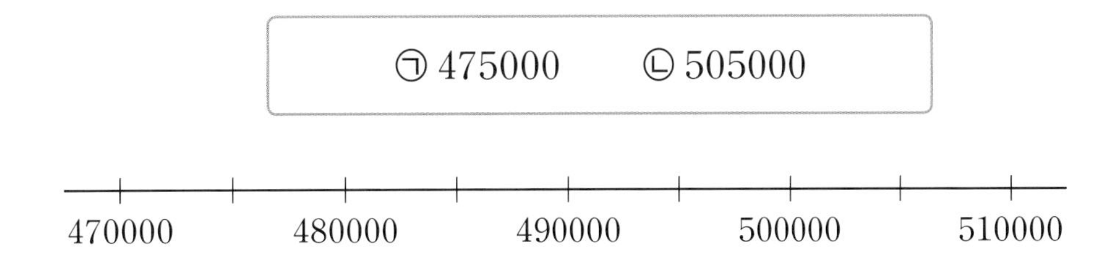

㉠ 475000 ㉡ 505000

470000 480000 490000 500000 510000

찢어진 휴지를 이어 보아요

강아지 뽀삐가 두루마리 휴지를 굴려서 풀어지게 했어요. 풀어진 휴지 위에서 놀던 뽀삐는 휴지를 찢고 말았어요. 풀어진 휴지는 모두 똑같이 다섯 칸이었고, 모든 휴지에는 열다섯 자리 수가 적혀 있었답니다. 가장 작은 수가 적힌 휴지에 ○표 하세요.

큰 수

단원 마무리

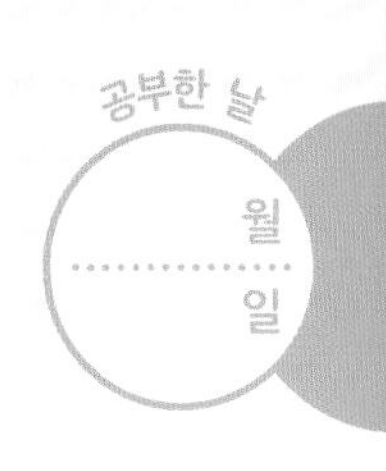

01

한 상자에 1000개씩 들어 있는 사탕이 7상자 있습니다. 사탕이 모두 10000개가 되려면 몇 개가 더 있어야 합니까?

02

성주 어머니가 마트에서 장을 보고 10000원짜리 지폐 7장, 1000원짜리 지폐 2장, 100원짜리 동전 5개, 10원짜리 동전 3개를 냈습니다. 성주 어머니가 낸 돈은 모두 얼마입니까?

03

이번 주 토요일에 영화관에 입장한 사람은 21945명이고 일요일에 입장한 사람은 23071명입니다. 토요일과 일요일 중 영화관에 입장한 사람이 더 많은 날은 무슨 요일입니까?

04 숫자 3이 나타내는 값이 가장 큰 수를 찾아 쓰시오.

91352	13874	65731

05 다음 수를 구하시오.

10000이 4개, 1000이 25개, 100이 7개, 10이 13개, 1이 9개인 수

06 ★에 알맞은 수를 찾아 읽어 보시오.

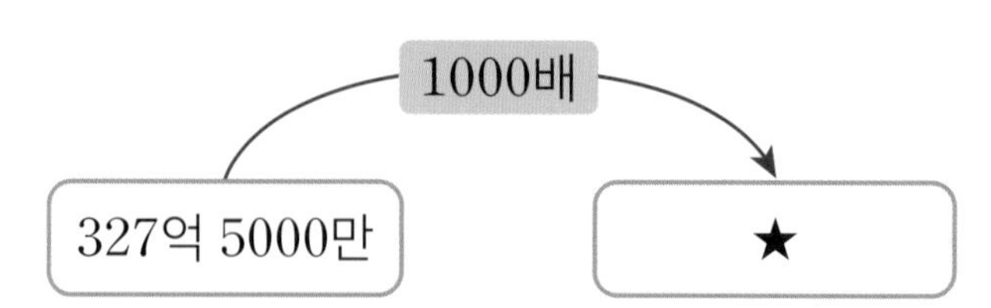

07 은행에 예금한 돈 5억 원을 모두 10만 원짜리 수표로 찾으면 10만 원짜리 수표 몇 장이 됩니까?

08 어떤 수 ■부터 100억씩 5번 뛰어 센 수는 5729억입니다. ■부터 20억씩 4번 뛰어 센 수를 구하시오.

09 6장의 수 카드를 모두 한 번씩 사용하여 십만의 자리 수를 만들려고 합니다. 만들 수 있는 가장 작은 수에서 만의 자리 숫자를 구하시오.

9	3	5	7	2	0

10 □ 안에 들어갈 수 있는 수 중 가장 큰 수를 구하시오.

3□4575 < 350900

정답 확인

오늘 나의 실력은?

부모님 확인

각도

이것을 배울 거예요!

- 각을 크기에 따라 분류하기
- 각도의 합과 차
- 삼각형의 세 각의 크기의 합
- 사각형의 네 각의 크기의 합

학습 계획 세우기

공부할 내용에 대한 계획을 세우고,
학습해 보아요!

		학습 계획일
3주 3일	각을 크기에 따라 분류하기 ❶	월 일
3주 4일	각을 크기에 따라 분류하기 ❷	월 일
3주 5일	각도의 합과 차 ❶	월 일
4주 1일	각도의 합과 차 ❷	월 일
4주 2일	삼각형의 세 각의 크기의 합 ❶	월 일
4주 3일	삼각형의 세 각의 크기의 합 ❷	월 일
4주 4일	사각형의 네 각의 크기의 합 ❶	월 일
4주 5일	사각형의 네 각의 크기의 합 ❷	월 일
5주 1일	단원 마무리	월 일

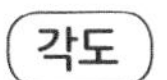

각을 크기에 따라 분류하기 ①

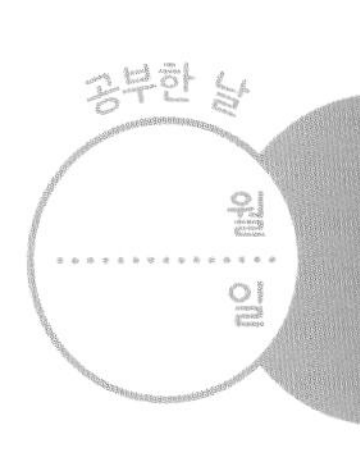

- 각의 크기를 각도라고 합니다.
- 1°는 직각을 똑같이 90으로 나눈 것 중 하나입니다.
- 직각의 크기는 90°입니다.

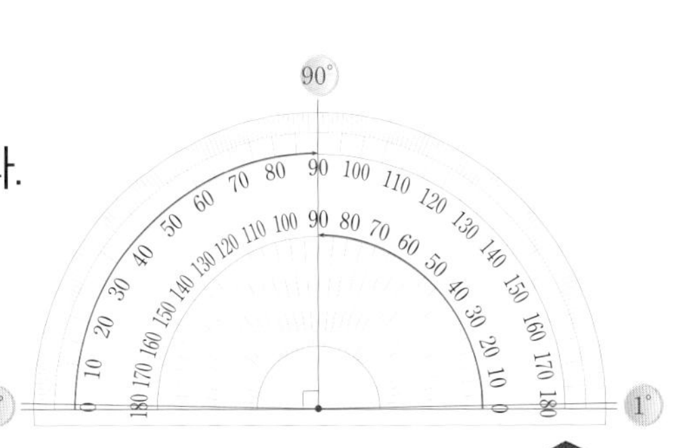

각의 크기가 직각보다 큰 것에 ○표, 직각보다 작은 것에 △표 하시오.

1

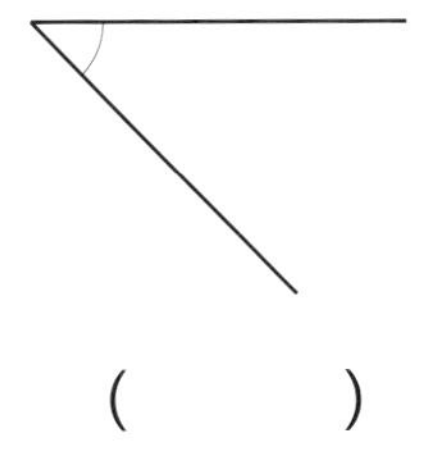

(　　)

2

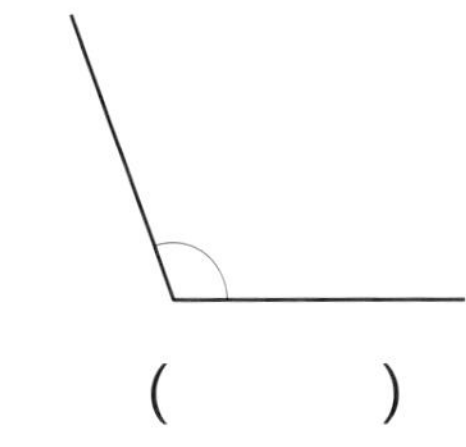

(　　)

3

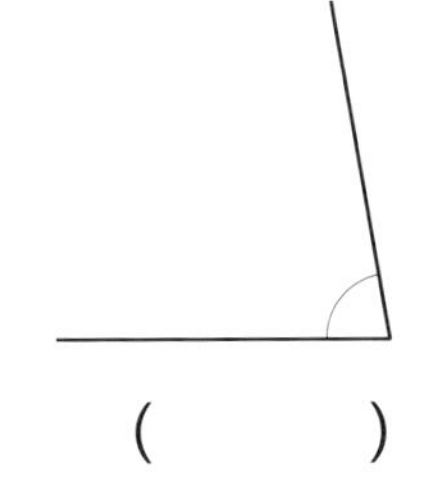

(　　)

4

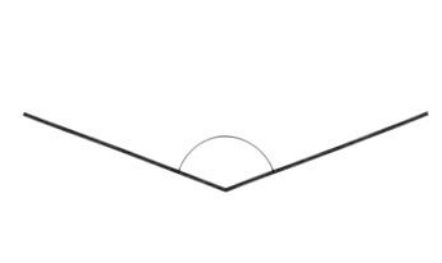

(　　)

5

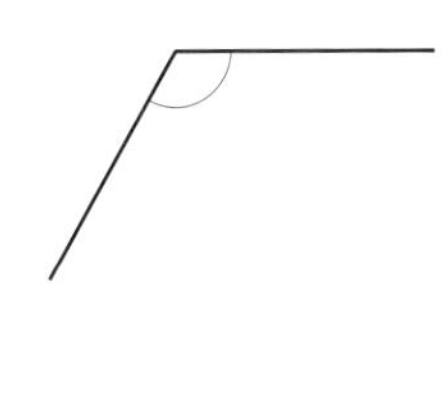

(　　)

6

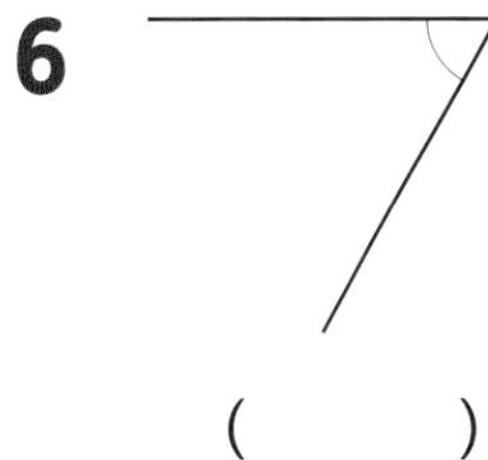

(　　)

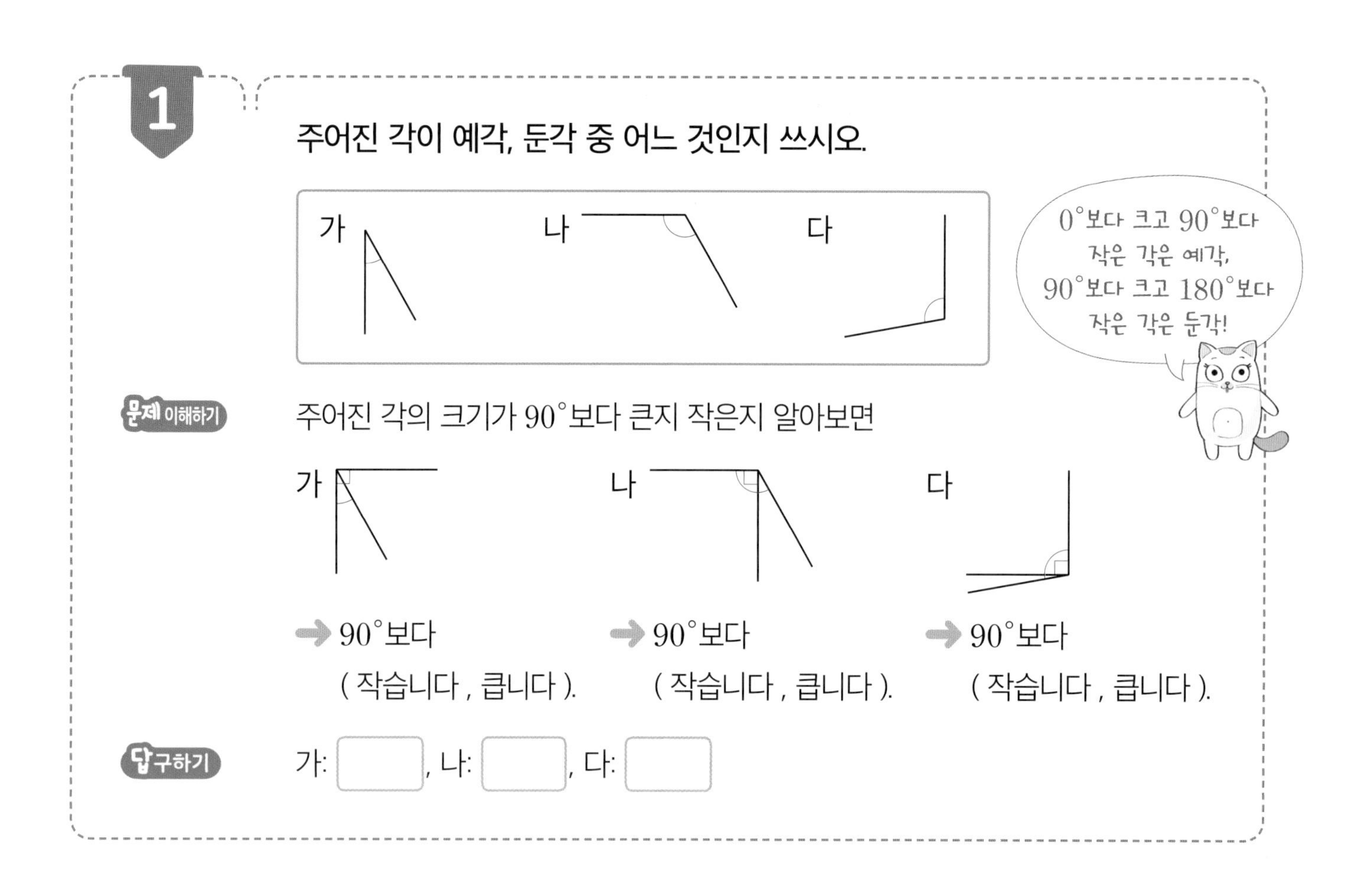

1

주어진 각이 예각, 둔각 중 어느 것인지 쓰시오.

가 나 다

문제 이해하기 주어진 각의 크기가 90°보다 큰지 작은지 알아보면

가 → 90°보다 (작습니다 , 큽니다).

나 → 90°보다 (작습니다 , 큽니다).

다 → 90°보다 (작습니다 , 큽니다).

답 구하기 가: ☐, 나: ☐, 다: ☐

2

주어진 각 중 예각을 모두 찾아 기호를 쓰시오.

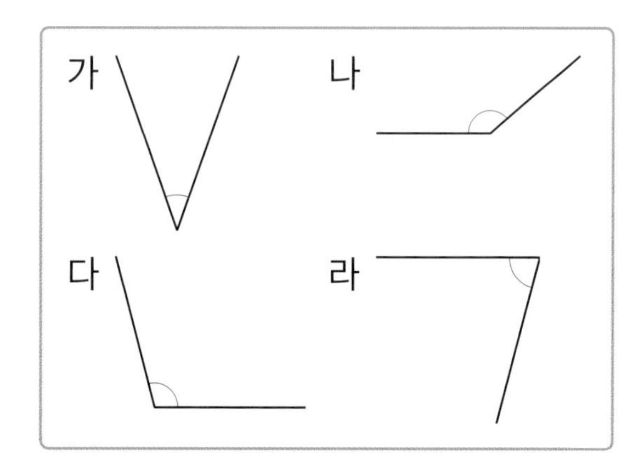

문제 이해하기 예각: 각도가 0°보다 크고

☐°보다 작은 각

→ 가: 90°보다 (작습니다 , 큽니다).

나: 90°보다 (작습니다 , 큽니다).

다: 90°보다 (작습니다 , 큽니다).

라: 90°보다 (작습니다 , 큽니다).

답 구하기 ☐, ☐

3

주어진 각 중 둔각을 모두 찾아 기호를 쓰시오.

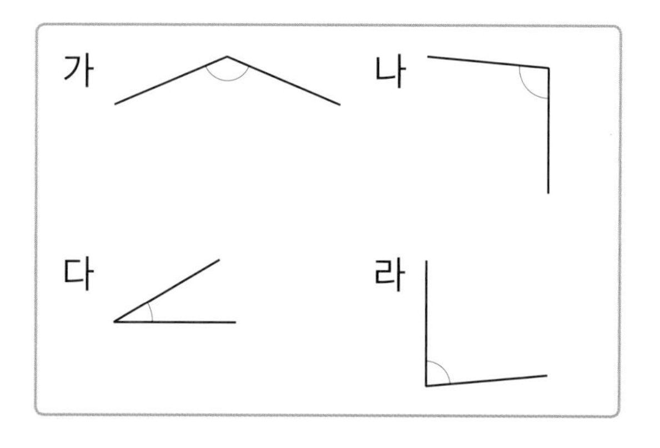

문제 이해하기 둔각: 각도가 ☐°보다 크고

☐°보다 작은 각

→ 가: 90°보다 (작습니다 , 큽니다).

나: 90°보다 (작습니다 , 큽니다).

다: 90°보다 (작습니다 , 큽니다).

라: 90°보다 (작습니다 , 큽니다).

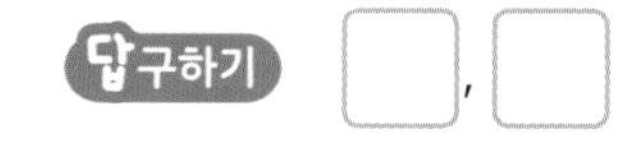

답 구하기 ☐, ☐

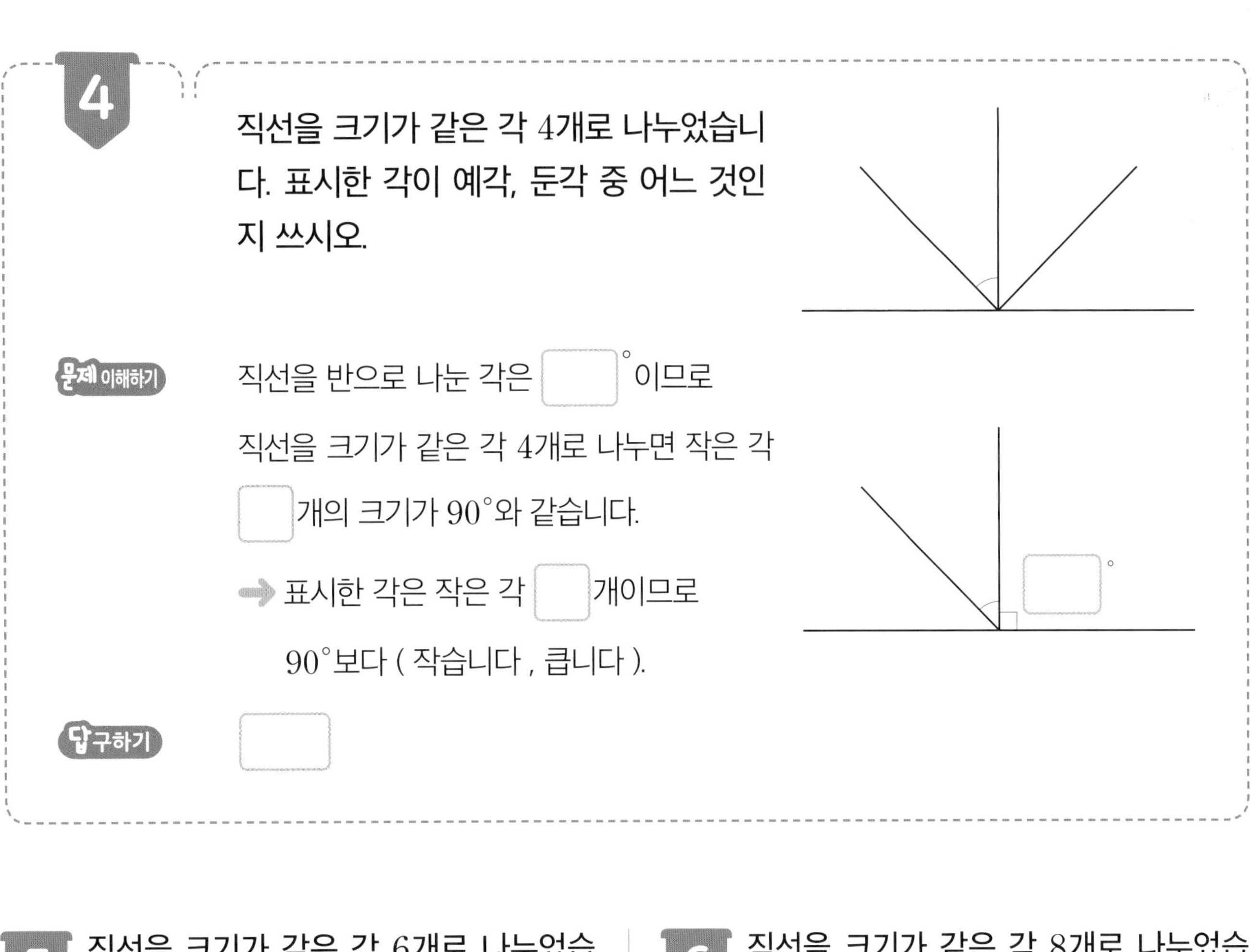

4

직선을 크기가 같은 각 4개로 나누었습니다. 표시한 각이 예각, 둔각 중 어느 것인지 쓰시오.

문제 이해하기 직선을 반으로 나눈 각은 □° 이므로

직선을 크기가 같은 각 4개로 나누면 작은 각 □개의 크기가 90°와 같습니다.

→ 표시한 각은 작은 각 □개이므로 90°보다 (작습니다 , 큽니다).

답구하기 □

5

직선을 크기가 같은 각 6개로 나누었습니다. 표시한 각이 예각, 둔각 중 어느 것인지 쓰시오.

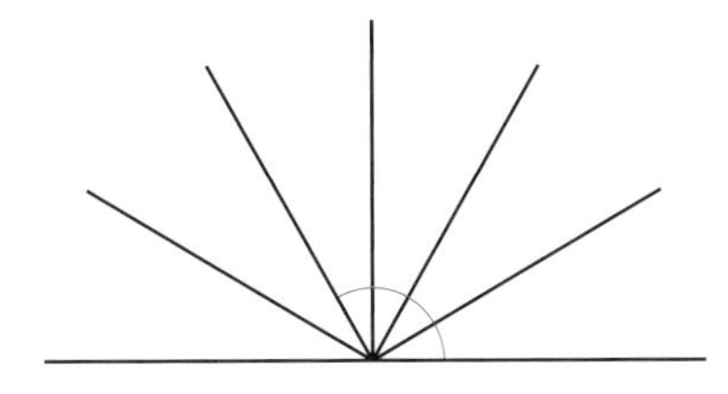

문제 이해하기 직선을 반으로 나눈 각은 □° 이므로

직선을 크기가 같은 각 6개로 나누면

작은 각 □개의 크기가 90°와 같습니다.

→ 표시한 각은 작은 각 □개이므로 90°보다 (작습니다 , 큽니다).

답구하기 □

6

직선을 크기가 같은 각 8개로 나누었습니다. 표시한 각이 예각, 둔각 중 어느 것인지 쓰시오.

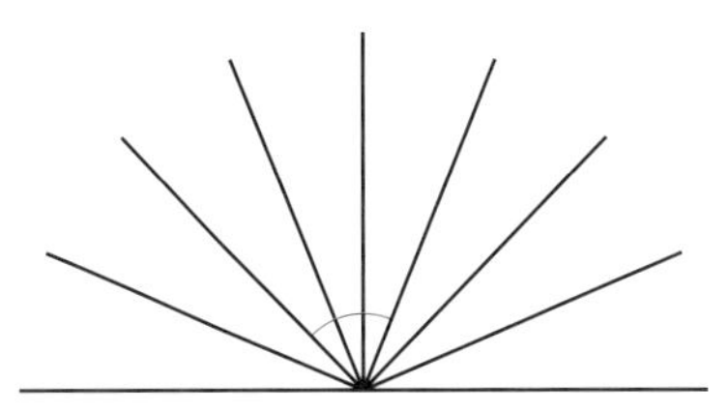

문제 이해하기 직선을 반으로 나눈 각은 □° 이므로

직선을 크기가 같은 각 8개로 나누면

작은 각 □개의 크기가 90°와 같습니다.

→ 표시한 각은 작은 각 □개이므로 90°보다 (작습니다 , 큽니다).

답구하기 □

정답 확인

오늘 나의 실력은?

부모님 확인

둔각을 찾아라

준서는 초록색 색종이를 오려서 삼각형 세 개를 만들고, 효빈이는 노란색 색종이를 오려서 삼각형 세 개를 만들었습니다. 삼각형의 각의 크기 중 둔각의 개수가 더 많은 사람을 찾아 ○표 하세요.

(각도)

각을 크기에 따라 분류하기 ❷

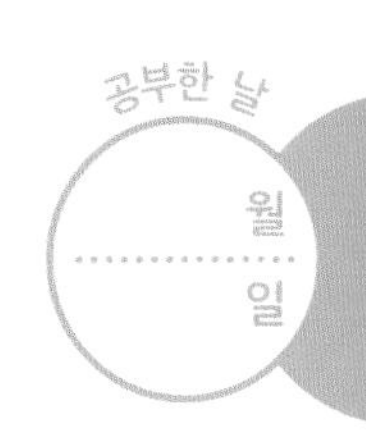

시계의 긴바늘과 짧은바늘이 이루는 작은 쪽의 각이 예각인 것을 찾아 기호를 쓰시오.

가  나 

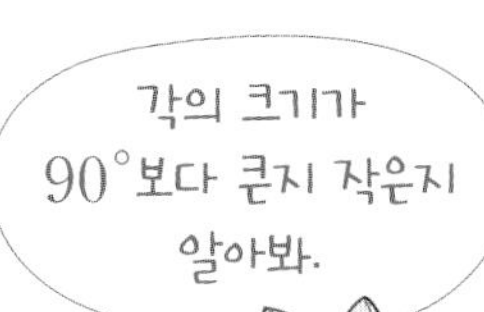

각의 크기가 90°보다 큰지 작은지 알아봐.

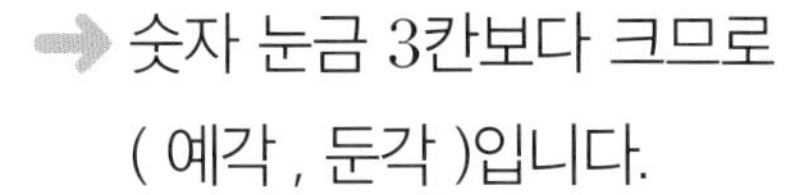

▶ 시계의 숫자 눈금 □칸이 이루는 각은 90°입니다.

▶ 시계의 긴바늘과 짧은바늘이 이루는 작은 쪽의 각의 크기를 알아보면

➔ 숫자 눈금 3칸보다 크므로 (예각 , 둔각)입니다.

➔ 숫자 눈금 3칸보다 작으므로 (예각 , 둔각)입니다.

□

2

시계의 긴바늘과 짧은바늘이 이루는 작은 쪽의 각이 둔각인 것을 찾아 기호를 쓰시오.

가 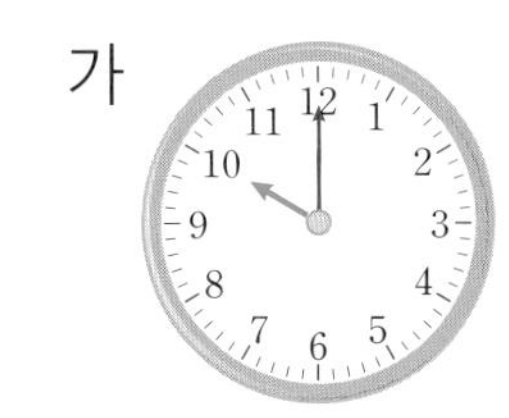 나 

3

직선을 크기가 같은 각 6개로 나누었습니다. 그림에서 찾을 수 있는 크고 작은 예각은 모두 몇 개입니까?

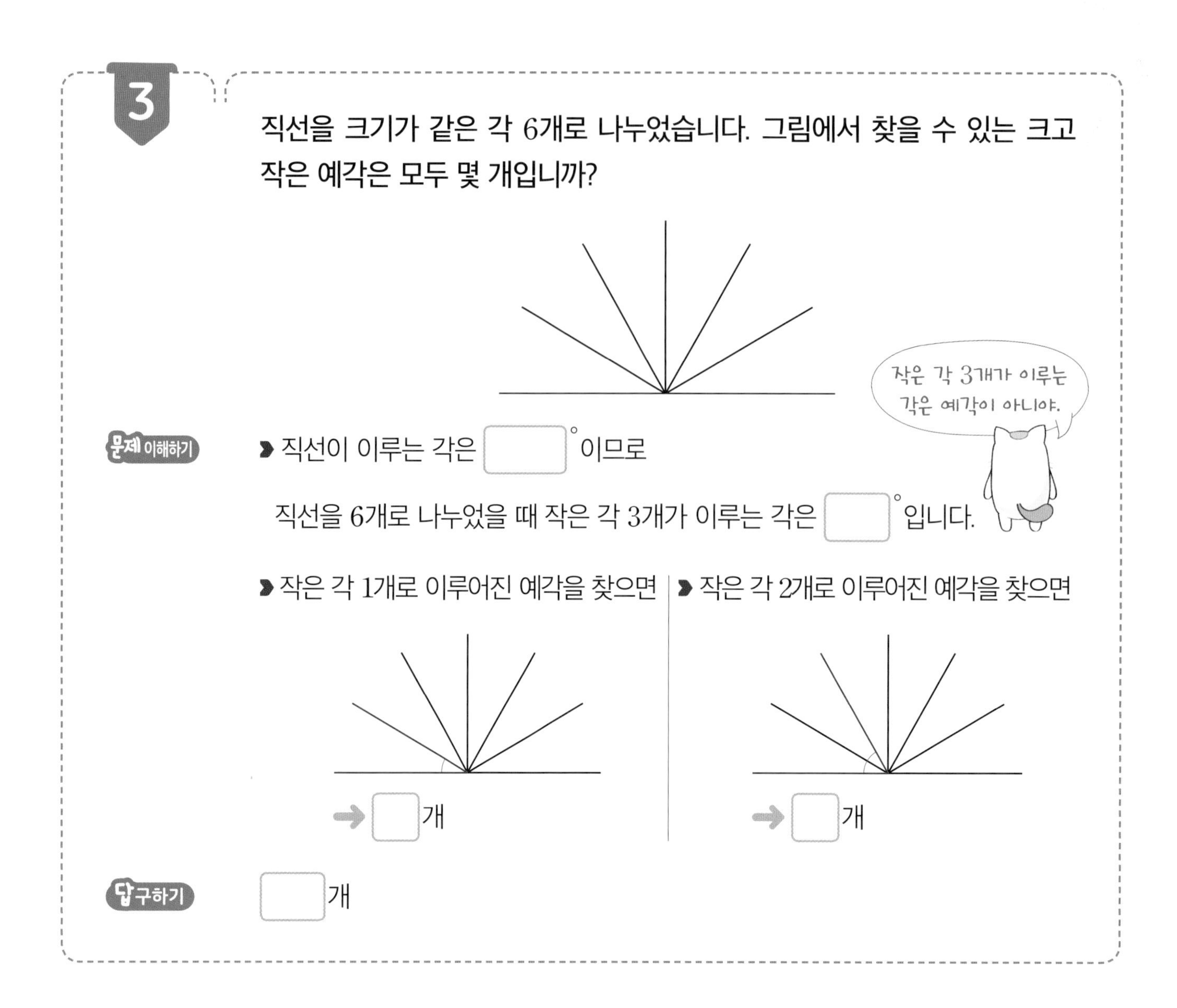

작은 각 3개가 이루는 각은 예각이 아니야.

문제 이해하기

› 직선이 이루는 각은 ☐° 이므로

직선을 6개로 나누었을 때 작은 각 3개가 이루는 각은 ☐° 입니다.

› 작은 각 1개로 이루어진 예각을 찾으면

→ ☐개

› 작은 각 2개로 이루어진 예각을 찾으면

→ ☐개

답 구하기

☐개

4

직선을 크기가 같은 각 6개로 나누었습니다. 그림에서 찾을 수 있는 크고 작은 둔각은 모두 몇 개입니까?

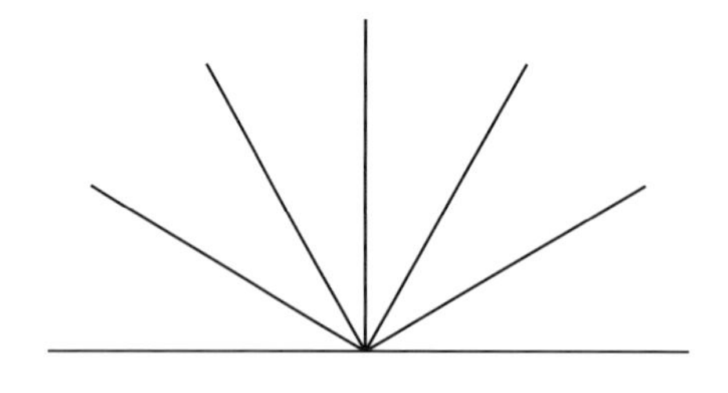

문제 이해하기

답 구하기

색종이를 다음과 같이 접었습니다. ㉠과 ㉡의 각도를 각각 구하시오.

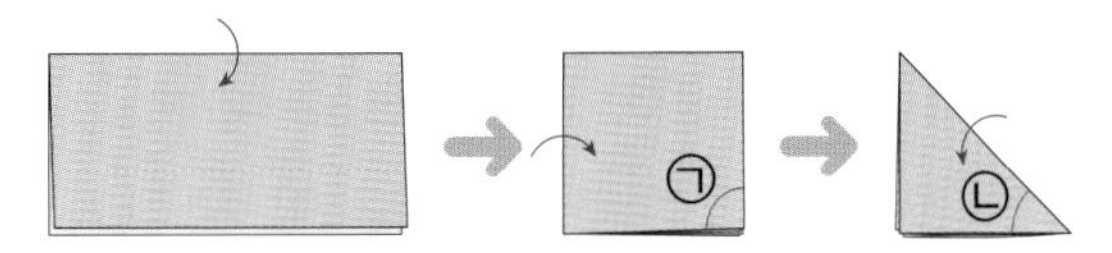

문제 이해하기

› 색종이는 네 각이 모두 직각이므로 ㉠=□°

→ ㉡은 ㉠을 똑같이 반으로 나눈 각이므로

㉡=□°÷2=□°

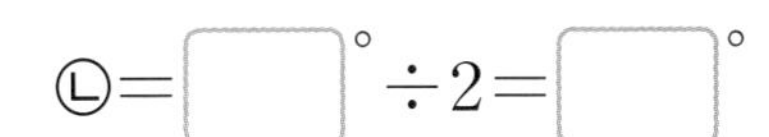

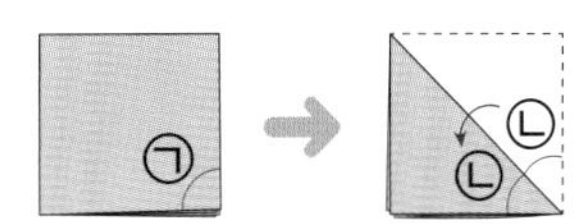

답구하기 ㉠=□°, ㉡=□°

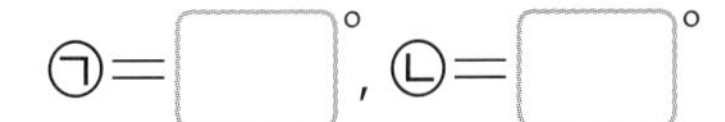

색종이를 다음과 같이 접었습니다. ㉠과 ㉡의 각도를 각각 구하시오.

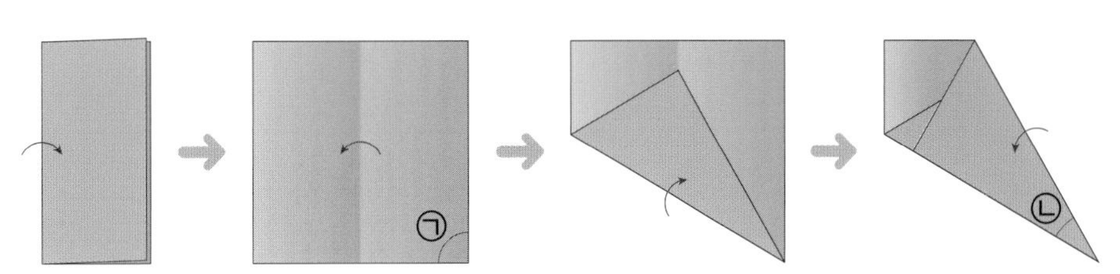

문제 이해하기

답구하기

오늘 나의 실력은?

부모님 확인

생쥐들의 치즈 파티

생쥐들이 치즈를 똑같이 8조각으로 나누고 가위바위보를 하여 이긴 생쥐부터 먹고 싶은 만큼 먹기로 했어요. 각각의 생쥐가 먹은 치즈 조각의 각도는 몇 도인지 써 보세요. 그리고 둔각을 찾아 ○표 하세요.

각도

각도의 합과 차 ①

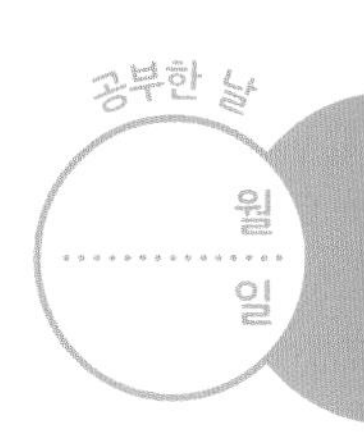

각도의 합과 차는 자연수의 덧셈, 뺄셈과 같은 방법으로 계산합니다.

• 각도의 합

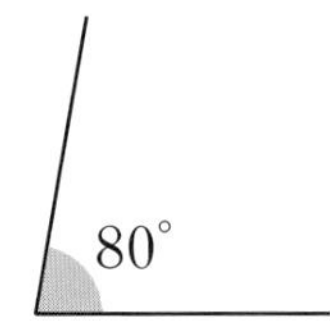

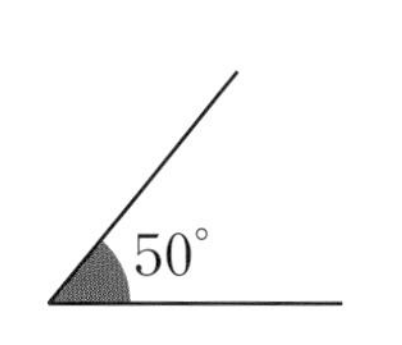

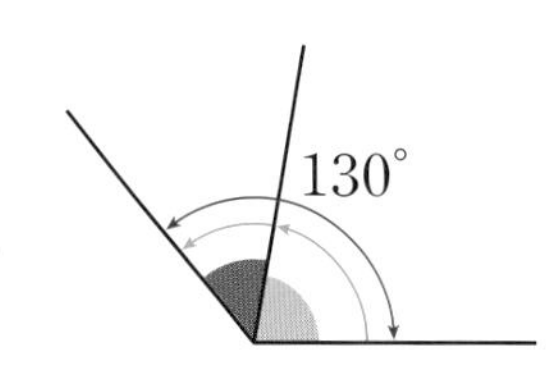

$80° + 50° = 130°$

• 각도의 차

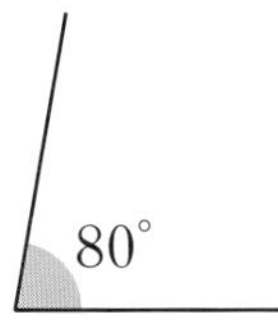

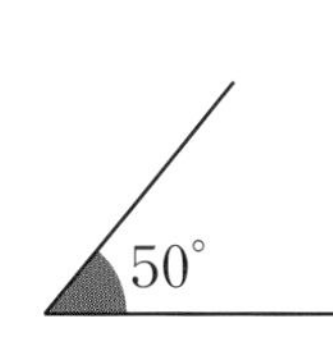

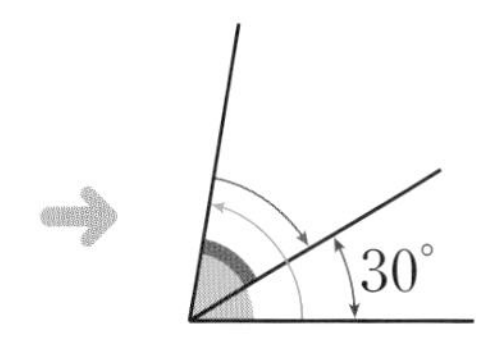

$80° - 50° = 30°$

실력 확인하기

빈칸에 알맞은 수를 써넣으시오.

1

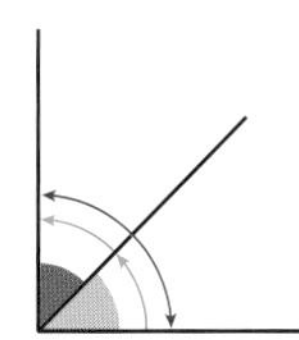

$45° + 45° = \square°$

2

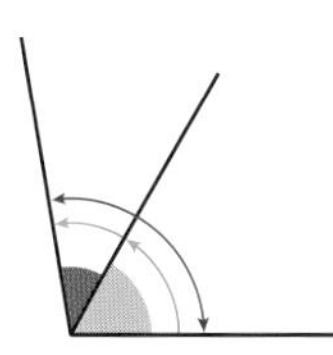

$60° + 40° = \square°$

3

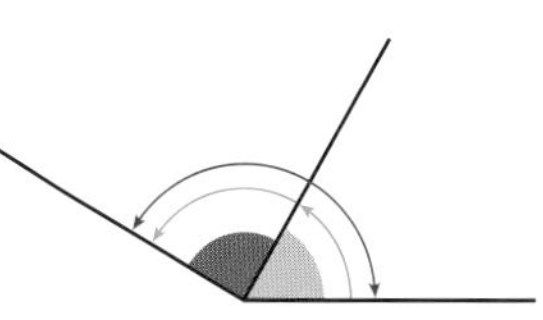

$60° + 90° = \square°$

4

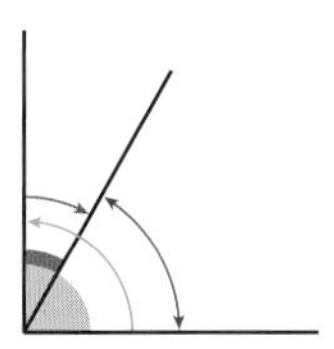

$90° - 30° = \square°$

5

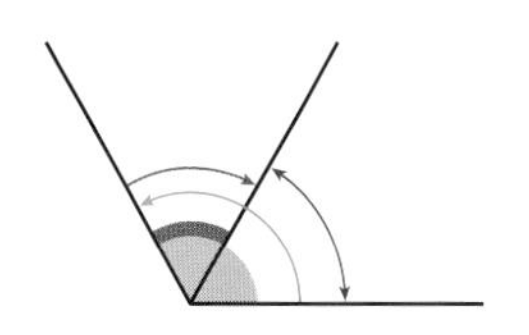

$120° - 60° = \square°$

6

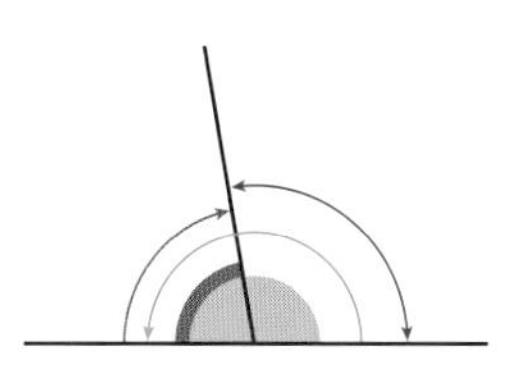

$180° - 80° = \square°$

1

45°만큼 벌린 가위를 30°만큼 더 벌리면 가위가 벌어진 각도는 몇 도가 됩니까?

45°

문제 이해하기 가위를 더 벌린 후의 각도를 알아보면

30° 45°

→ 45°와 □°를 더 한 각도와 같습니다.

식 세우기 45°＋□°＝□°

답 구하기 □°

각의 꼭짓점과 한 변이 겹치도록 두 각을 이어 붙이면 두 각의 합을 알 수 있어.

2

90°만큼 열려 있는 노트북을 45°만큼 더 젖히면 노트북이 열린 각도는 몇 도가 됩니까?

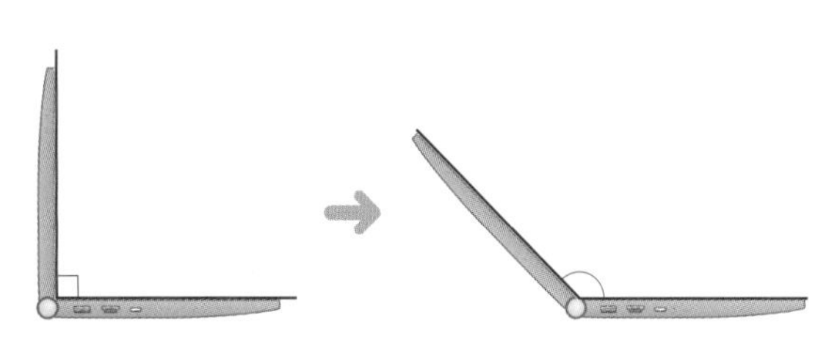

문제 이해하기 노트북을 더 젖힌 후의 각도를 알아보면

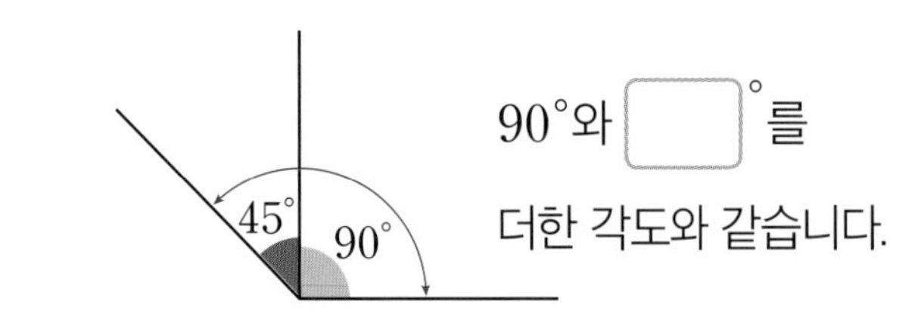

90°와 □°를 더한 각도와 같습니다.

식 세우기

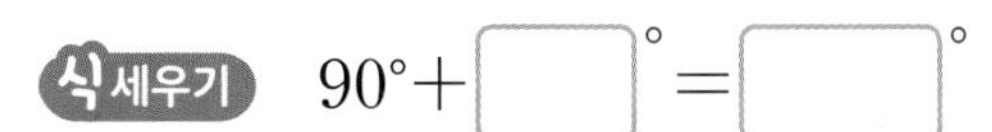

90°＋□°＝□°

답 구하기 □°

3

에어 로켓이 땅과 이루는 각도가 다음과 같습니다. 이 각도를 25°만큼 더 높이면 에어 로켓이 땅과 이루는 각도는 몇 도가 됩니까?

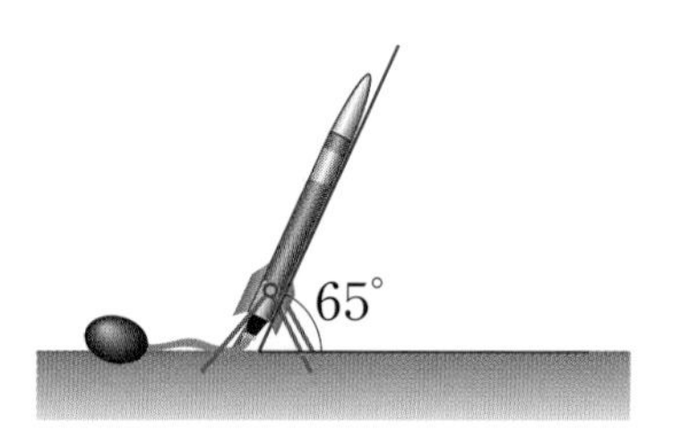

문제 이해하기 땅과 이루는 각도를 알아보면

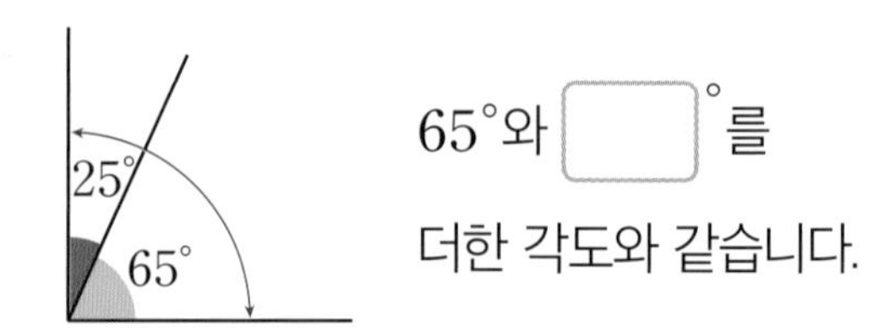

65°와 □°를 더한 각도와 같습니다.

식 세우기

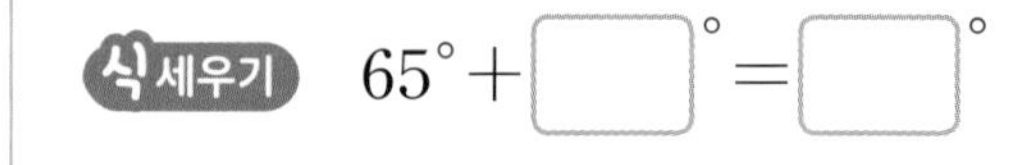

65°＋□°＝□°

답 구하기 □°

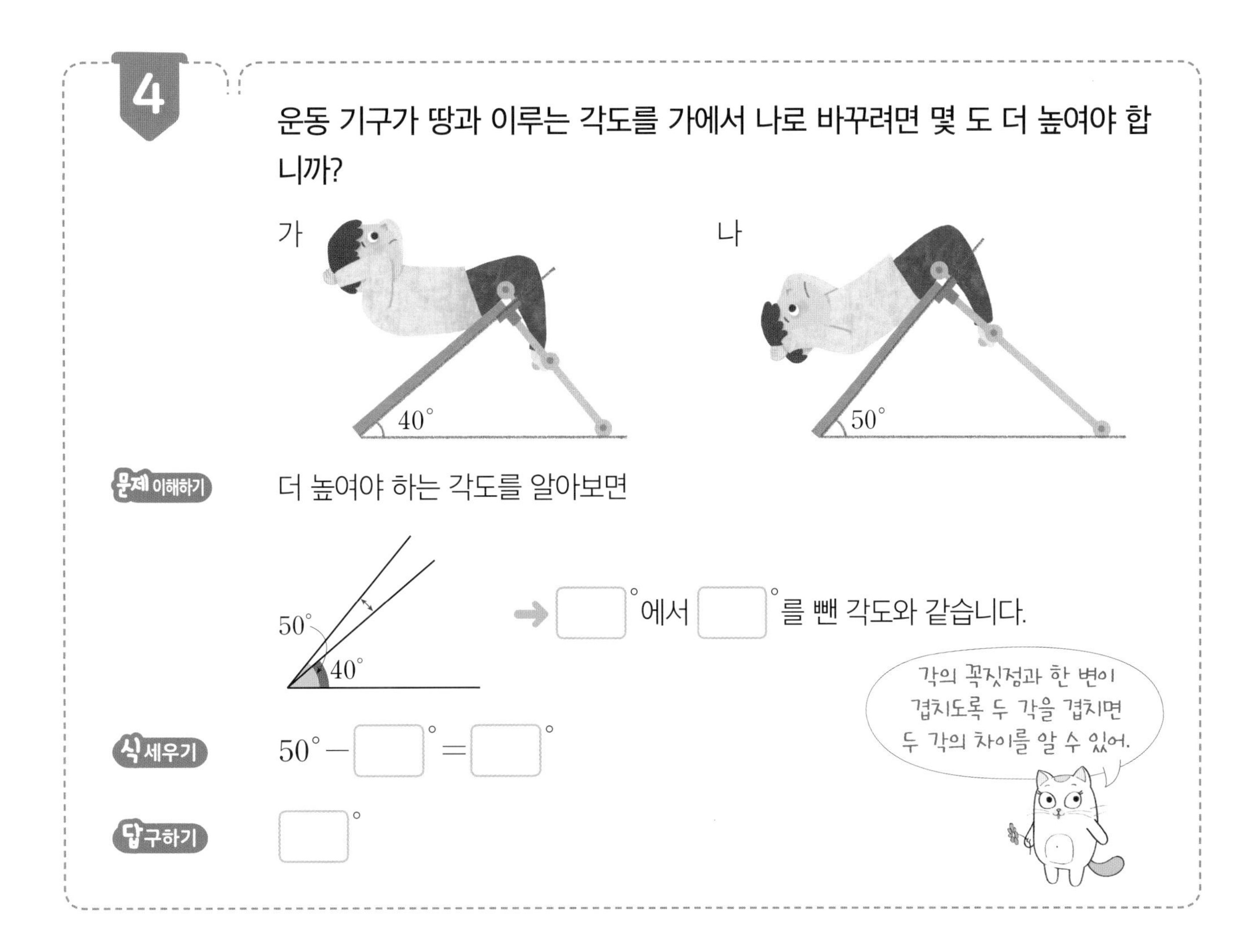

4

운동 기구가 땅과 이루는 각도를 가에서 나로 바꾸려면 몇 도 더 높여야 합니까?

문제 이해하기 더 높여야 하는 각도를 알아보면

→ □°에서 □°를 뺀 각도와 같습니다.

식 세우기 $50° - \square° = \square°$

답 구하기 □°

5 유나와 승호가 선생님께 인사할 때 상체를 숙인 각도입니다. 승호는 유나보다 상체를 몇 도 더 숙였습니까?

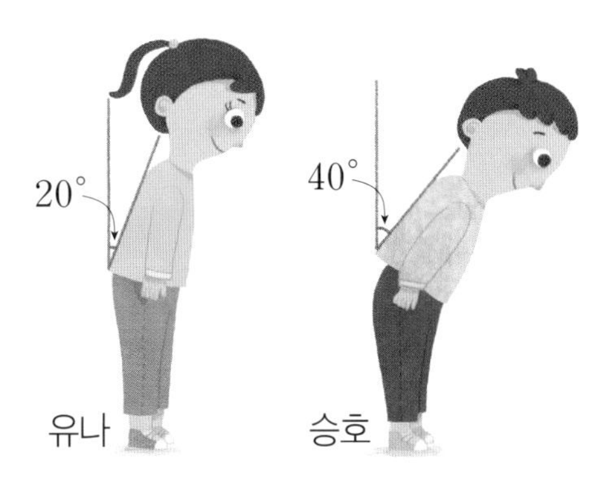

문제 이해하기 더 숙인 각도를 알아보면 □°에서 □°를 뺀 각도와 같습니다.

식 세우기 $40° - \square° = \square°$

답 구하기 □°

6 100°만큼 펼쳐진 부채를 30°만큼 접었습니다. 부채가 펼쳐진 각도는 몇 도가 됩니까?

문제 이해하기 부채를 접은 후의 각도를 알아보면

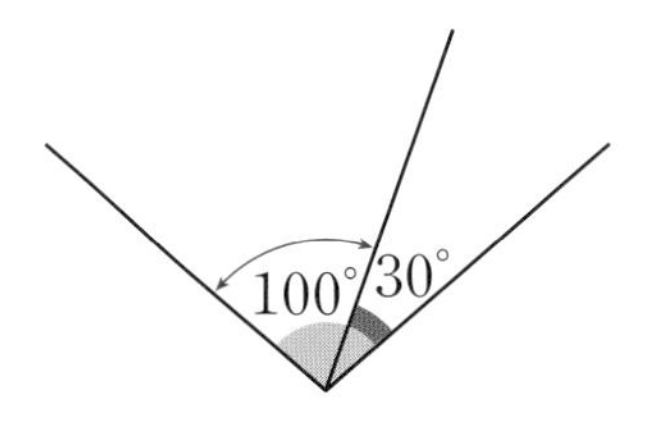

□°에서 □°를 뺀 각도와 같습니다.

식 세우기 $100° - \square° = \square°$

답 구하기 □°

정답 확인  오늘 나의 실력은?  부모님 확인

악어들의 사계절

미래가 아기 악어 포포의 이야기가 담긴 책을 읽고 있어요. 악어의 입이 벌어진 각도를 보고, 각각의 계절을 써 보세요.

아기 악어 포포의 입은 따뜻한 봄에는 97°로 벌어져 있어요. 더운 여름이 되면 봄보다 53° 더 벌어지고,
선선한 가을이 되면 여름보다 63° 덜 벌어져요. 그리고 추운 겨울이 되면 가을보다 35° 덜 벌어진답니다.
97°
87°
150°
52°

(각도)

각도의 합과 차 ❷

1

㉠의 각도를 구하시오.

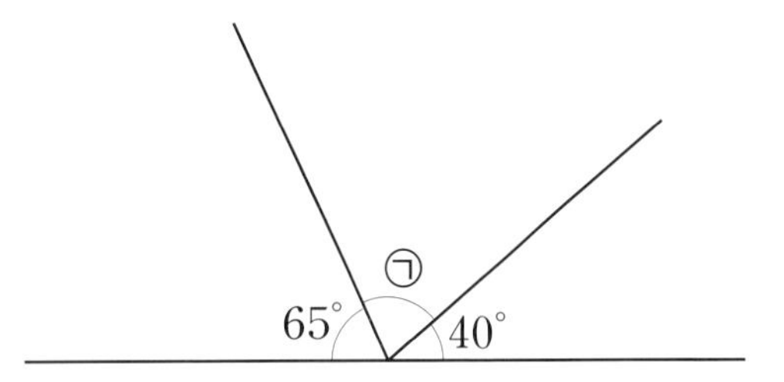

문제 이해하기

직선이 이루는 각은 $\square$° 이므로 65°와 ㉠과 40°의 합은 $\square$°입니다.

➜ $65° + ㉠ + \square° = \square°$

$㉠ = \square° - 65° - \square° = \square°$

$\square$°

2

㉠의 각도를 구하시오.

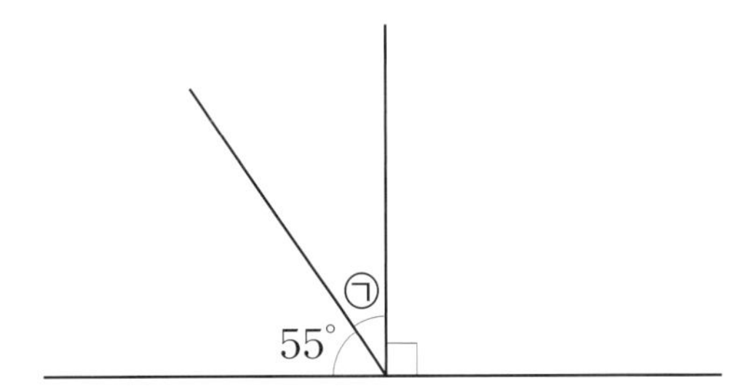

문제 이해하기

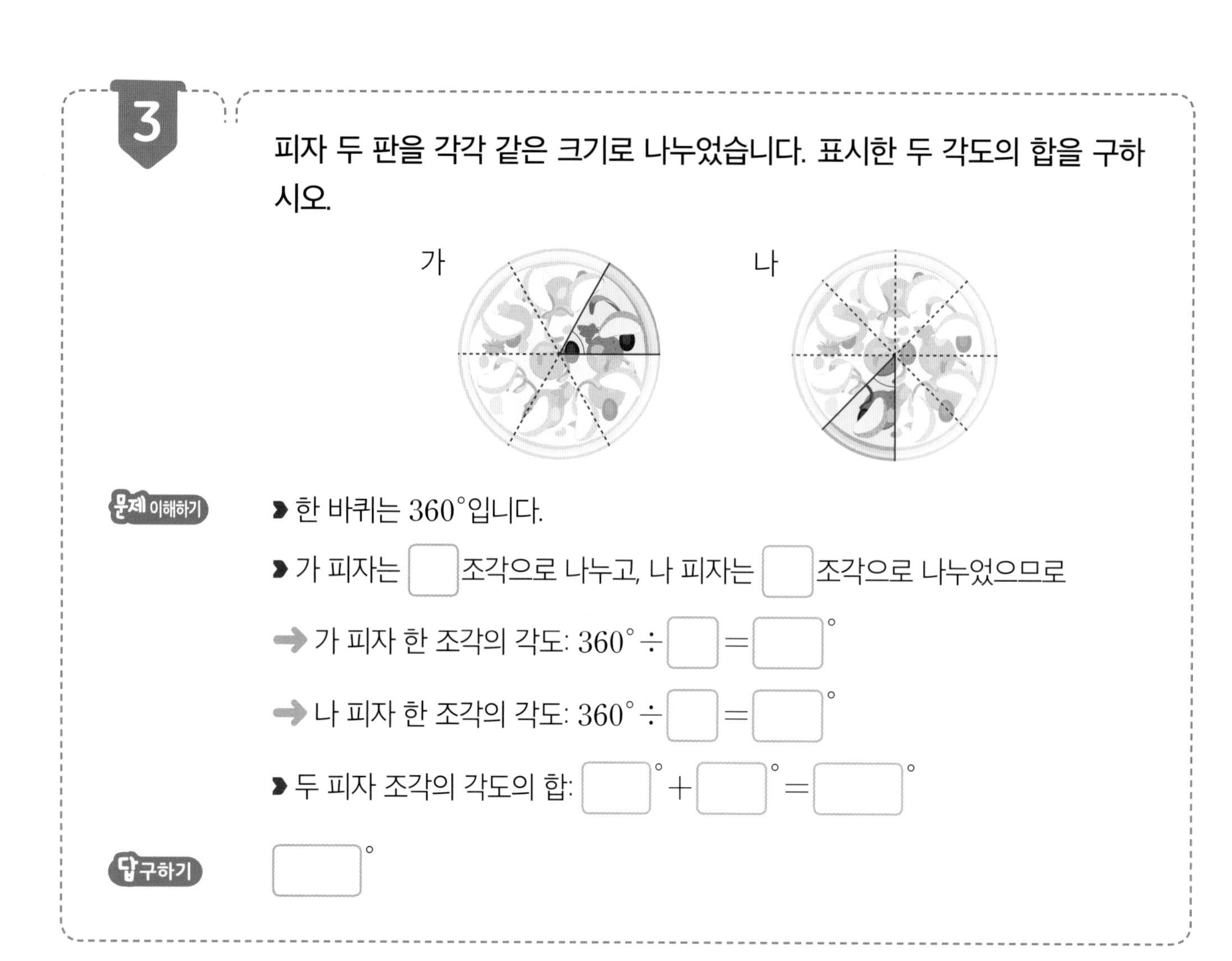

3

피자 두 판을 각각 같은 크기로 나누었습니다. 표시한 두 각도의 합을 구하시오.

문제 이해하기

› 한 바퀴는 360°입니다.

› 가 피자는 ☐ 조각으로 나누고, 나 피자는 ☐ 조각으로 나누었으므로

➜ 가 피자 한 조각의 각도: 360° ÷ ☐ = ☐°

➜ 나 피자 한 조각의 각도: 360° ÷ ☐ = ☐°

› 두 피자 조각의 각도의 합: ☐° + ☐° = ☐°

답구하기 ☐°

4

원 모양 색종이 두 장을 각각 같은 크기로 나누었습니다. 표시한 두 각도의 합을 구하시오.

가

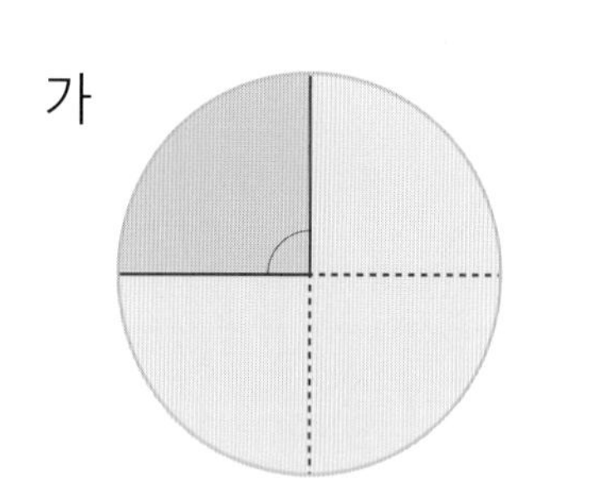

나

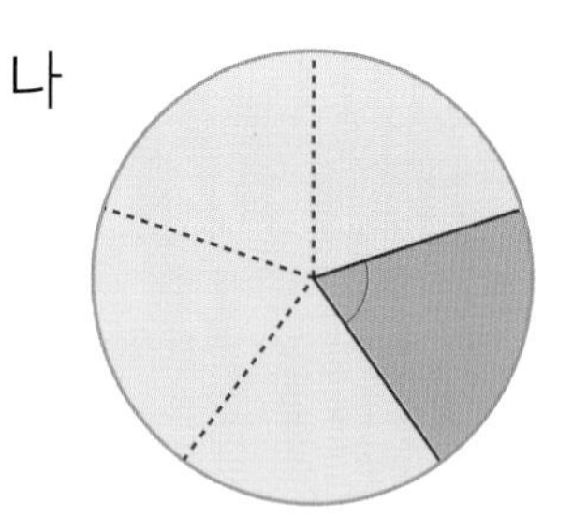

문제 이해하기

답구하기

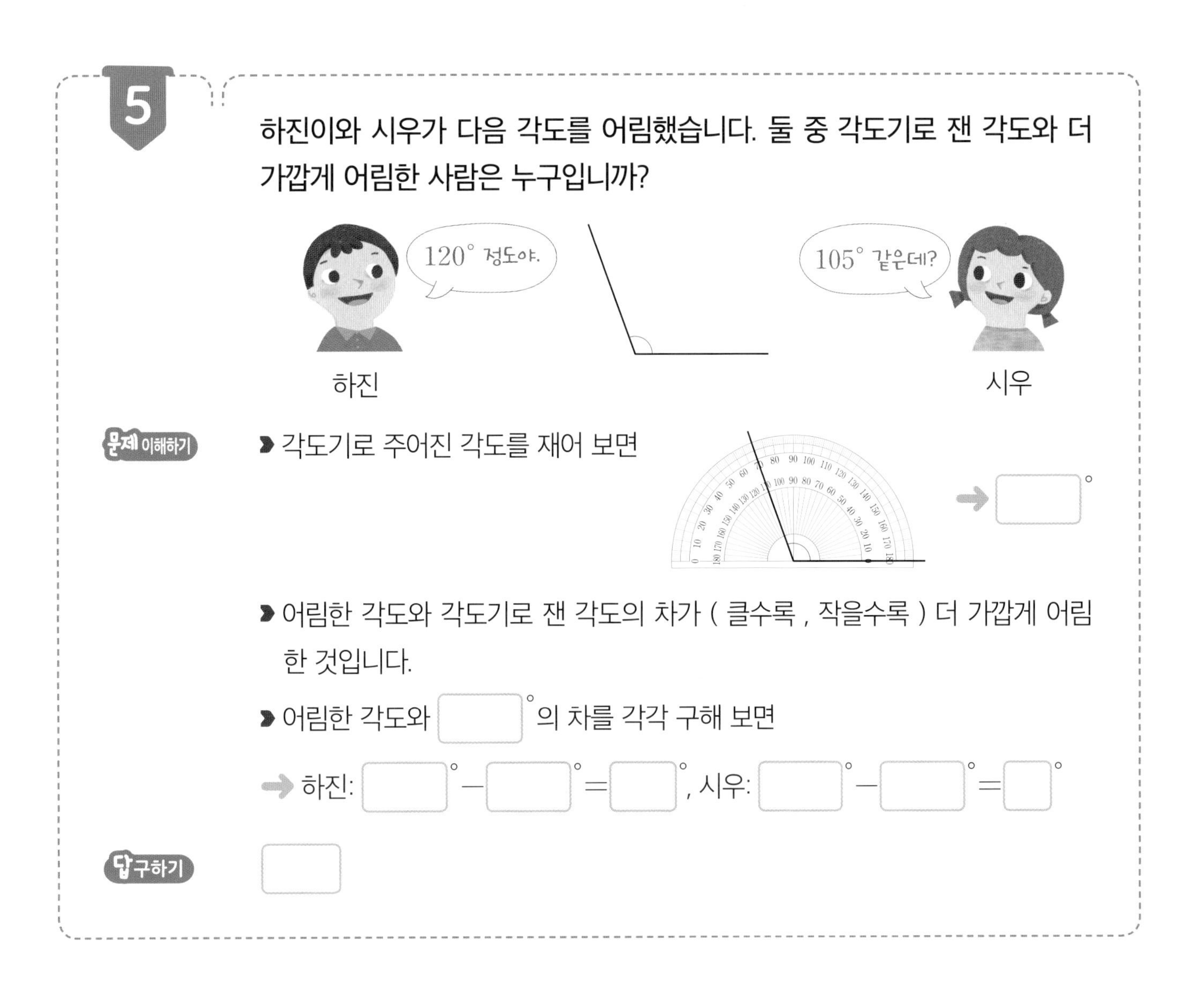

5

하진이와 시우가 다음 각도를 어림했습니다. 둘 중 각도기로 잰 각도와 더 가깝게 어림한 사람은 누구입니까?

문제 이해하기

▶ 각도기로 주어진 각도를 재어 보면 → ☐°

▶ 어림한 각도와 각도기로 잰 각도의 차가 (클수록 , 작을수록) 더 가깝게 어림한 것입니다.

▶ 어림한 각도와 ☐°의 차를 각각 구해 보면

→ 하진: ☐° − ☐° = ☐°, 시우: ☐° − ☐° = ☐°

답구하기 ☐

6

규리와 현석이가 다음 각도를 어림했습니다. 둘 중 각도기로 잰 각도와 더 가깝게 어림한 사람은 누구입니까?

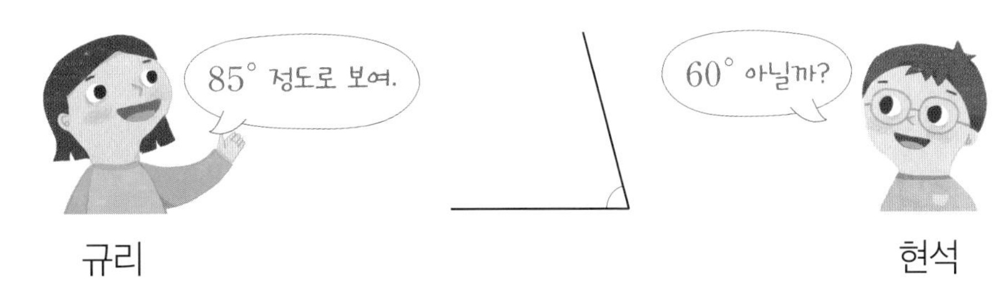

부모님 확인

미술관의 조명

미술관에서 효과적인 작품 감상을 위해 여러 색의 조명을 비추어요. 밤이 되자 조명을 일부만 켜 놓고 있네요. 두 관리인의 말을 잘 듣고, 켜져 있는 조명을 찾아 'ON'에 ○표 하세요.

각도

삼각형의 세 각의 크기의 합 1

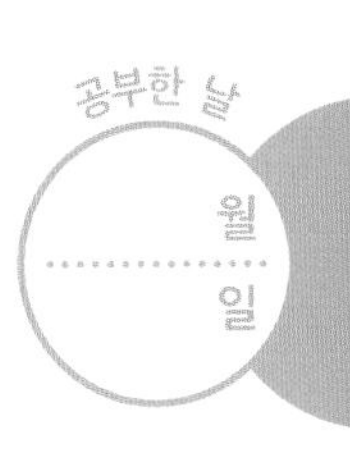

삼각형의 세 각의 크기의 합은 $180°$입니다.

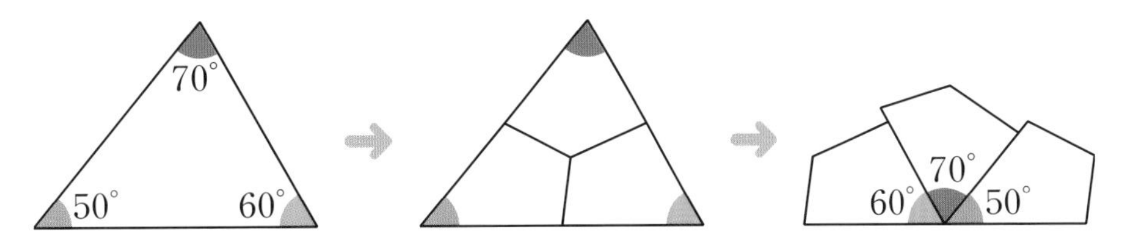

(삼각형의 세 각의 크기의 합)$=70°+50°+60°=180°$

실력 확인하기

삼각형의 나머지 한 각의 크기를 구하시오.

1

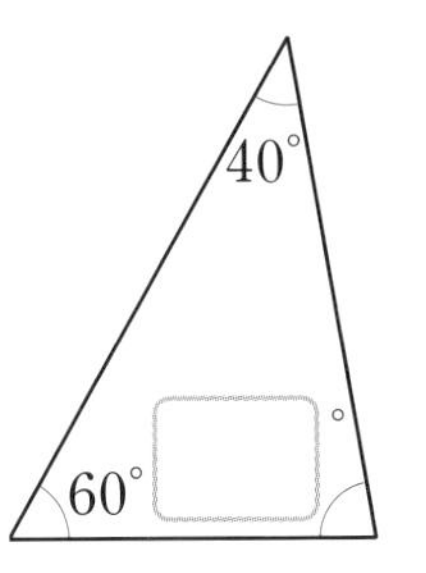

2

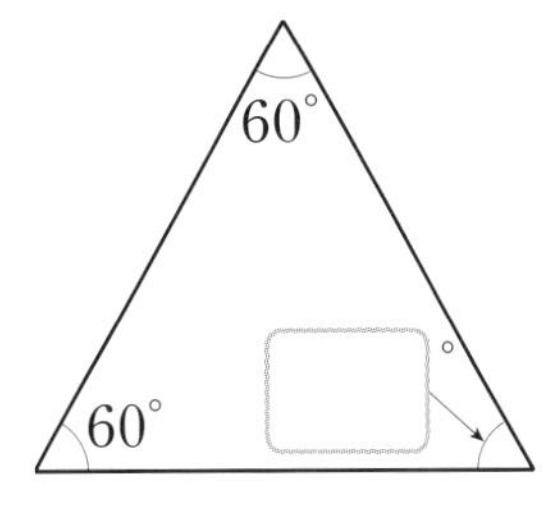

3

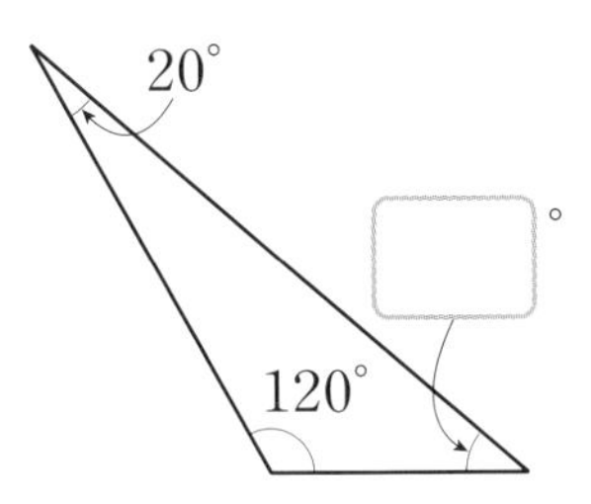

4

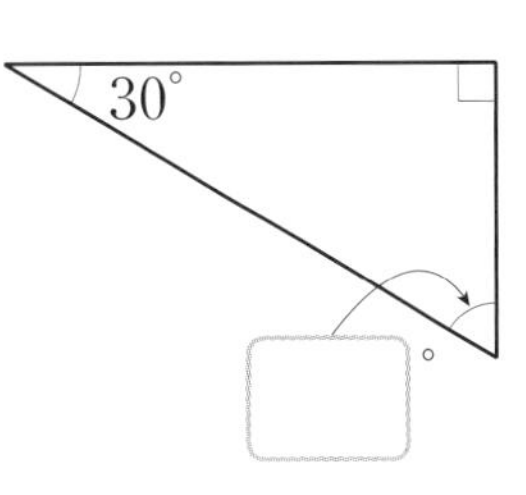

5

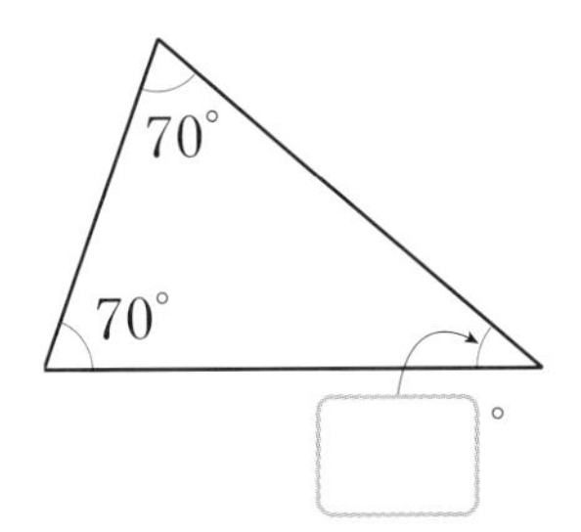

6

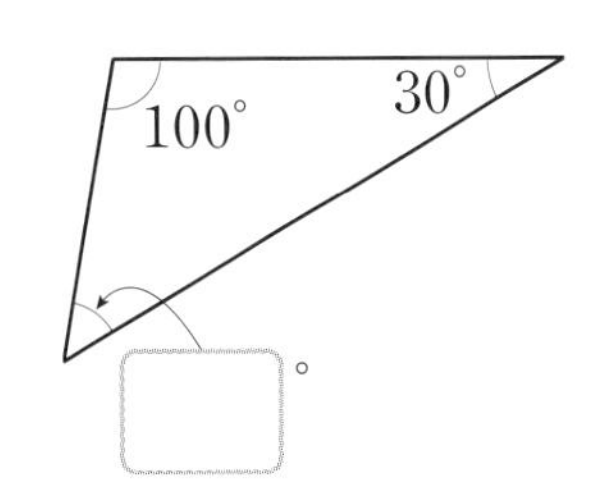

1

삼각형 모양 종이를 잘라서 세 꼭짓점이 한 점에 모이도록 이어 붙였습니다. ㉠의 각도를 구하시오.

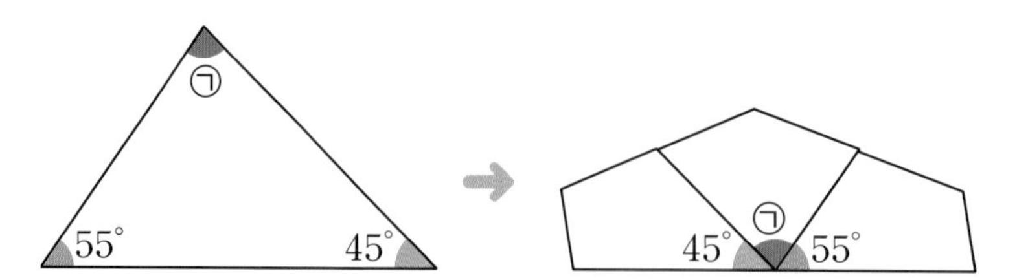

문제 이해하기 삼각형의 세 꼭짓점이 한 점에 모이도록 이어 붙여 보면 직선위에 꼭 맞춰지므로 삼각형의 세 각의 크기의 합은 □°입니다.

식 세우기 $45° + ㉠ + □° = □°$

$㉠ = □° - 45° - □° = □°$

직선이 이루는 각은 180°야.

답 구하기 □°

2

삼각형 모양 종이를 세 꼭짓점이 한 점에 모이도록 접었습니다. ㉠의 각도를 구하시오

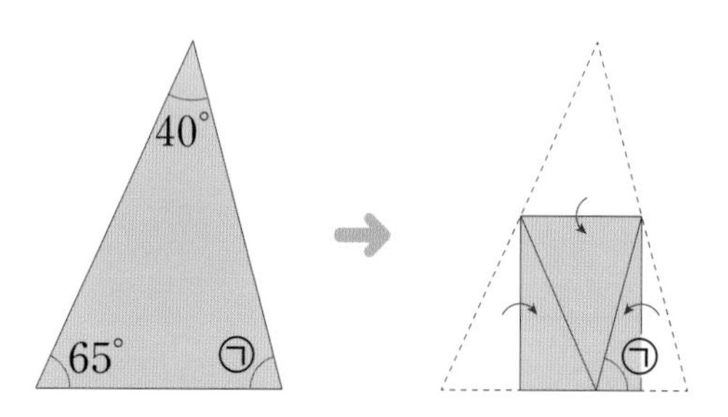

문제 이해하기 삼각형의 세 각의 크기의 합: □°

식 세우기 $65° + □° + ㉠ = □°$

$㉠ = □° - 65° - □°$

$= □°$

답 구하기 □°

3

㉠의 각도를 구하시오.

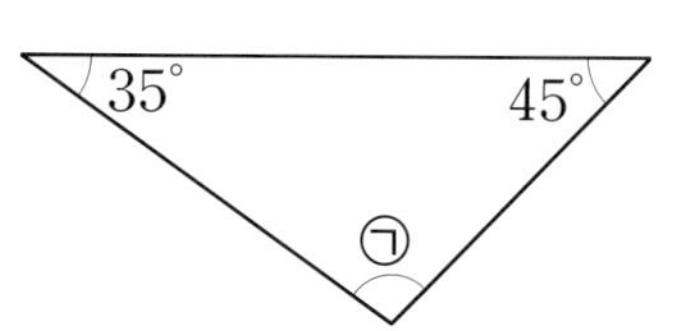

문제 이해하기 삼각형의 세 각의 크기의 합: □°

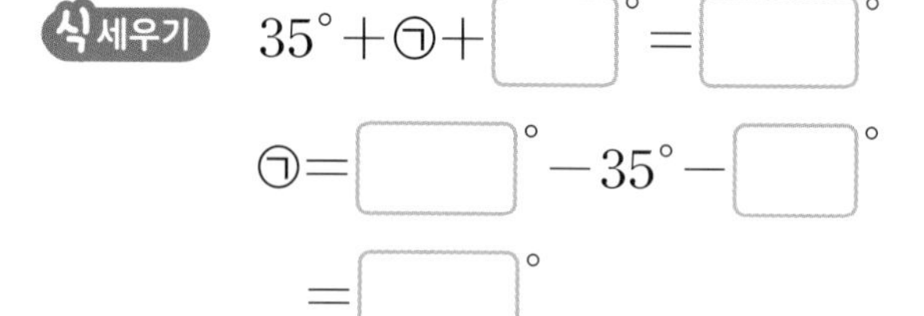

식 세우기 $35° + ㉠ + □° = □°$

$㉠ = □° - 35° - □°$

$= □°$

답 구하기 □°

4 ㉠과 ㉡의 각도를 각각 구하시오.

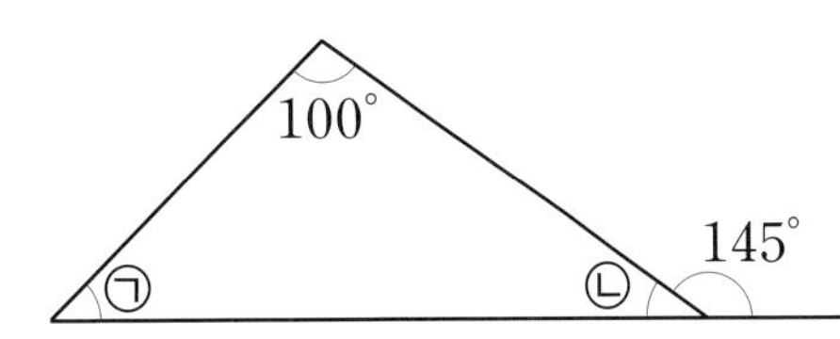

삼각형에서
두 각의 크기를 알 때
나머지 한 각의 크기를
구할 수 있어.

문제 이해하기

▶ 직선이 이루는 각은 180°이므로

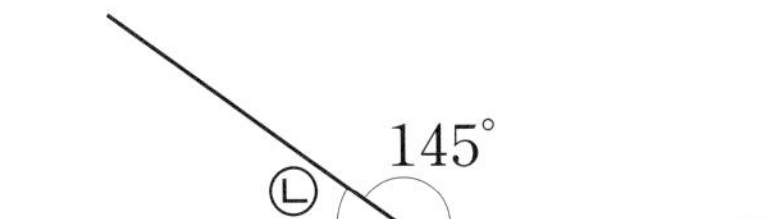

➡ ㉡=180°−☐°=☐°

▶ 삼각형의 세 각의 크기의 합은 ☐°이므로

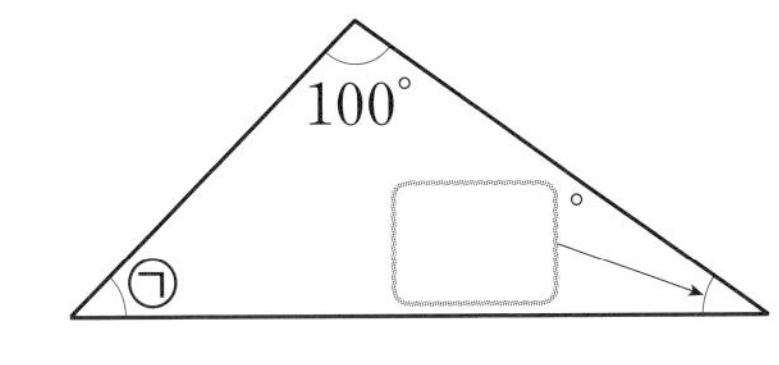

➡ 100°+㉠+☐°=☐°

㉠=☐°−100°−☐°=☐°

답 구하기 ㉠=☐°, ㉡=☐°

5 ㉠과 ㉡의 각도를 각각 구하시오.

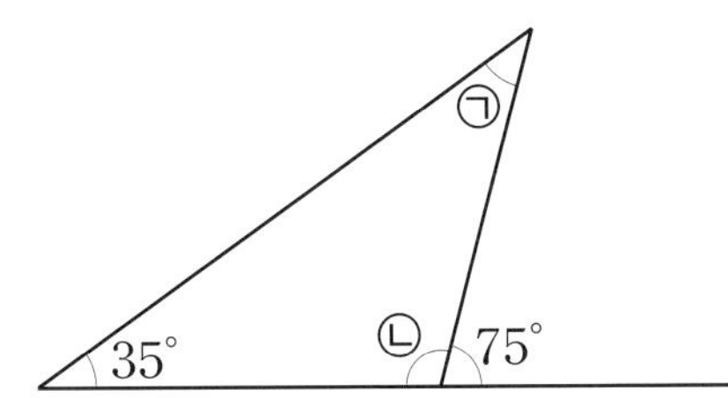

문제 이해하기

▶ 직선이 이루는 각은 180°이므로

㉡=180°−☐°=☐°

▶ 삼각형의 세 각의 크기의 합은 180° 이므로

㉠+35°+☐°=☐°

㉠=☐°−35°−☐°

=☐°

답 구하기 ㉠=☐°, ㉡=☐°

6 ㉠과 ㉡의 각도를 각각 구하시오.

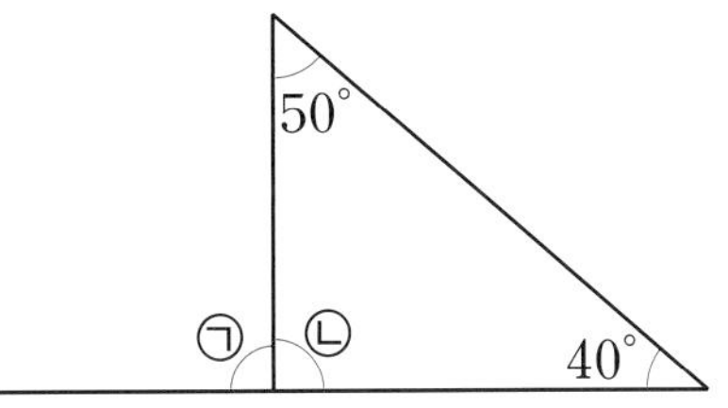

문제 이해하기

▶ 삼각형의 세 각의 크기의 합은 180° 이므로

50°+㉡+☐°=☐°

㉡=☐°−50°−☐°

=☐°

▶ 직선이 이루는 각은 180°이므로

㉠=180°−☐°=☐°

답 구하기 ㉠=☐°, ㉡=☐°

정답 확인

오늘 나의 실력은?

부모님 확인

보물 상자를 열어라

해적 조니는 보물 상자의 비밀번호를 알아내려고 섬을 돌면서 같은 색의 말뚝끼리 줄로 잇고 각도를 쟀어요. 그러나 결정적인 곳의 각도를 재지 못해 힘들어하고 있어요. 모르는 각의 크기를 구하여 조니가 보물 상자를 열 수 있는 번호를 써 주세요.

4주 3일

각도

삼각형의 세 각의 크기의 합 ②

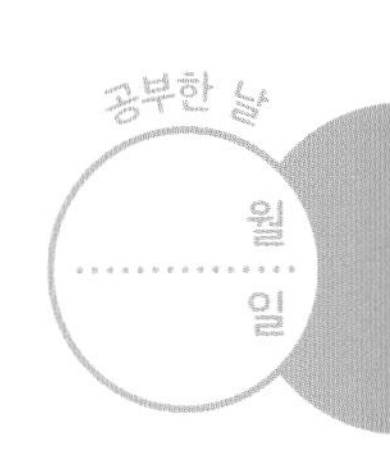

1

두 직각 삼각자를 다음과 같이 겹쳤습니다. ㉠의 각도를 구하시오.

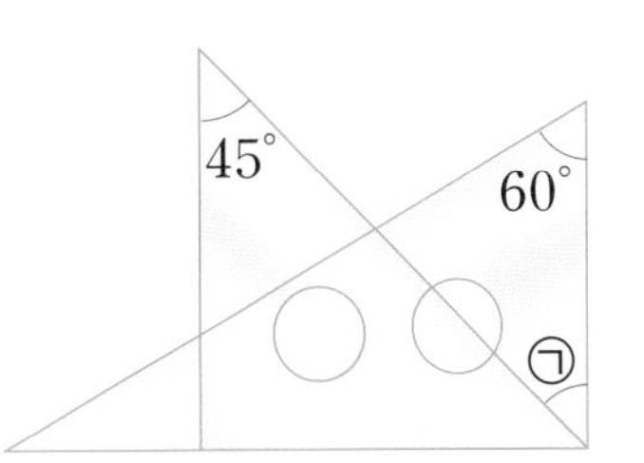

직각 삼각자의 한 각은 90°이고, 세 각의 크기의 합은 180°야.

문제 이해하기

› 두 직각 삼각자의 세 각의 크기를 각각 알아보면

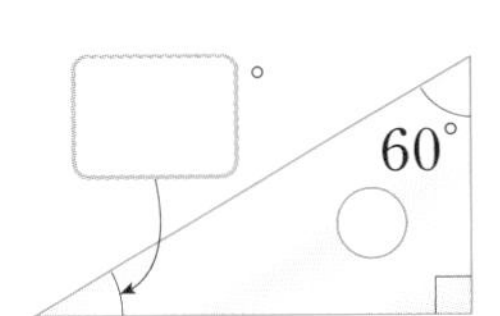

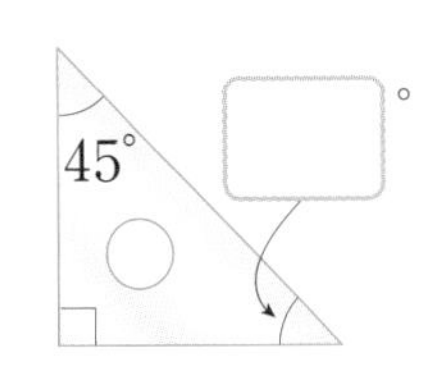

› ㉠은 □° 에서 □° 를 뺀 각도와 같습니다.

→ ㉠ = □° − □° = □°

답 구하기

°

2

두 직각 삼각자를 다음과 같이 겹쳤습니다. ㉠의 각도를 구하시오.

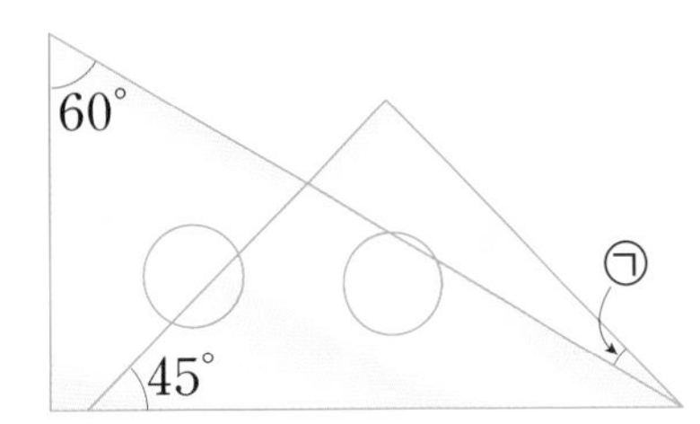

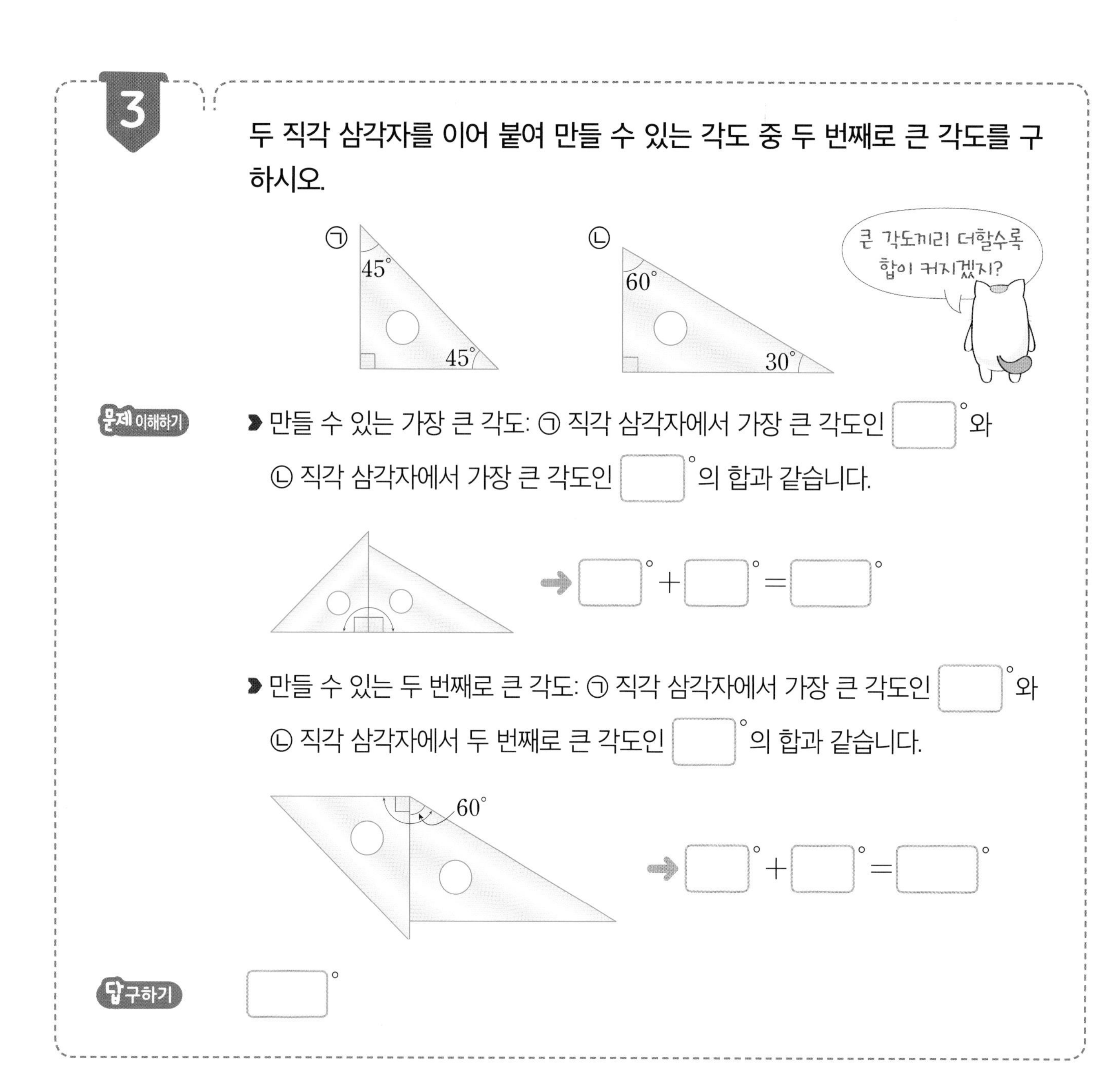

3

두 직각 삼각자를 이어 붙여 만들 수 있는 각도 중 두 번째로 큰 각도를 구하시오.

문제 이해하기

▶ 만들 수 있는 가장 큰 각도: ㉠ 직각 삼각자에서 가장 큰 각도인 $\square^\circ$와 ㉡ 직각 삼각자에서 가장 큰 각도인 $\square^\circ$의 합과 같습니다.

➜ $\square^\circ + \square^\circ = \square^\circ$

▶ 만들 수 있는 두 번째로 큰 각도: ㉠ 직각 삼각자에서 가장 큰 각도인 $\square^\circ$와 ㉡ 직각 삼각자에서 두 번째로 큰 각도인 $\square^\circ$의 합과 같습니다.

➜ $\square^\circ + \square^\circ = \square^\circ$

답구하기 $\square^\circ$

두 직각 삼각자를 이어 붙여 만들 수 있는 각도 중 가장 작은 각도를 구하시오.

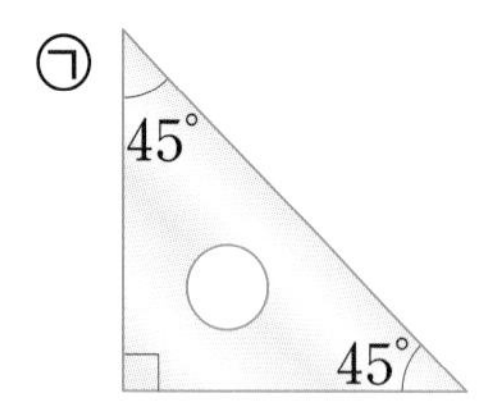

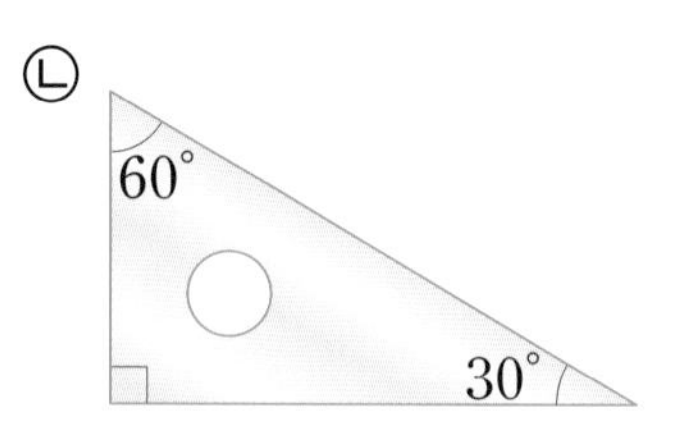

5

직사각형 모양의 종이를 다음과 같이 접었습니다. ㉠의 각도를 구하시오.

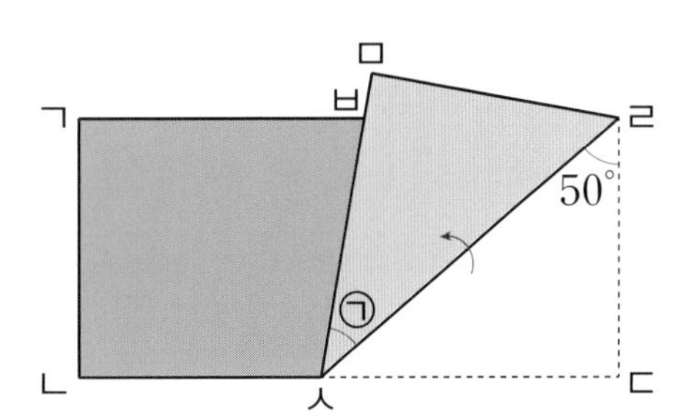

문제 이해하기

- 직사각형은 네 각이 모두 직각이므로

➡ (각 ㄹㅁㅅ)= □°

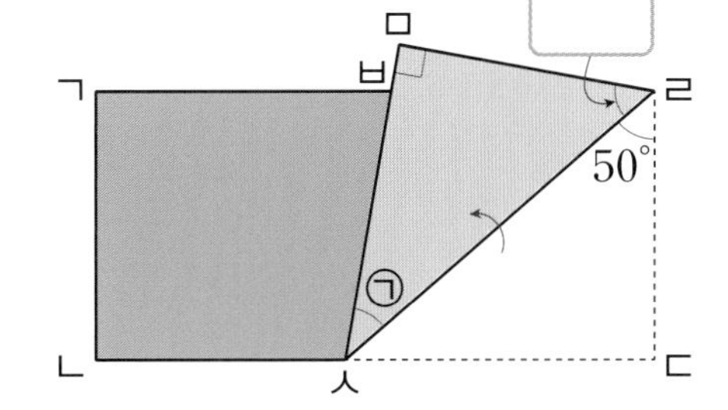

- 종이를 접은 부분의 각도는 같으므로

➡ (각 ㅅㄹㅁ)=(각 ㅅㄹㄷ)= □°

- 삼각형 ㅁㅅㄹ의 세 각의 크기의 합은 180°이므로

➡ □°+㉠+□°=180°

㉠=180°−□°−□°=□°

답 구하기 □°

6

직사각형 모양의 종이를 다음과 같이 접었습니다. ㉠의 각도를 구하시오.

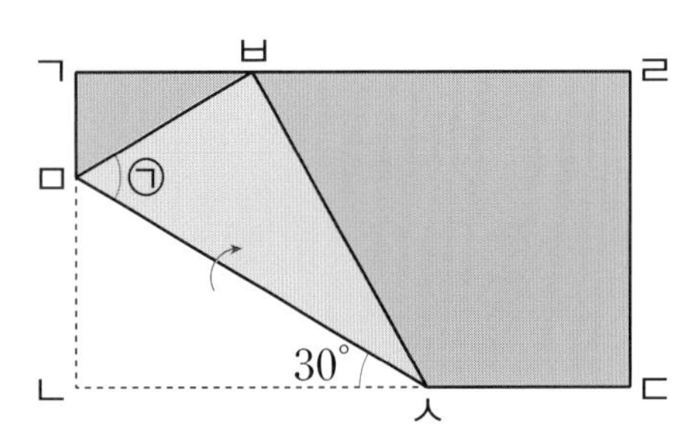

문제 이해하기

답 구하기

정답 확인

오늘 나의 실력은?

부모님 확인

새총으로 사과를 맞혀요

준환이는 새총으로 사과 맞히는 놀이를 하고 있어요. 새총의 윗부분을 막으면 삼각형 모양이 생기는데, 나머지 한 각의 크기가 써 있는 사과만 맞힐 수 있어요. 어떤 새총으로 어떤 사과를 맞혀야 하는지 선으로 이어 보세요.

각도

사각형의 네 각의 크기의 합 ❶

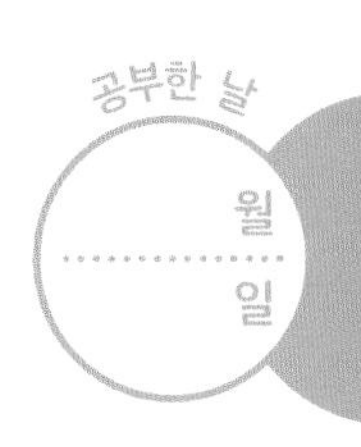

사각형의 네 각의 크기의 합은 360°입니다.

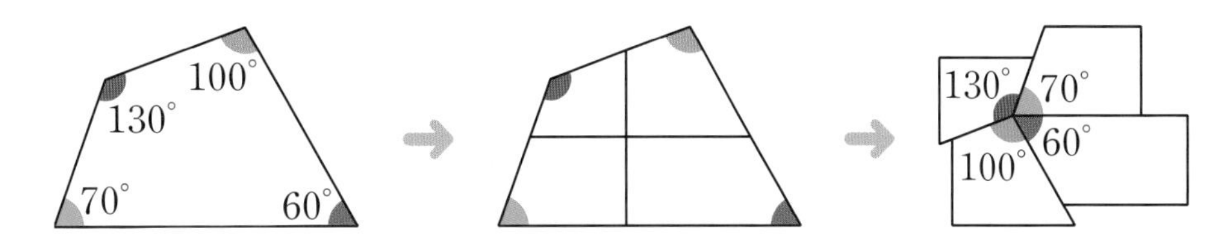

(사각형의 네 각의 크기의 합)$=130°+70°+60°+100°=360°$

사각형의 나머지 한 각의 크기를 구하시오.

1

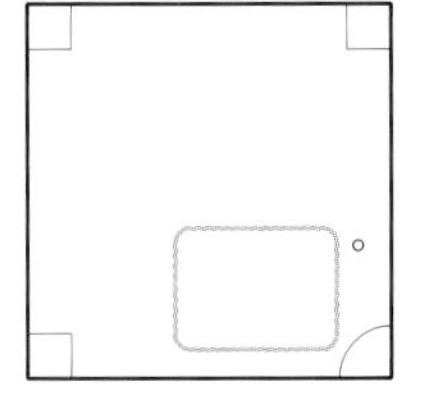

2

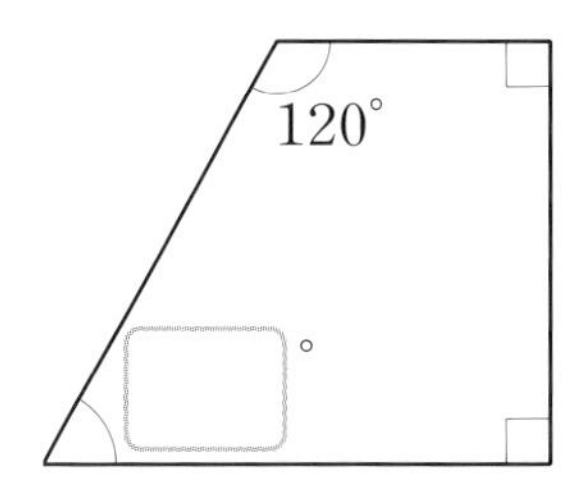

3

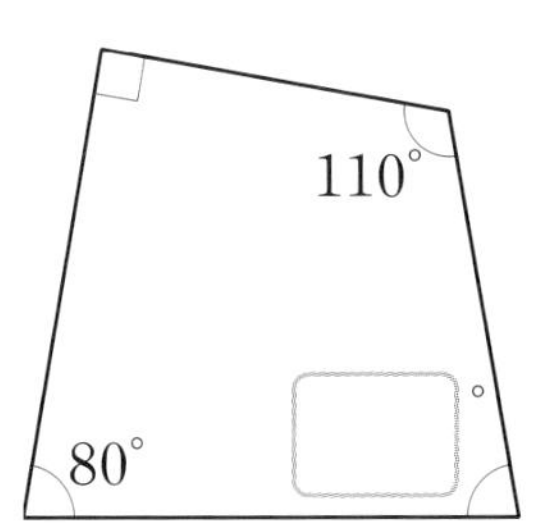

4

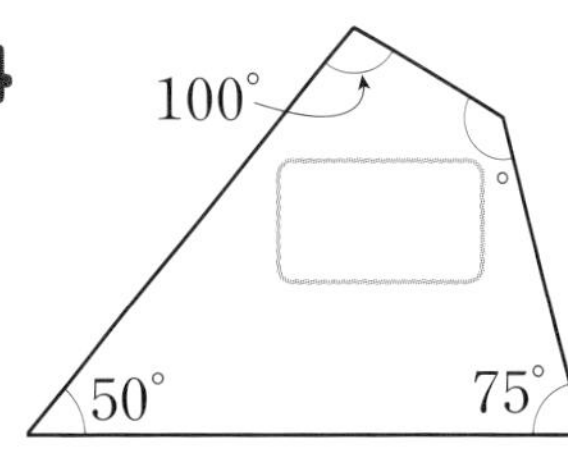

5

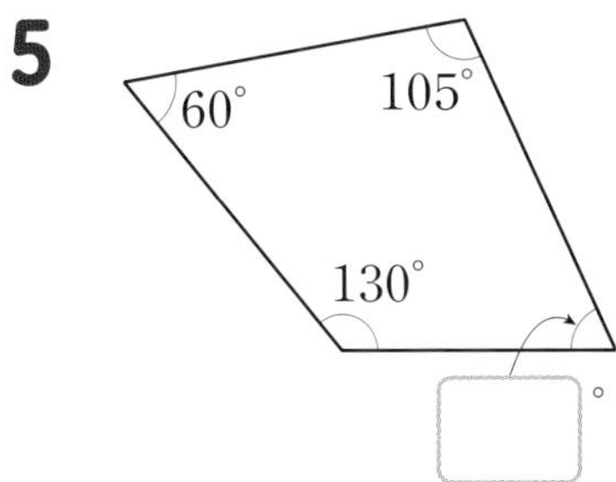

6

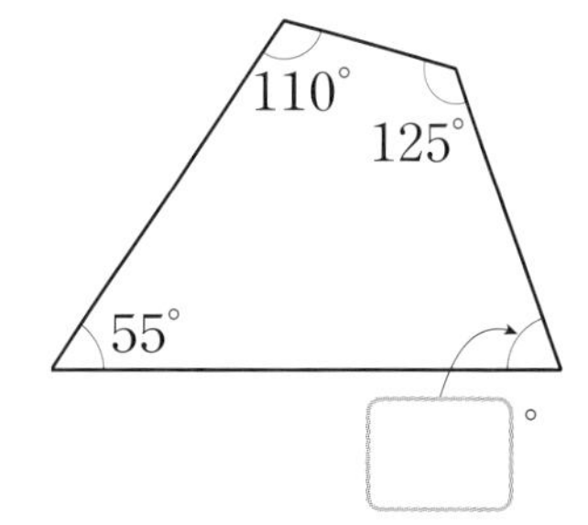

1

사각형 모양 종이를 잘라서 네 꼭짓점이 한 점에 모이도록 이어 붙였습니다. ㉠의 각도를 구하시오.

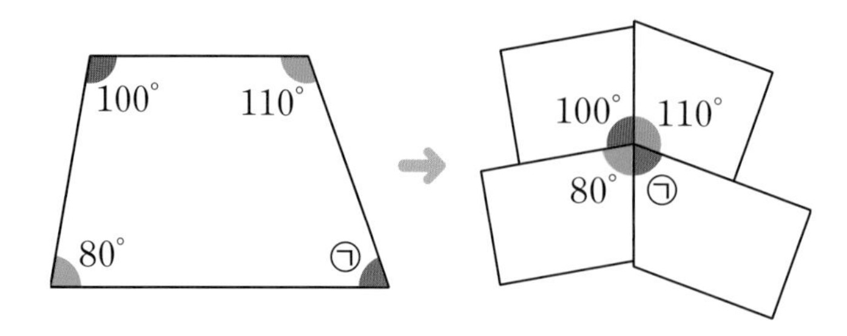

문제 이해하기 사각형의 네 꼭짓점이 한 점에 모이도록 이어 붙여 보면 바닥을 채우므로 사각형의 네 각의 크기의 합은 □° 입니다.

식 세우기 $100°+80°+㉠+□°=□°$

$㉠=□°-100°-80°-□°=□°$

답 구하기  °

2

사각형 모양 종이를 네 꼭짓점이 한 점에 모이도록 접었습니다. ㉠의 각도를 구하시오.

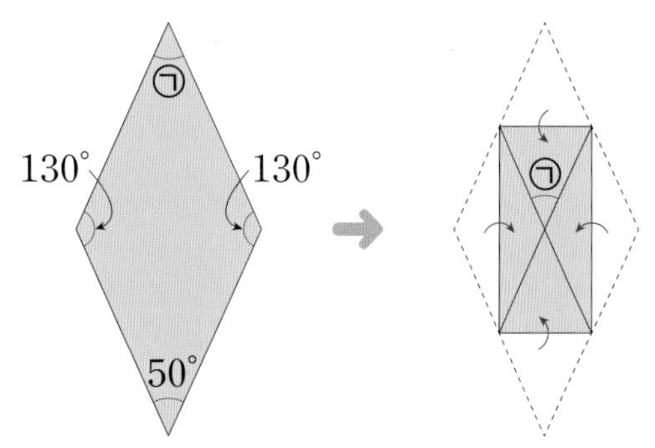

문제 이해하기 사각형의 네 각의 크기의 합:  °

식 세우기 $㉠+130°+50°+130°=□°$

$㉠=□°-130°-□°-130°$

$=□°$

답 구하기  °

3

㉠의 각도를 구하시오.

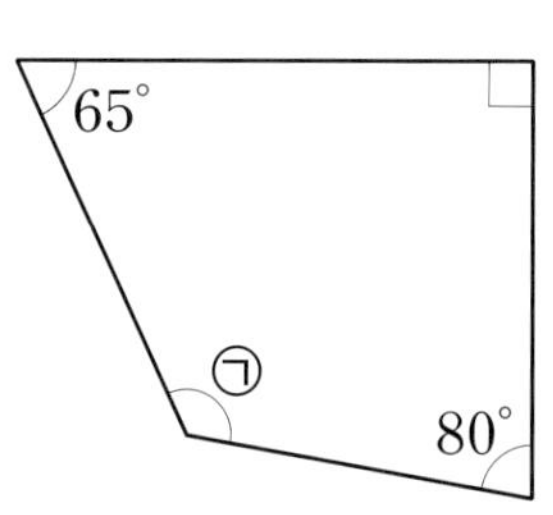

문제 이해하기 사각형의 네 각의 크기의 합: □°

식 세우기 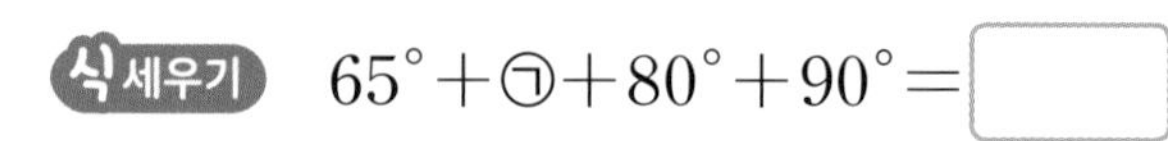

$65°+㉠+80°+90°=□°$

$㉠=□°-65°-80°-90°$

$=$  °

답 구하기  °

4 ㉠과 ㉡의 각도를 각각 구하시오.

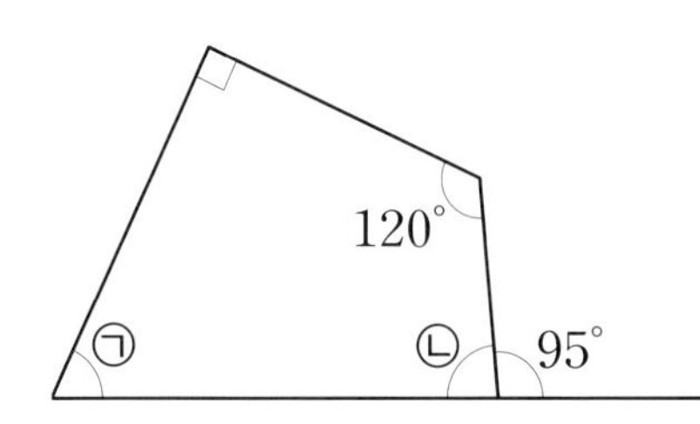

문제 이해하기

▶ 직선이 이루는 각은 180°이므로

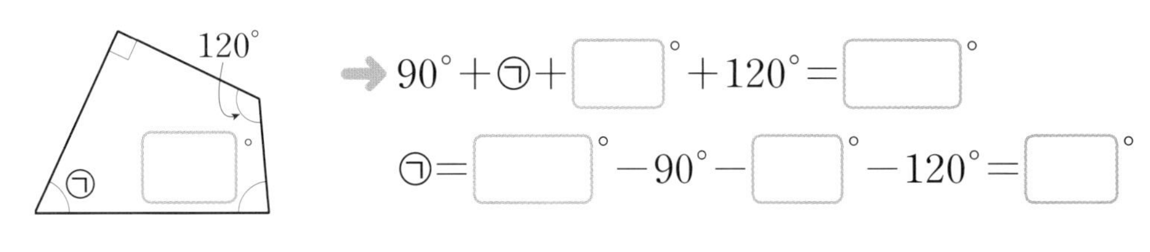

▶ 사각형의 네 각의 크기의 합은 ☐°이므로

120°
㉠

➔ 90°+㉠+☐°+120°=☐°

㉠=☐°−90°−☐°−120°=☐°

답 구하기 ㉠=☐°, ㉡=☐°

5 ㉠과 ㉡의 각도를 각각 구하시오.

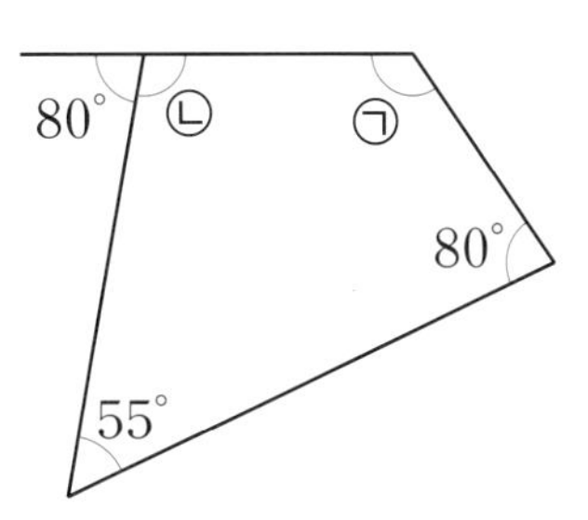

문제 이해하기

▶ 직선이 이루는 각은 180°이므로

㉡=180°−☐°=☐°

▶ 사각형의 네 각의 크기의 합은 360° 이므로

☐°+55°+80°+㉠=360°

㉠=360°−☐°−55°−80°

=☐°

답 구하기 ㉠=☐°, ㉡=☐°

6 ㉠과 ㉡의 각도를 각각 구하시오.

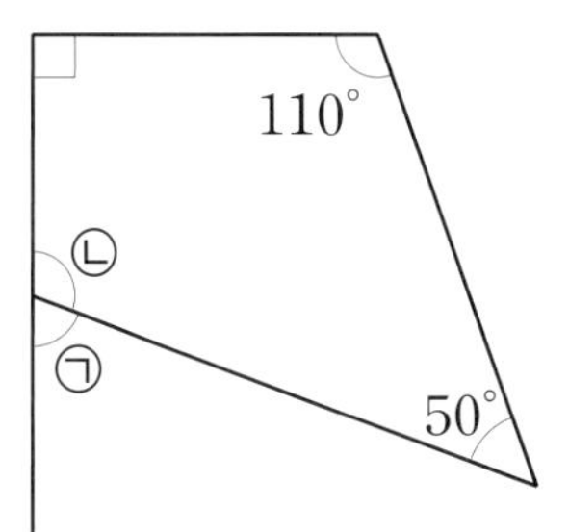

문제 이해하기

▶ 사각형의 네 각의 크기의 합은 360° 이므로

90°+㉡+☐°+110°=360°

㉡=360°−90°−☐°−110°

=☐°

▶ 직선이 이루는 각은 180°이므로

㉠=180°−☐°=☐°

답 구하기 ㉠=☐°, ㉡=☐°

정답 확인  오늘 나의 실력은?  부모님 확인 

기울어진 의자를 고쳐요

뚫린 나무 의자에 미래와 대한이가 올라섰더니 삐그덕! 소리를 내며 기울어졌어요. 기울어진 의자를 고치려고 공구 상자를 열었는데 뚜껑이 꽝! 닫혀 버리네요. 공구 상자 뚜껑은 일정한 각도에서만 고정된다고 해요. 뚜껑을 몇 도로 열어야 할까요?

미래
대한
㉠
115°
㉡
65°
115°
㉢
45°
45°
135°
아하! 뚜껑을 ° 로 열면 다시 닫히지 않고 고정되는구나!
주 의
이 공구 상자의 뚜껑은 ㉠－㉡＋㉢을 계산하여 나온 각도에서만 고정됩니다.

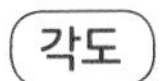

사각형의 네 각의 크기의 합 ❷

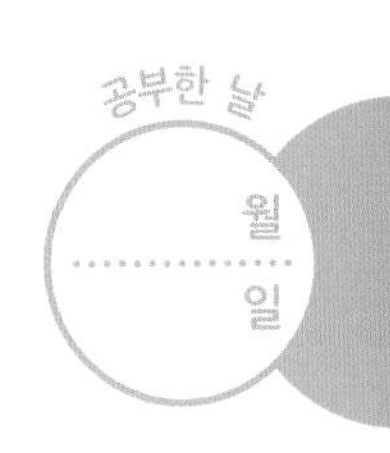

1

㉠의 각도를 구하시오.

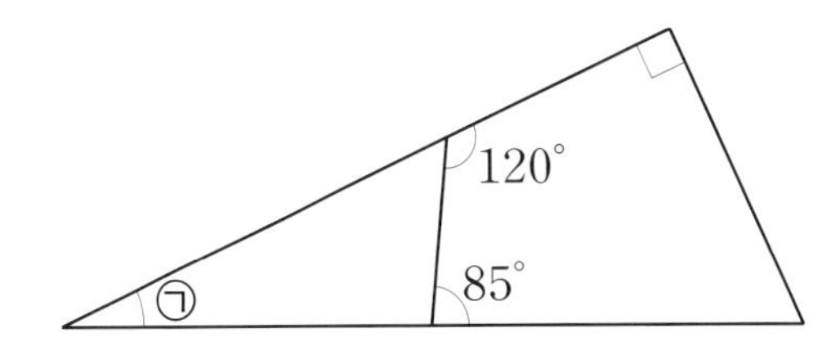

문제 이해하기

▶ 사각형의 네 각의 크기의 합은 ☐° 이므로

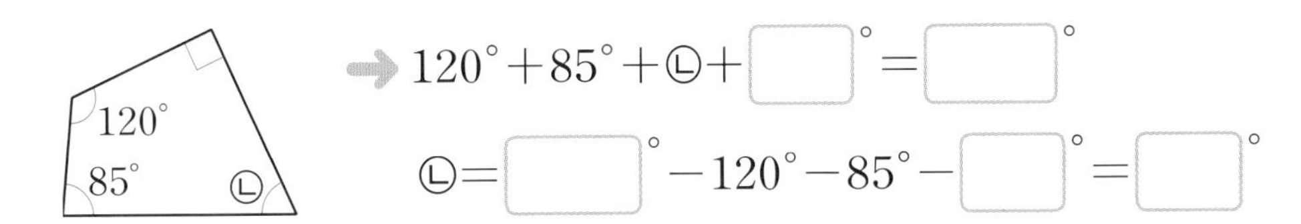

▶ 삼각형의 세 각의 크기의 합은 ☐° 이므로

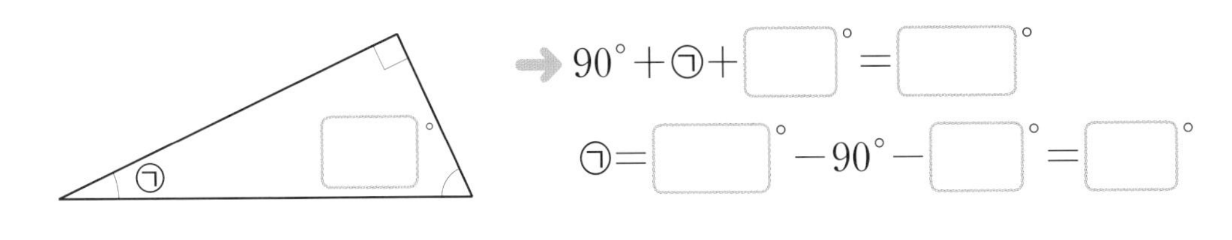

답 구하기 ☐°

2

㉠의 각도를 구하시오.

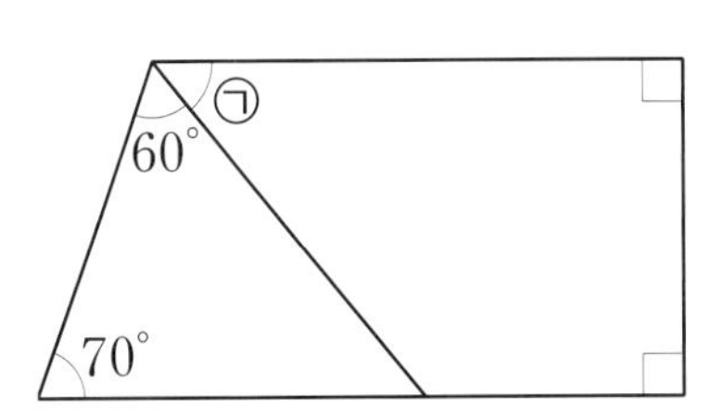

답 구하기

3

사각형을 그림과 같이 삼각형 4개로 나누어 사각형의 네 각의 크기의 합을 구하시오.

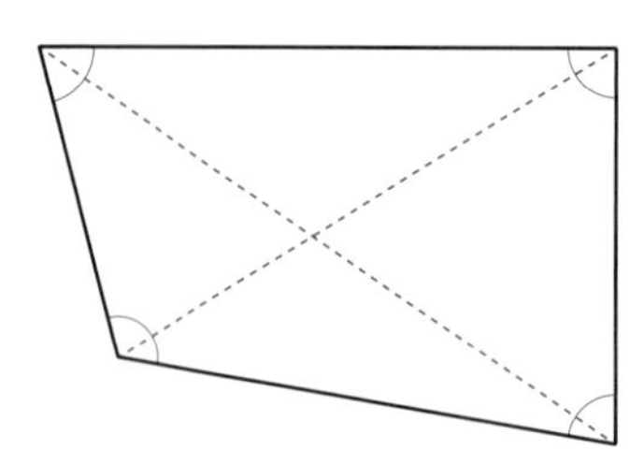

▶ 삼각형의 세 각의 크기의 합은 $\square°$이므로

삼각형 4개의 각의 크기의 합은 $\square° \times 4 = \square°$입니다.

▶ 삼각형 4개의 꼭짓점이 모인 부분의 각의 크기의 합은 $360°$이므로

삼각형 4개의 각의 크기의 합에서 꼭짓점이 모인 부분의 각의 크기의 합을 빼면

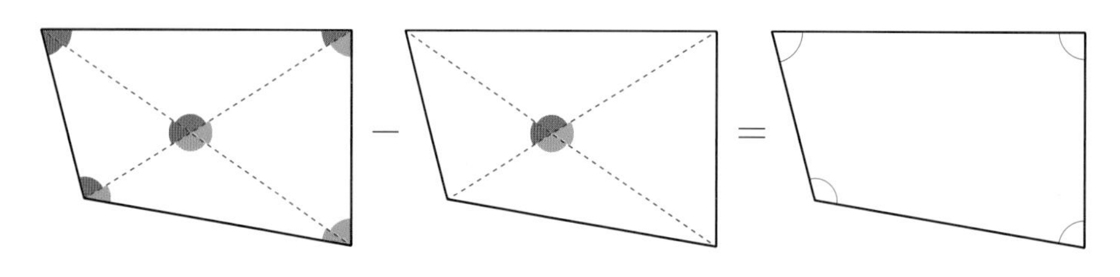

➡ (사각형의 네 각의 크기의 합) $= \square° - \square° = \square°$

°

육각형을 그림과 같이 삼각형 6개로 나누어 육각형의 여섯 각의 크기의 합을 구하시오.

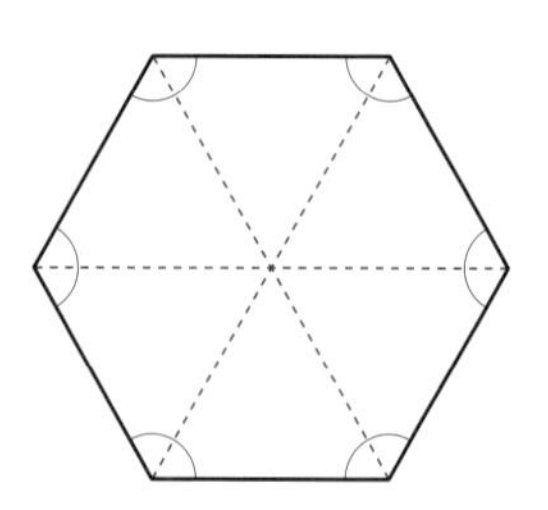

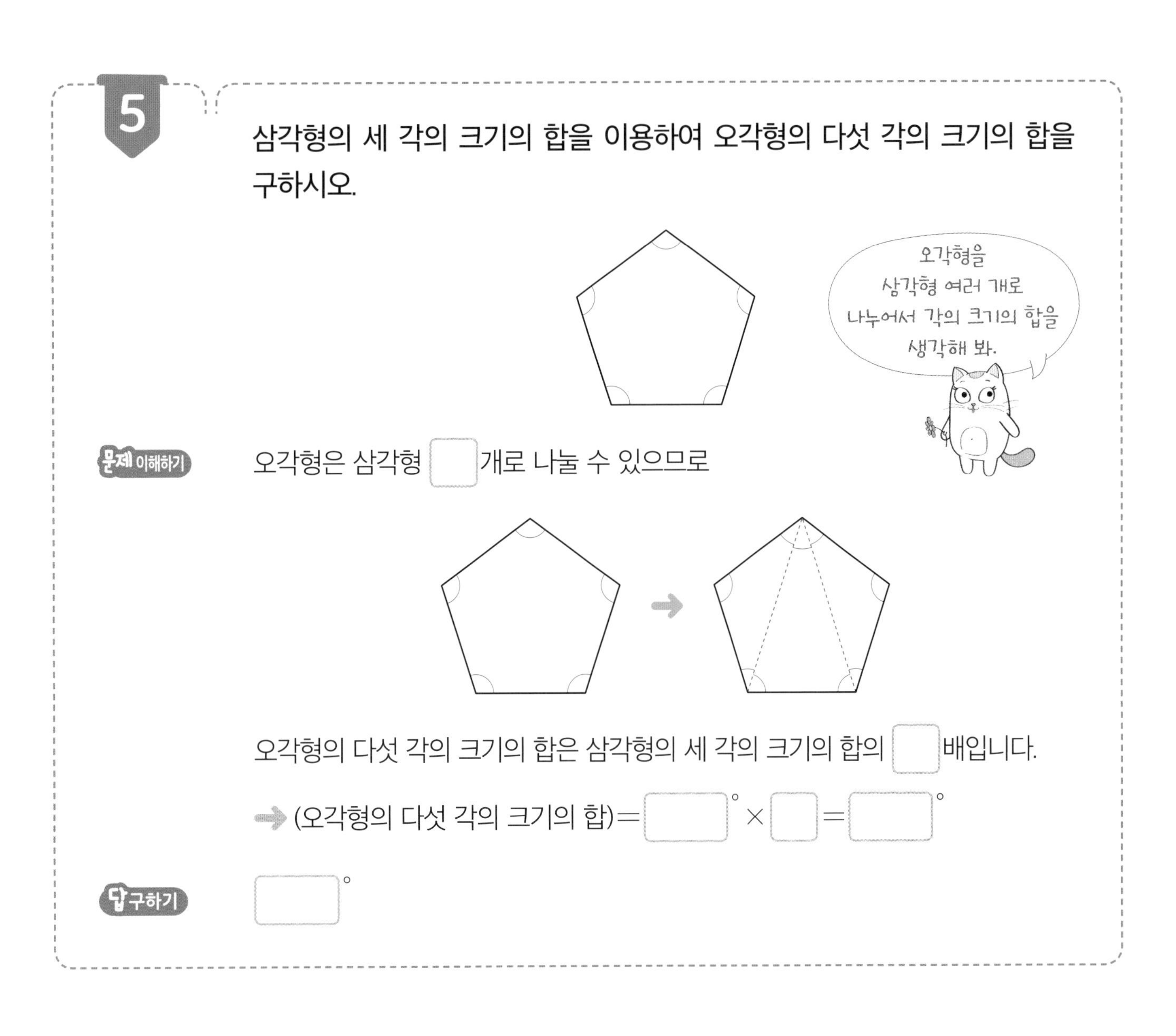

오각형을
삼각형 여러 개로
나누어서 각의 크기의 합을
생각해 봐.

5 삼각형의 세 각의 크기의 합을 이용하여 오각형의 다섯 각의 크기의 합을 구하시오.

문제 이해하기 오각형은 삼각형 ☐개로 나눌 수 있으므로

오각형의 다섯 각의 크기의 합은 삼각형의 세 각의 크기의 합의 ☐배입니다.

➜ (오각형의 다섯 각의 크기의 합)＝☐°×☐＝☐°

답 구하기 ☐°

6 사각형의 네 각의 크기의 합을 이용하여 육각형의 여섯 각의 크기의 합을 구하시오.

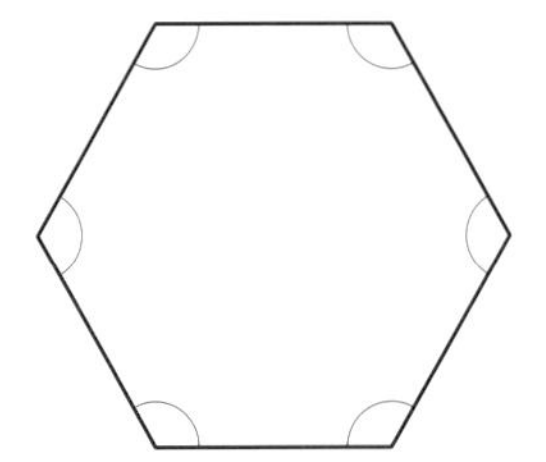

재미있는
수학
놀이터

여러 가지 사각형 만들기

세 친구가 색종이를 반으로 잘라 삼각형 모양을 만든 다음 삼각형을 이어 붙여 사각형을 만들었어요. 친구들이 만든 사각형의 네 각의 크기의 합을 구해서 모두 합하면 몇 도일까요?

자, 이렇게 붙이면……
모양은 다르지만 모두 사각형이 되었네?
내가 만든 사각형 어때?
°

각도

단원 마무리

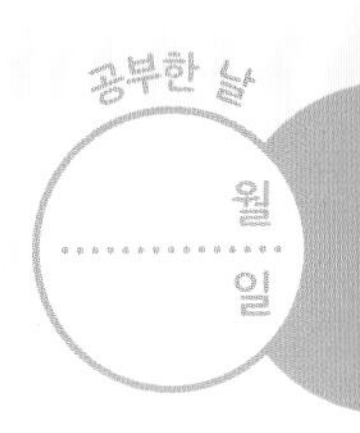

01 도형에서 둔각은 모두 몇 개입니까?

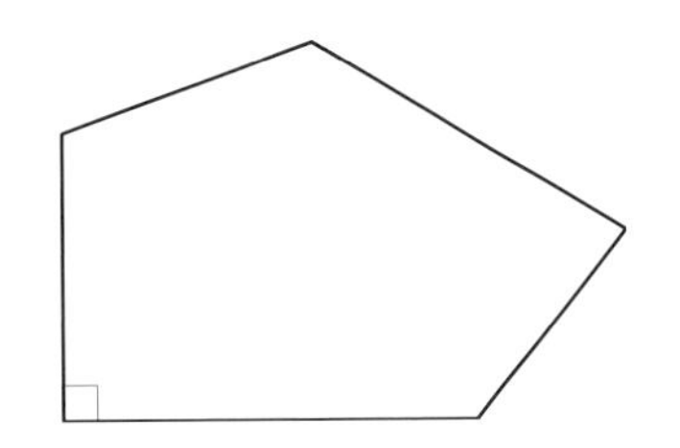

02 직선을 크기가 같은 각 10개로 나누었습니다. 표시한 각이 예각, 둔각 중 어느 것인지 쓰시오.

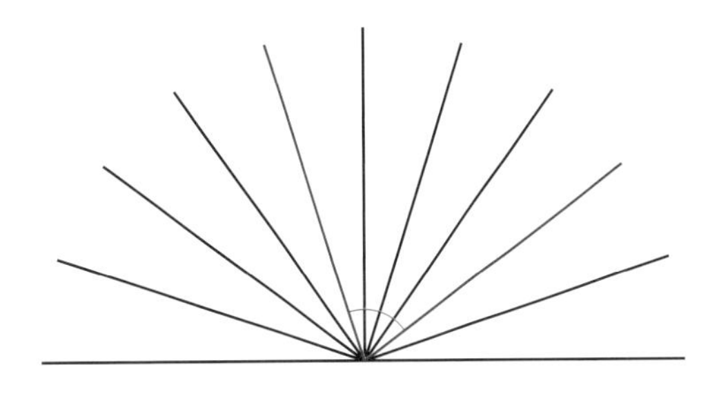

03 ㉠의 각도를 구하시오.

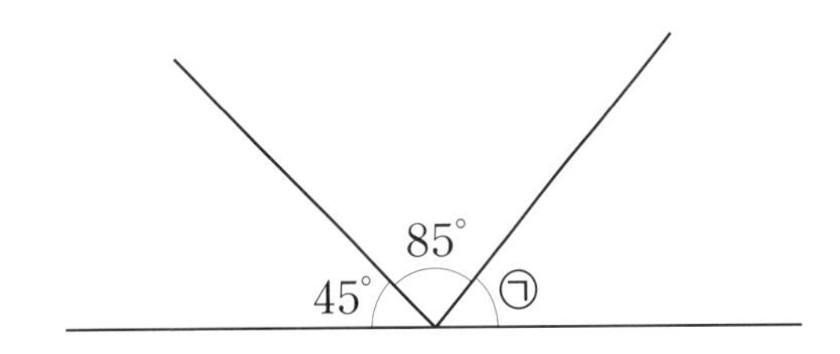

04

시계의 긴바늘과 짧은바늘이 이루는 작은 쪽의 각도의 합과 차를 구하시오.

05

두 직각 삼각자를 다음과 같이 이어 붙였습니다. ㉠의 각도를 구하시오.

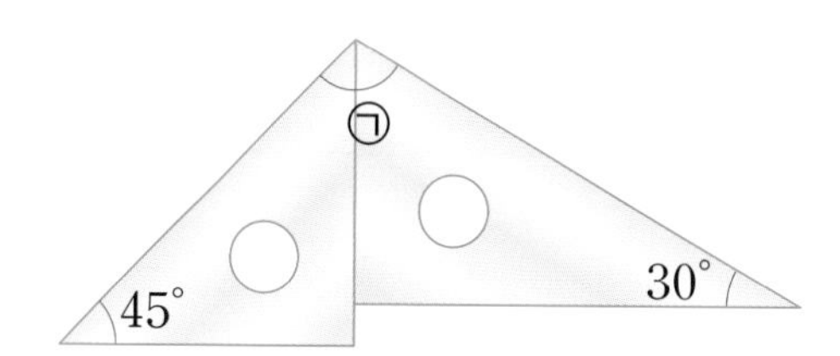

06 다음 중 삼각형의 세 각이 될 수 <u>없는</u> 것을 찾아 기호를 쓰시오.

ㄱ $50^\circ, 60^\circ, 70^\circ$
ㄴ $20^\circ, 80^\circ, 80^\circ$
ㄷ $40^\circ, 70^\circ, 80^\circ$

07 ㉠의 각도를 구하시오.

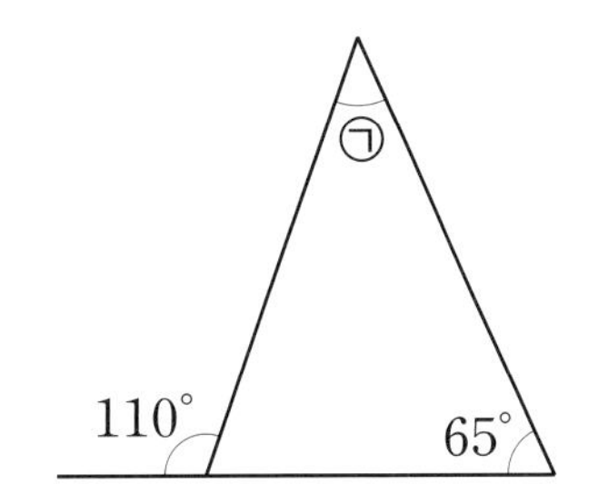

08 ㉠과 ㉡의 각도의 합을 구하시오.

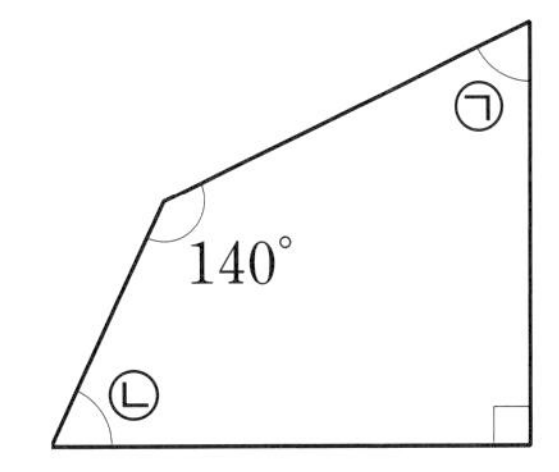

09 ㉠의 각도를 구하시오.

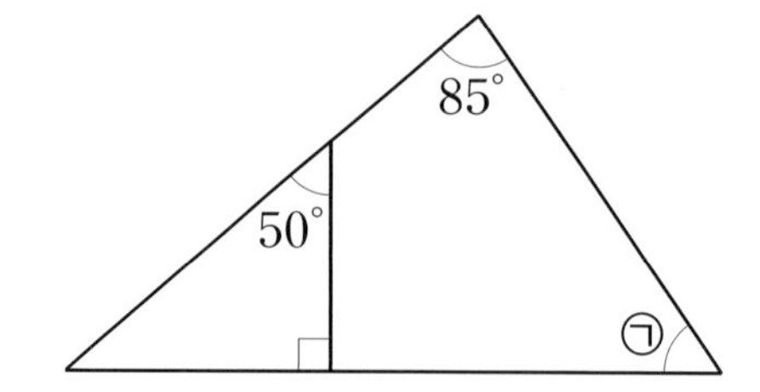

10 삼각형의 세 각의 크기의 합을 이용하여 칠각형의 일곱 각의 크기의 합을 구하시오.

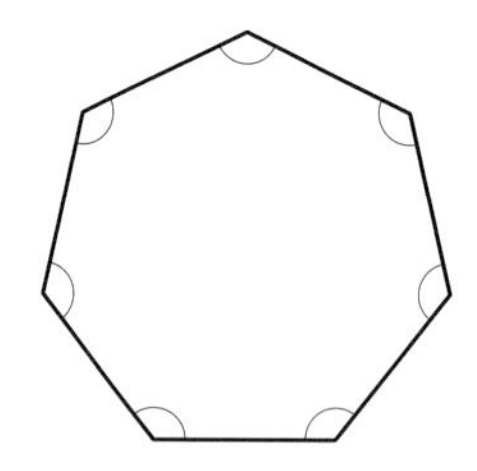

정답 확인 | 오늘 나의 실력은? | 부모님 확인

곱셈과 나눗셈

이것을 배울 거예요!

- (세 자리 수)×(두 자리 수)
- (두 자리 수)÷(두 자리 수)
- (세 자리 수)÷(두 자리 수)

학습 계획 세우기

공부할 내용에 대한 계획을 세우고, 학습해 보아요!

		학습 계획일
5주 2일	(세 자리 수)×(몇십) ❶	월 일
5주 3일	(세 자리 수)×(몇십) ❷	월 일
5주 4일	(세 자리 수)×(두 자리 수) ❶	월 일
5주 5일	(세 자리 수)×(두 자리 수) ❷	월 일
6주 1일	(세 자리 수)÷(몇십) ❶	월 일
6주 2일	(세 자리 수)÷(몇십) ❷	월 일
6주 3일	몫이 한 자리 수가 되고 나누어떨어지는 (두 자리 수)÷(두 자리 수) ❶	월 일
6주 4일	몫이 한 자리 수가 되고 나누어떨어지는 (두 자리 수)÷(두 자리 수) ❷	월 일
6주 5일	몫이 한 자리 수가 되고 나머지가 있는 (두 자리 수)÷(두 자리 수) ❶	월 일
7주 1일	몫이 한 자리 수가 되고 나머지가 있는 (두 자리 수)÷(두 자리 수) ❷	월 일
7주 2일	몫이 한 자리 수가 되고 나누어떨어지는 (세 자리 수)÷(두 자리 수) ❶	월 일
7주 3일	몫이 한 자리 수가 되고 나누어떨어지는 (세 자리 수)÷(두 자리 수) ❷	월 일
7주 4일	몫이 한 자리 수가 되고 나머지가 있는 (세 자리 수)÷(두 자리 수) ❶	월 일
7주 5일	몫이 한 자리 수가 되고 나머지가 있는 (세 자리 수)÷(두 자리 수) ❷	월 일
8주 1일	몫이 두 자리 수가 되고 나누어떨어지는 (세 자리 수)÷(두 자리 수) ❶	월 일
8주 2일	몫이 두 자리 수가 되고 나누어떨어지는 (세 자리 수)÷(두 자리 수) ❷	월 일
8주 3일	몫이 두 자리 수가 되고 나머지가 있는 (세 자리 수)÷(두 자리 수) ❶	월 일
8주 4일	몫이 두 자리 수가 되고 나머지가 있는 (세 자리 수)÷(두 자리 수) ❷	월 일
8주 5일	단원 마무리	월 일

곱셈과 나눗셈

(세 자리 수)×(몇십) ❶

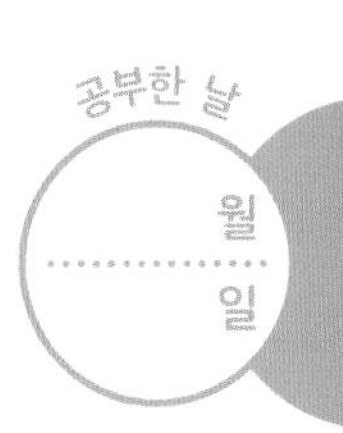

(세 자리 수)×(몇십)의 곱은
(세 자리 수)×(몇)을 10배 하여 구합니다.

174× 2= 348
↓10배 ↓10배
174×20=3480

	1	7	4
×			2
	3	4	8

➜

	1	7	4
×		2	0
3	4	8	0

(348 → 3480: 10배)

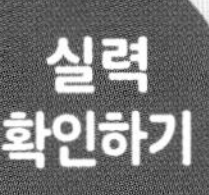

다음을 계산해 보시오.

1

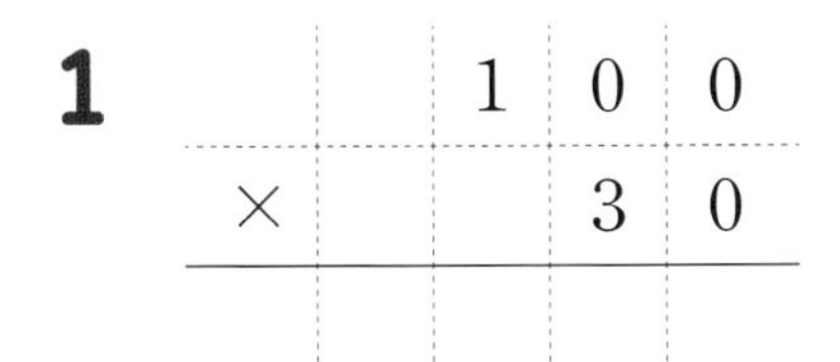

$$\begin{array}{r} 100 \\ \times \quad 30 \\ \hline \end{array}$$

2

$$\begin{array}{r} 800 \\ \times \quad 20 \\ \hline \end{array}$$

3

$$\begin{array}{r} 500 \\ \times \quad 40 \\ \hline \end{array}$$

4

$$\begin{array}{r} 382 \\ \times \quad 40 \\ \hline \end{array}$$

5

$$\begin{array}{r} 745 \\ \times \quad 50 \\ \hline \end{array}$$

6

$$\begin{array}{r} 653 \\ \times \quad 90 \\ \hline \end{array}$$

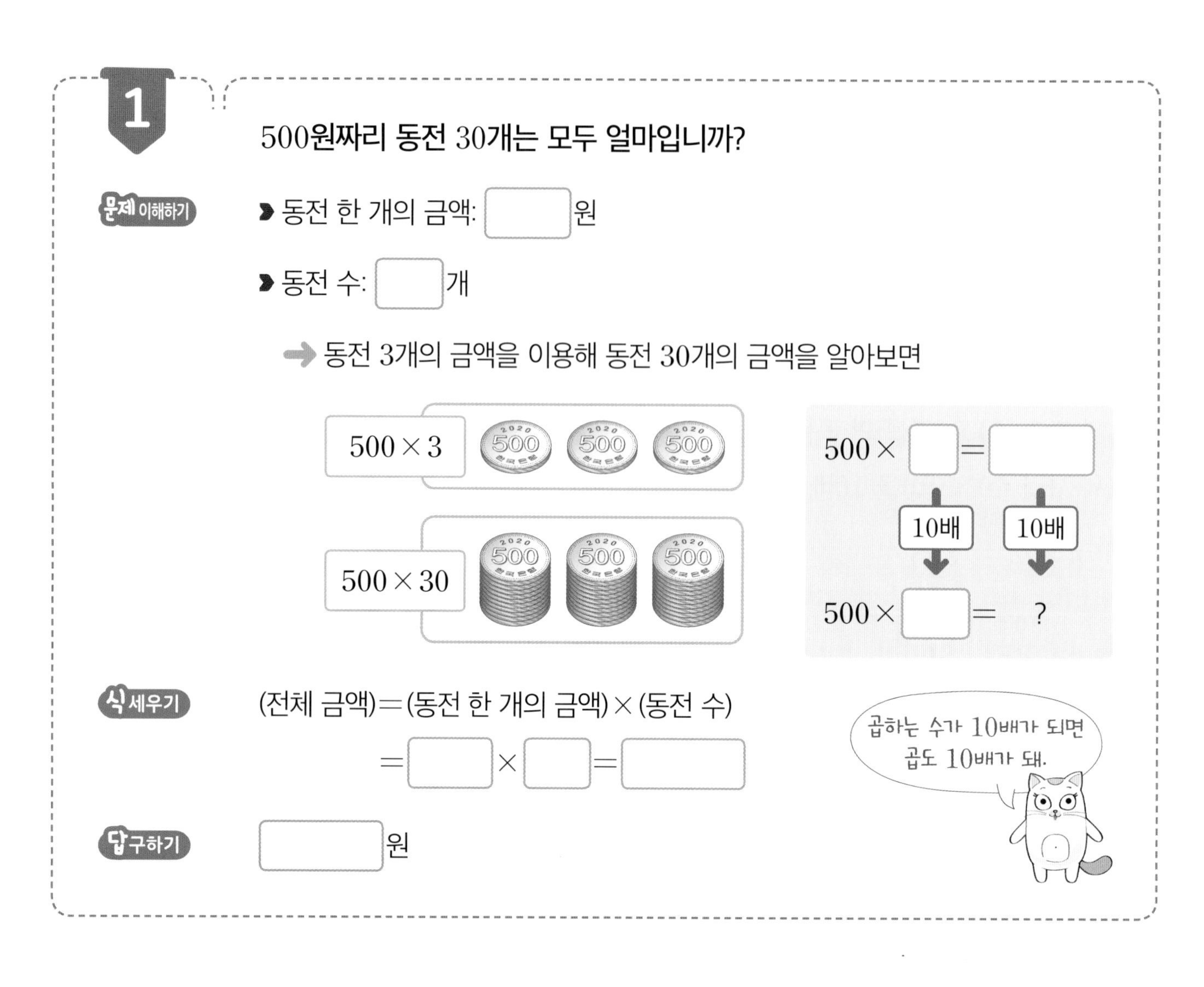

1 500원짜리 동전 30개는 모두 얼마입니까?

문제 이해하기
- 동전 한 개의 금액: ☐원
- 동전 수: ☐개

➡ 동전 3개의 금액을 이용해 동전 30개의 금액을 알아보면

식 세우기 (전체 금액)=(동전 한 개의 금액)×(동전 수)

=☐×☐=☐

답 구하기 ☐원

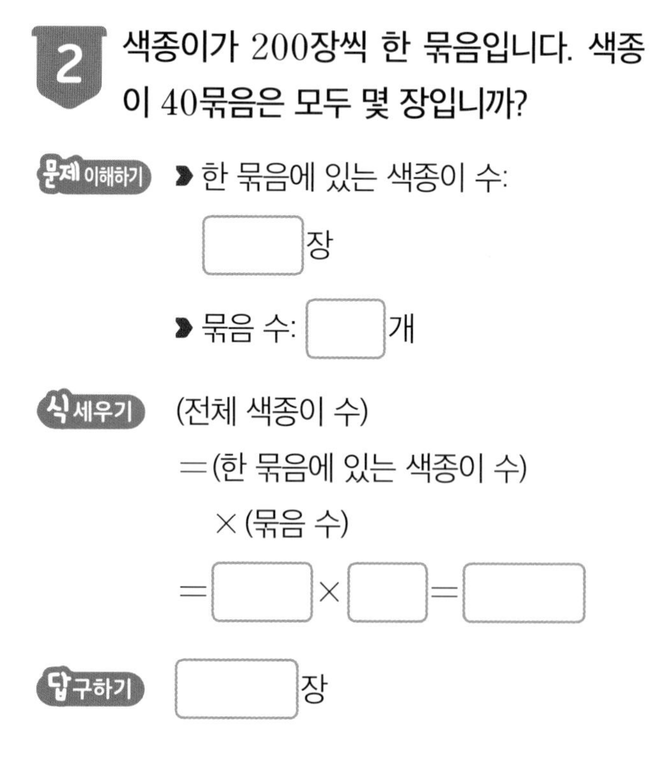

2 색종이가 200장씩 한 묶음입니다. 색종이 40묶음은 모두 몇 장입니까?

문제 이해하기
- 한 묶음에 있는 색종이 수: ☐장
- 묶음 수: ☐개

식 세우기 (전체 색종이 수)
=(한 묶음에 있는 색종이 수)
×(묶음 수)
=☐×☐=☐

답 구하기 ☐장

3 옷핀이 한 상자에 300개씩 들어 있습니다. 80개의 상자에는 옷핀이 모두 몇 개 들어 있습니까?

문제 이해하기
- 한 상자에 들어 있는 옷핀 수: ☐개
- 상자 수: ☐개

식 세우기 (전체 옷핀 수)
=(한 상자에 들어 있는 옷핀 수)
×(상자 수)
=☐×☐=☐

답 구하기 ☐개

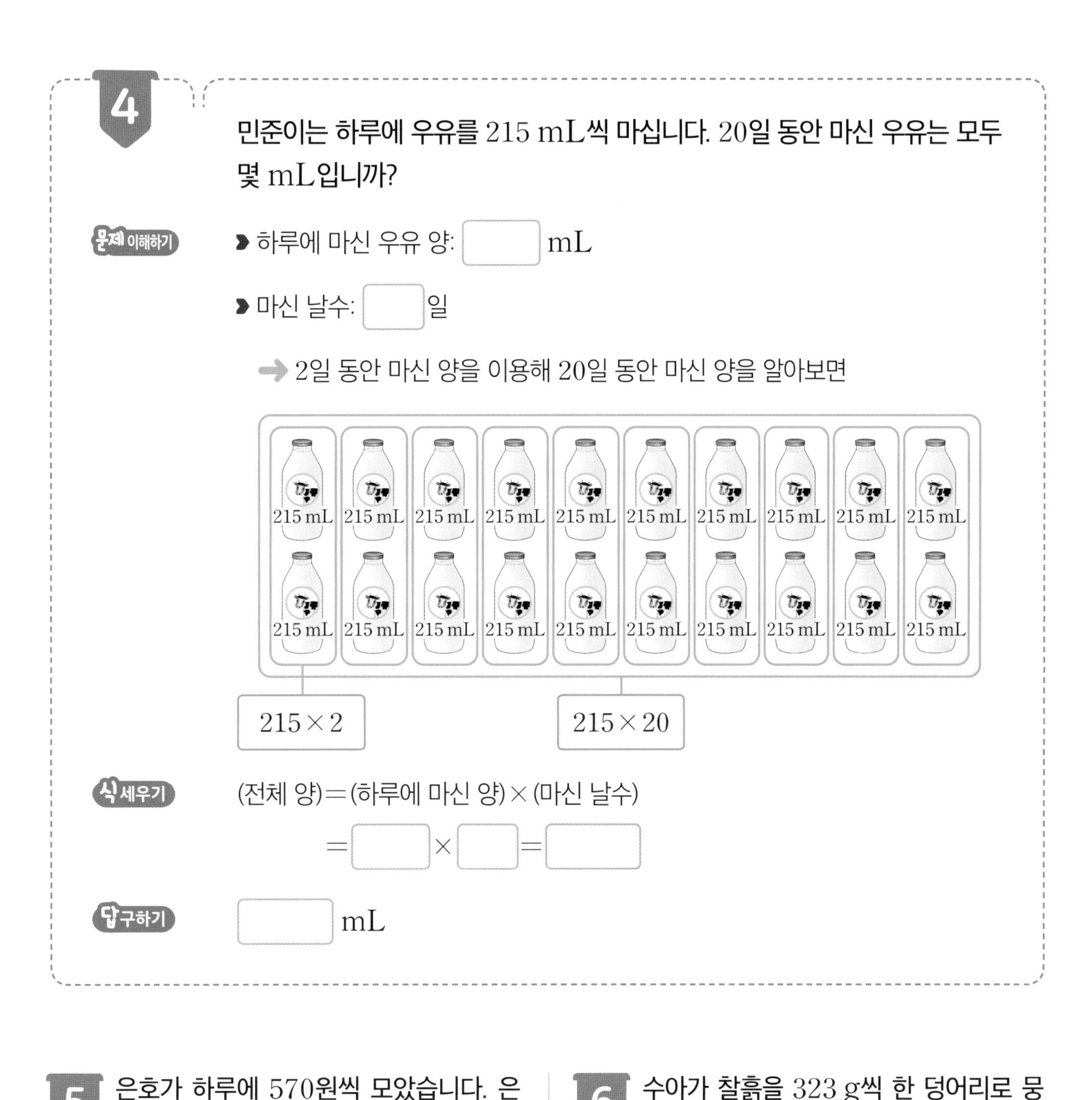

4

민준이는 하루에 우유를 215 mL씩 마십니다. 20일 동안 마신 우유는 모두 몇 mL입니까?

문제 이해하기

- 하루에 마신 우유 양: ☐ mL
- 마신 날수: ☐ 일

→ 2일 동안 마신 양을 이용해 20일 동안 마신 양을 알아보면

식 세우기 (전체 양)=(하루에 마신 양)×(마신 날수)

=☐×☐=☐

답 구하기 ☐ mL

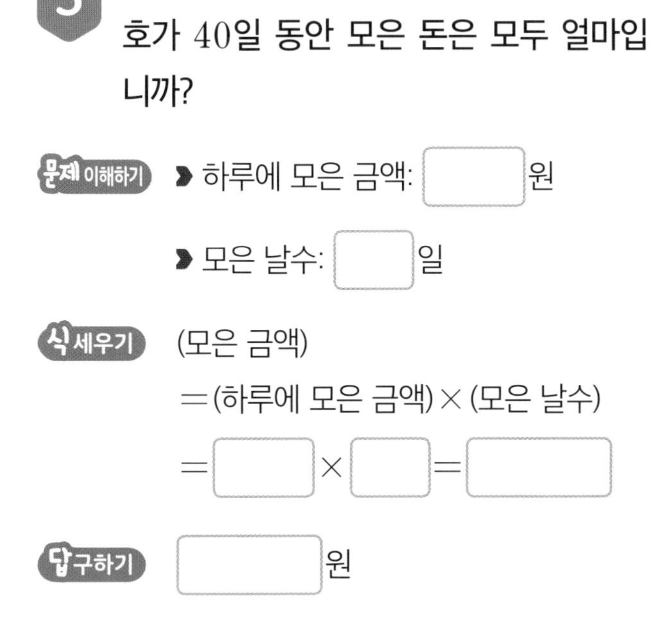

5 은호가 하루에 570원씩 모았습니다. 은호가 40일 동안 모은 돈은 모두 얼마입니까?

문제 이해하기

- 하루에 모은 금액: ☐ 원
- 모은 날수: ☐ 일

식 세우기 (모은 금액)

=(하루에 모은 금액)×(모은 날수)

=☐×☐=☐

답 구하기 ☐ 원

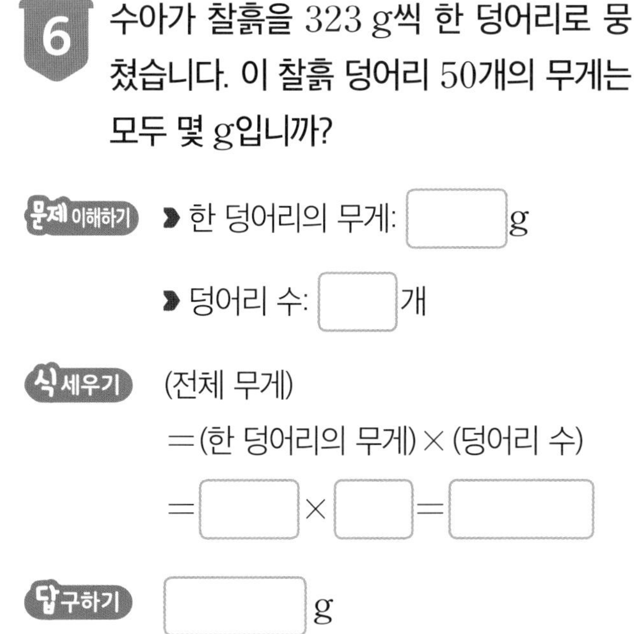

6 수아가 찰흙을 323 g씩 한 덩어리로 뭉쳤습니다. 이 찰흙 덩어리 50개의 무게는 모두 몇 g입니까?

문제 이해하기

- 한 덩어리의 무게: ☐ g
- 덩어리 수: ☐ 개

식 세우기 (전체 무게)

=(한 덩어리의 무게)×(덩어리 수)

=☐×☐=☐

답 구하기 ☐ g

정답 확인

오늘 나의 실력은?

부모님 확인

활쏘기 왕은 누구?

세 친구가 활쏘기 놀이를 하고 있어요. 화살을 두 발씩 쏘아 각각의 과녁판에 맞힌 점수를 곱하여 점수를 냅니다. 점수에 따라 가질 수 있는 인형이 달라요. 누가 어떤 인형을 갖게 되는지 선으로 이어 볼까요?

곱셈과 나눗셈

(세 자리 수)×(몇십) ❷

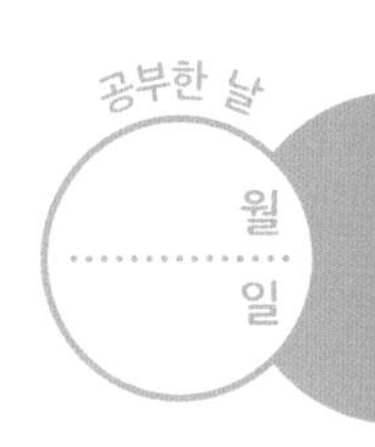

1

400×40을 이용하여 각자 주어진 곱을 어림하려고 합니다. 두 사람 중 곱을 바르게 어림한 사람을 고르시오.

- 효연: 420×40은 16000보다 클 거야.
- 진욱: 389×40은 16000보다 클 거야.

문제 이해하기

▶ 420×40의 곱 어림하기

420은 400보다 (크므로 , 작으므로)

420×40의 곱은 $400 \times 40 =$ [ ] 보다 (큽니다 , 작습니다).

▶ 389×40의 곱 어림하기

389는 400보다 (크므로 , 작으므로)

389×40의 곱은 $400 \times 40 =$ [ ] 보다 (큽니다 , 작습니다).

답 구하기 [ ]

600×70을 이용하여 각자 주어진 곱을 어림하려고 합니다. 두 사람 중 곱을 바르게 어림한 사람을 고르시오.

- 영소: 570×70는 42000보다 작을 거야.
- 동건: 614×70은 42000보다 작을 거야.

문제 이해하기

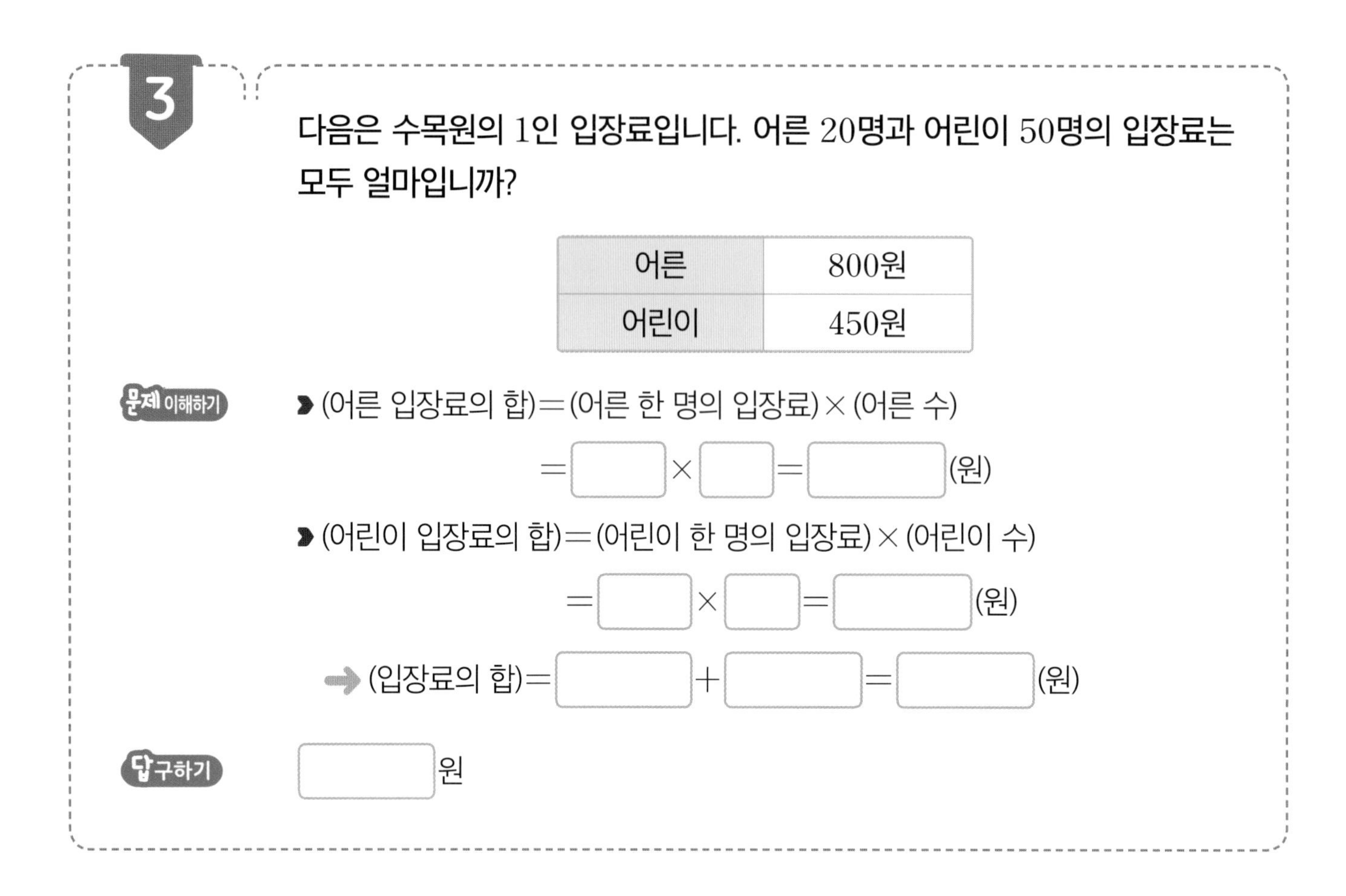

3

다음은 수목원의 1인 입장료입니다. 어른 20명과 어린이 50명의 입장료는 모두 얼마입니까?

어른	800원
어린이	450원

문제 이해하기

› (어른 입장료의 합)$=$(어른 한 명의 입장료)$\times$(어른 수)

$= \square \times \square = \square$(원)

› (어린이 입장료의 합)$=$(어린이 한 명의 입장료)$\times$(어린이 수)

$= \square \times \square = \square$(원)

➜ (입장료의 합)$= \square + \square = \square$(원)

답 구하기

$\square$원

한 권에 392 g인 동화책 40권과 한 권에 200 g인 위인전 60권이 있습니다. 동화책과 위인전의 무게는 모두 몇 g입니까?

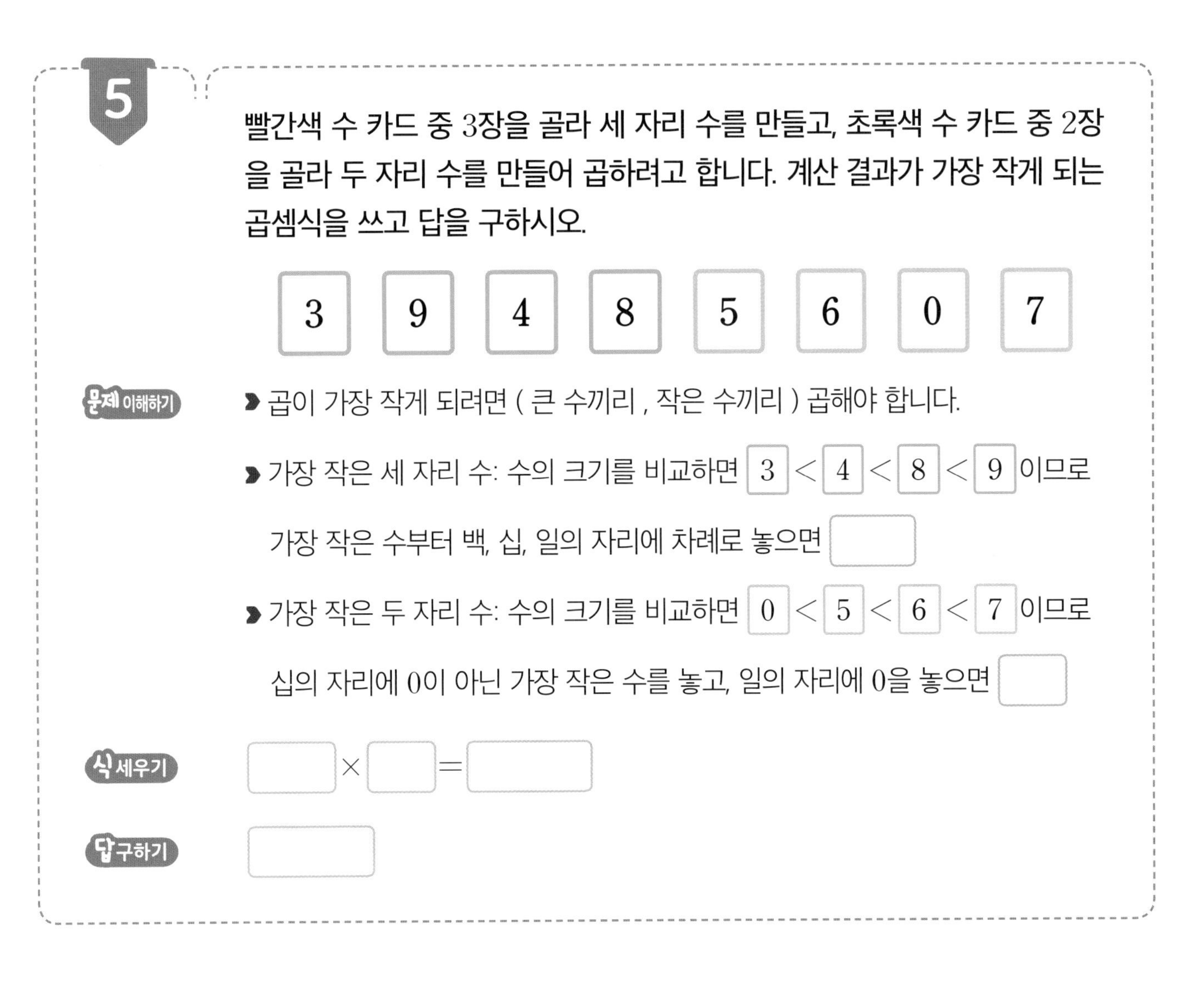

5

빨간색 수 카드 중 3장을 골라 세 자리 수를 만들고, 초록색 수 카드 중 2장을 골라 두 자리 수를 만들어 곱하려고 합니다. 계산 결과가 가장 작게 되는 곱셈식을 쓰고 답을 구하시오.

3 9 4 8 5 6 0 7

문제 이해하기

- 곱이 가장 작게 되려면 (큰 수끼리 , 작은 수끼리) 곱해야 합니다.
- 가장 작은 세 자리 수: 수의 크기를 비교하면 3 < 4 < 8 < 9 이므로 가장 작은 수부터 백, 십, 일의 자리에 차례로 놓으면 ☐
- 가장 작은 두 자리 수: 수의 크기를 비교하면 0 < 5 < 6 < 7 이므로 십의 자리에 0이 아닌 가장 작은 수를 놓고, 일의 자리에 0을 놓으면 ☐

식 세우기 ☐ × ☐ = ☐

답 구하기 ☐

6

보라색 수 카드 중 3장을 골라 세 자리 수를 만들고, 노란색 수 카드 중 2장을 골라 두 자리 수를 만들어 곱하려고 합니다. 계산 결과가 가장 작게 되는 곱셈식을 쓰고 답을 구하시오.

7 9 1 3 9 6 8 0

문제 이해하기

퍼즐 조각을 맞춰요

여러 가지 모양의 퍼즐이 있어요. 한 사람당 두 조각씩 골라 짝을 지은 다음, 두 수의 곱이 가장 큰 사람에게 사탕 바구니를 주기로 했어요. 세 친구가 고른 퍼즐의 모양을 잘 살펴 숫자를 써 넣고, 사탕을 받는 사람에게 ○표 하세요.

곱셈과 나눗셈

(세 자리 수)×(두 자리 수) ❶

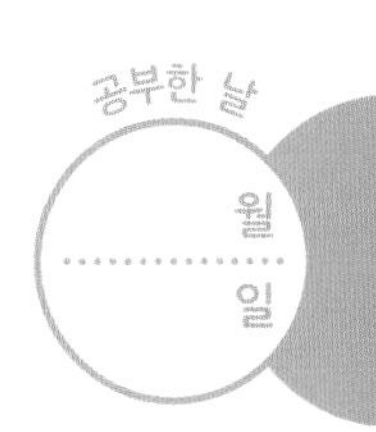

(세 자리 수)×(두 자리 수)의 곱은

❶ 세 자리 수를 두 자리 수의 일의 자리 수와 곱하고

❷ 세 자리 수를 두 자리 수의 십의 자리 수와 곱한 후

❸ 두 곱셈의 계산 결과를 더합니다.

	1	3	2	
×		3	4	← 30+4
	5	2	8	← 132×4
3	9	6	0	← 132×30
4	4	8	8	

실력 확인하기

다음을 계산해 보시오.

1

	4	7	1
×		1	5

2

	2	1	9
×		4	6

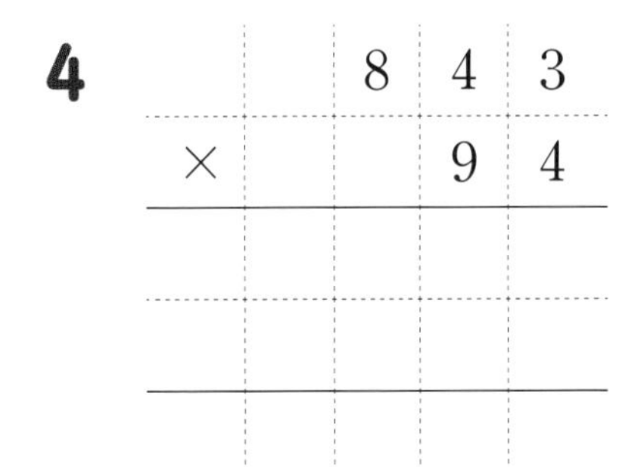

3

	6	8	5
×		3	8

4

	8	4	3
×		9	4

1

서점에 160쪽짜리 책이 15권 있습니다. 책은 모두 몇 쪽입니까?

문제 이해하기

- 책 한 권의 쪽수: ☐쪽
- 책 수: ☐권

➡ 10권의 쪽수와 5권의 쪽수의 합을 이용해 15권의 쪽수를 알아보면

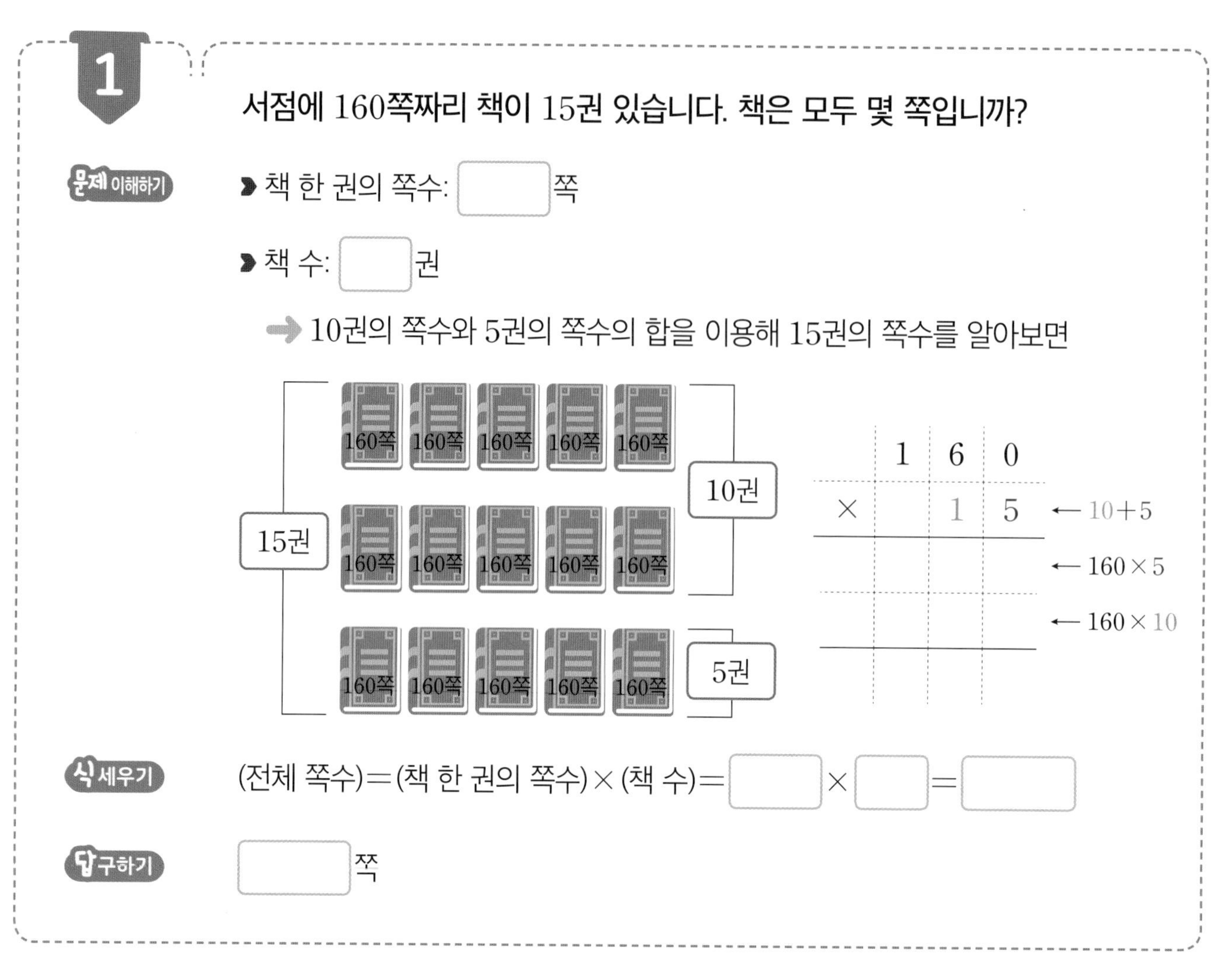

식 세우기 (전체 쪽수)＝(책 한 권의 쪽수)×(책 수)＝☐×☐＝☐

답 구하기 ☐쪽

2

규호가 450원짜리 아이스크림을 27개 샀습니다. 규호는 모두 얼마를 내야 합니까?

문제 이해하기

- 아이스크림 한 개의 가격: ☐원
- 산 아이스크림 수: ☐개

식 세우기 (전체 가격)
＝(아이스크림 한 개의 가격)
×(산 아이스크림 수)
＝☐×☐＝☐

답 구하기 ☐원

3

은서는 하루에 282 L의 물을 사용한다고 합니다. 은서가 8월 한 달 동안 사용한 물은 모두 몇 L입니까?

문제 이해하기

- 하루에 사용하는 물의 양: ☐L
- 사용한 날수: 8월의 날수는 ☐일

식 세우기 (8월 한 달 동안 사용한 물의 양)
＝(하루에 사용하는 물의 양)×(날수)
＝☐×☐＝☐

답 구하기 ☐L

4

다음 곱셈식을 이용하여 527×44의 곱을 구하시오.

$527 \times 4 = 2108$

문제 이해하기

$44 = \square + 4$이므로

527×44는 $527 \times \square$과 527×4의 합으로 구할 수 있습니다.

$527 \times 4 = 2108$
10배 10배
$527 \times \square = \square$

➜ $527 \times 44 = 527 \times \square + 527 \times 4$

$= \square + \square$

$= \square$

답구하기 $\square$

5

다음 곱셈식을 이용하여 894×33의 곱을 구하시오.

$894 \times 3 = 2682$

문제 이해하기

$894 \times 3 = 2682$
10배 10배
$894 \times \square = \square$

➜ 894×33

$= 894 \times \square + 894 \times 3$

$= \square + \square$

$= \square$

답구하기 $\square$

6

다음 곱셈식을 이용하여 421×99의 곱을 구하시오.

$421 \times 9 = 3789$

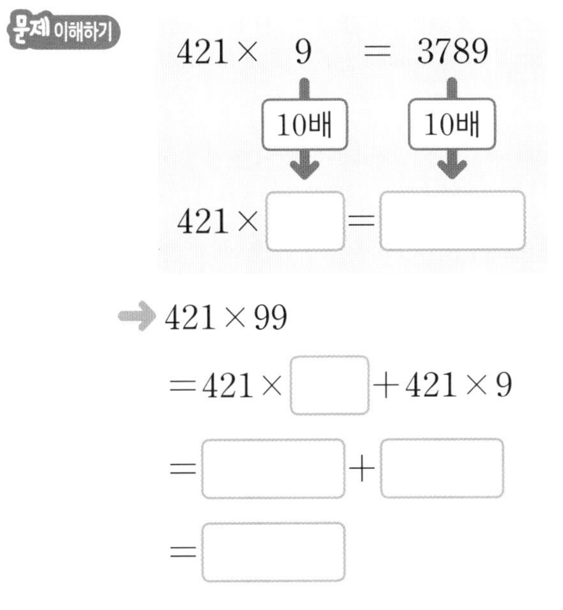

문제 이해하기

$421 \times 9 = 3789$
10배 10배
$421 \times \square = \square$

➜ 421×99

$= 421 \times \square + 421 \times 9$

$= \square + \square$

$= \square$

답구하기 $\square$

정답 확인  오늘 나의 실력은?  부모님 확인

찾아라 곱셈 암호

쥐도 새도 모르게 귀중한 물건을 훔치는 괴도로 마을 주민들이 골치를 썩었어요. 주민들은 명탐정 재키에게 괴도를 찾아 줄 것을 부탁했답니다. 과연 명탐정 재키는 괴도를 잡을 수 있을까요? 괴도가 숨어 있는 곳을 찾아 써 보세요.

경 고 장

명탐정 재키 보아라!
다음 암호를 풀어 내일 밤 9시까지 내가 있는 곳으로 와라!
시간을 지키지 못한다면 내가 이곳의 보물을 몽땅 가져갈 테다.

382×45	146×28	283×19	654×31	547×96	255×98	813×24

암호를 푸는 비밀 열쇠

4008	4088	5017	5377	17190	19512	20274	21233
ㅂ	ㅗ	ㅣ	ㅅ	ㄷ	ㄴ	ㅓ	ㅐ
21357	23652	24990	25567	39683	45292	52512	53412
ㅎ	ㅈ	ㅘ	ㅁ	ㅔ	ㅌ	ㄱ	ㅏ

곱셈과 나눗셈

(세 자리 수)×(두 자리 수) ❷

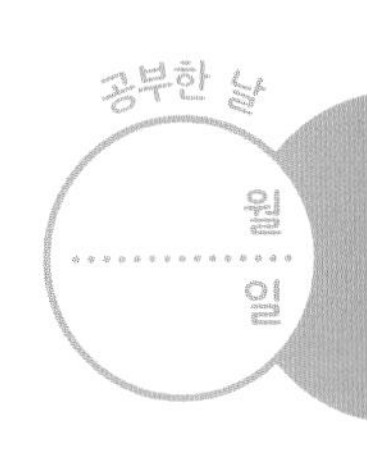

1

500×70을 이용하여 각자 주어진 곱을 어림하려고 합니다. 두 사람 중 곱을 바르게 어림한 사람을 고르시오.

- 다솜: 520×73은 35000보다 작을 거야.
- 재원: 494×65는 35000보다 작을 거야.

▶ 520×73의 곱 어림하기

520은 500보다 (크고 , 작고), 73은 70보다 (크므로 , 작으므로)

520×73의 곱은 $500 \times 70 =$ ☐ 보다 (큽니다 , 작습니다).

▶ 494×65의 곱 어림하기

494는 500보다 (크고 , 작고), 65는 70보다 (크므로 , 작으므로)

494×65의 곱은 $500 \times 70 =$ ☐ 보다 (큽니다 , 작습니다).

답구하기 ☐

2

800×90을 이용하여 각자 주어진 곱을 어림하려고 합니다. 두 사람 중 곱을 바르게 어림한 사람을 고르시오.

- 준석: 790×85는 72000보다 클 거야.
- 해진: 806×92는 72000보다 클 거야.

3

예림이가 한 번 양치질을 할 때 사용하는 물은 $299\ mL$입니다. 양치질을 매일 3번씩 한다면 예림이가 5월 한 달 동안 양치질을 할 때 사용한 물은 모두 몇 mL입니까?

문제 이해하기

- 한 번 양치질을 할 때 사용하는 물 양: □ mL
- 하루에 양치질을 하는 횟수: □번
  - ➡ (하루에 사용하는 물 양)=(한 번에 사용하는 물 양)×(하루 양치질 횟수)
  - =□×□=□(mL)
- 하루에 사용하는 물 양: □ mL
- 5월 한 달의 날수: □일
  - ➡ (한 달 동안 사용하는 물 양)=(하루에 사용하는 물 양)×(날수)
  - =□×□=□(mL)

답 구하기

□ mL

4

수혁이는 한 번 줄넘기 연습을 할 때마다 줄넘기를 180번씩 넘습니다. 줄넘기 연습을 매일 2번씩 한다면 수혁이는 10월 한 달 동안 줄넘기를 모두 몇 번 넘습니까?

문제 이해하기

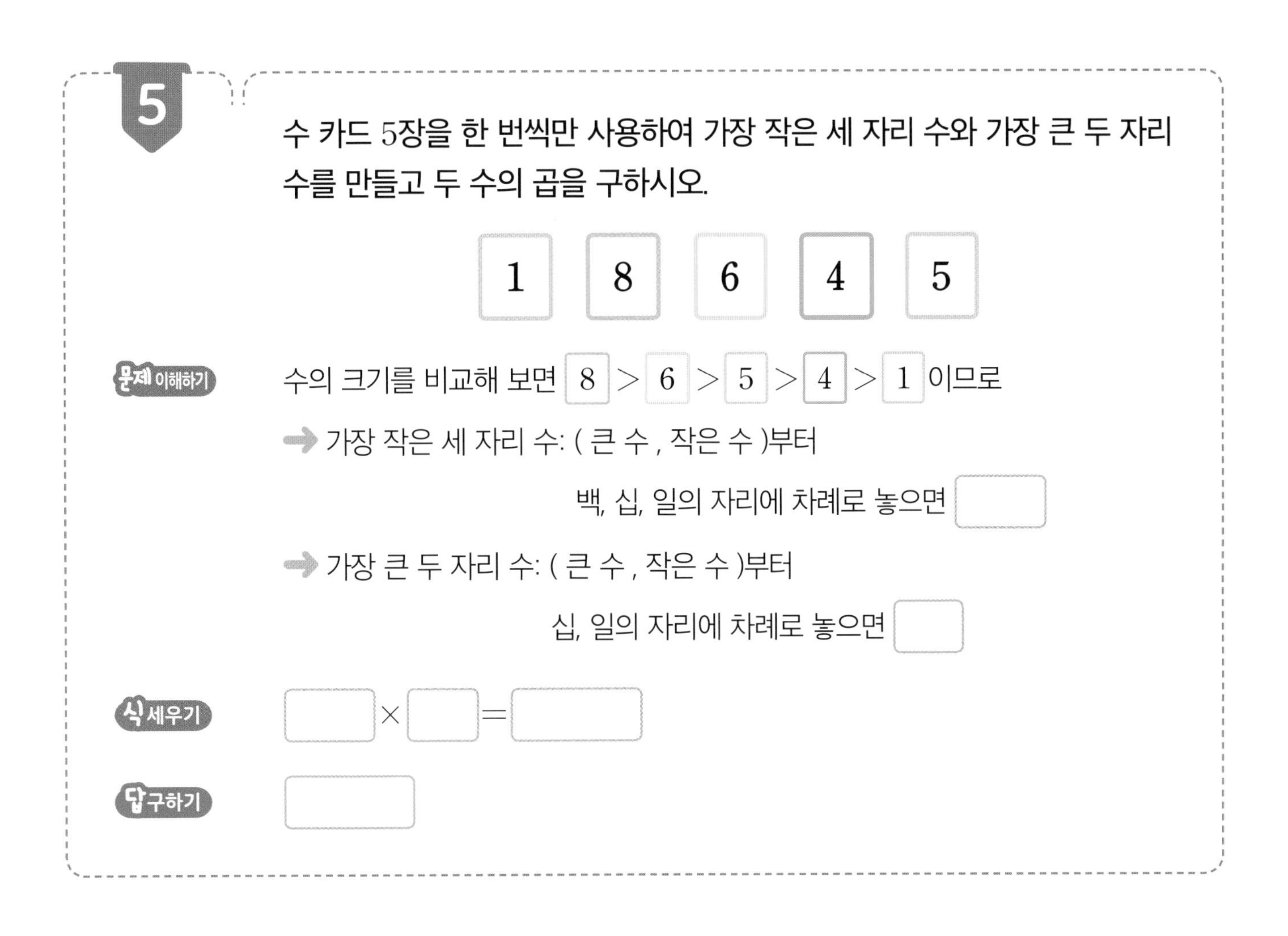

5 수 카드 5장을 한 번씩만 사용하여 가장 작은 세 자리 수와 가장 큰 두 자리 수를 만들고 두 수의 곱을 구하시오.

1 8 6 4 5

문제 이해하기 수의 크기를 비교해 보면 8 > 6 > 5 > 4 > 1 이므로

➜ 가장 작은 세 자리 수: (큰 수 , 작은 수)부터 백, 십, 일의 자리에 차례로 놓으면 ☐

➜ 가장 큰 두 자리 수: (큰 수 , 작은 수)부터 십, 일의 자리에 차례로 놓으면 ☐

식 세우기 ☐ × ☐ = ☐

답 구하기 ☐

6 수 카드 5장을 한 번씩만 사용하여 가장 큰 세 자리 수와 가장 작은 두 자리 수를 만들고 두 수의 곱을 구하시오.

3 2 5 8 7

문제 이해하기

식 세우기

답 구하기

오늘 나의 실력은?

부모님 확인

재미있는
수학
놀이터

신기한 항아리

무엇이든 넣으면 ■시간 후에 처음에 넣은 양의 ■배가 되는 신기한 항아리가 있어요. 미래와 친구들은 초코볼을 넣고 일정 시간이 지난 후에 꺼내기로 했어요. 꺼낸 초코볼의 수가 가장 많은 친구에게 ○표 하세요.

나는 초코볼 334개를 넣고
하루 뒤에 꺼낼 거야.
나는 초코볼 245개를 넣고
이틀 뒤에 꺼낼 거야.
나는 초코볼 455개를 넣고
12시간 뒤에 꺼낼 거야.
초코볼

곱셈과 나눗셈

(세 자리 수)÷(몇십) ❶

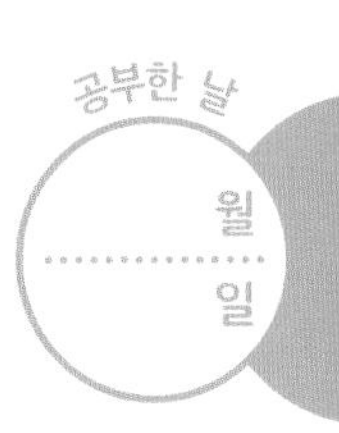

몫을 어림하고 곱셈을 이용하여 계산합니다.

$30\times4=120$
$30\times5=150$
$30\times6=180$

		5
30) 1	5	2
1	5	0
		2

➜ $152\div30=5\cdots2$

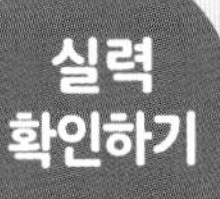

다음을 계산해 보시오.

1

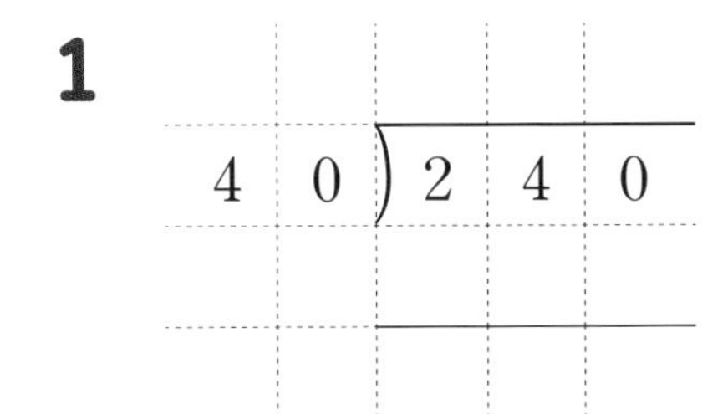

2

7 0) 4 9 0

3

8 0) 3 2 0

4

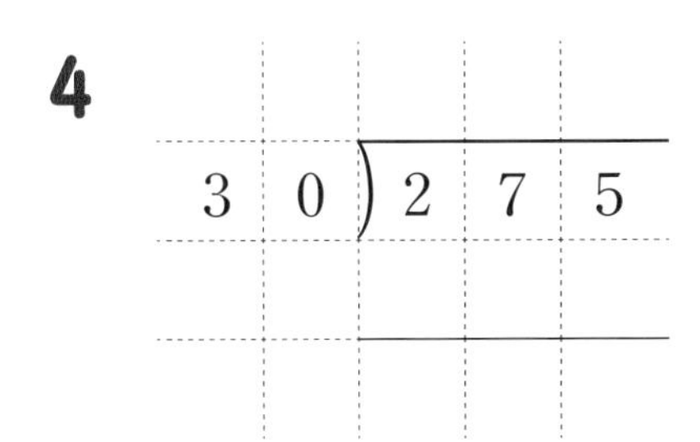

5

5 0) 2 5 3

6

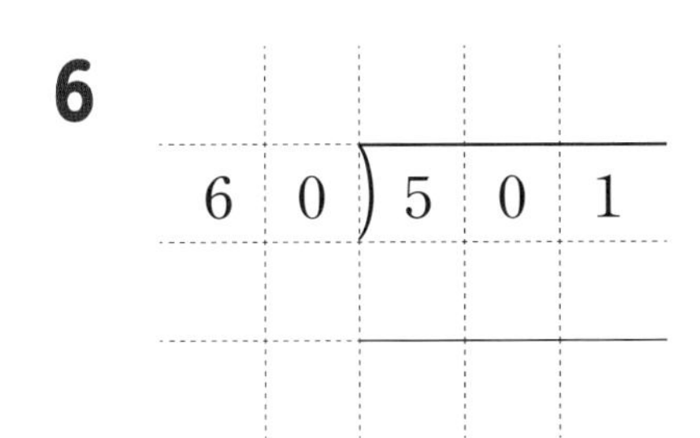

1

색종이 120장을 한 사람에게 30장씩 나누어 주려고 합니다. 색종이를 몇 명에게 나누어 줄 수 있습니까?

문제 이해하기

- 전체 색종이 수: ☐장
- 한 사람에게 주는 색종이 수: ☐장

→ 12장을 3장씩 나눈 몫을 이용해 120장을 30장씩 나눈 몫을 알아보면

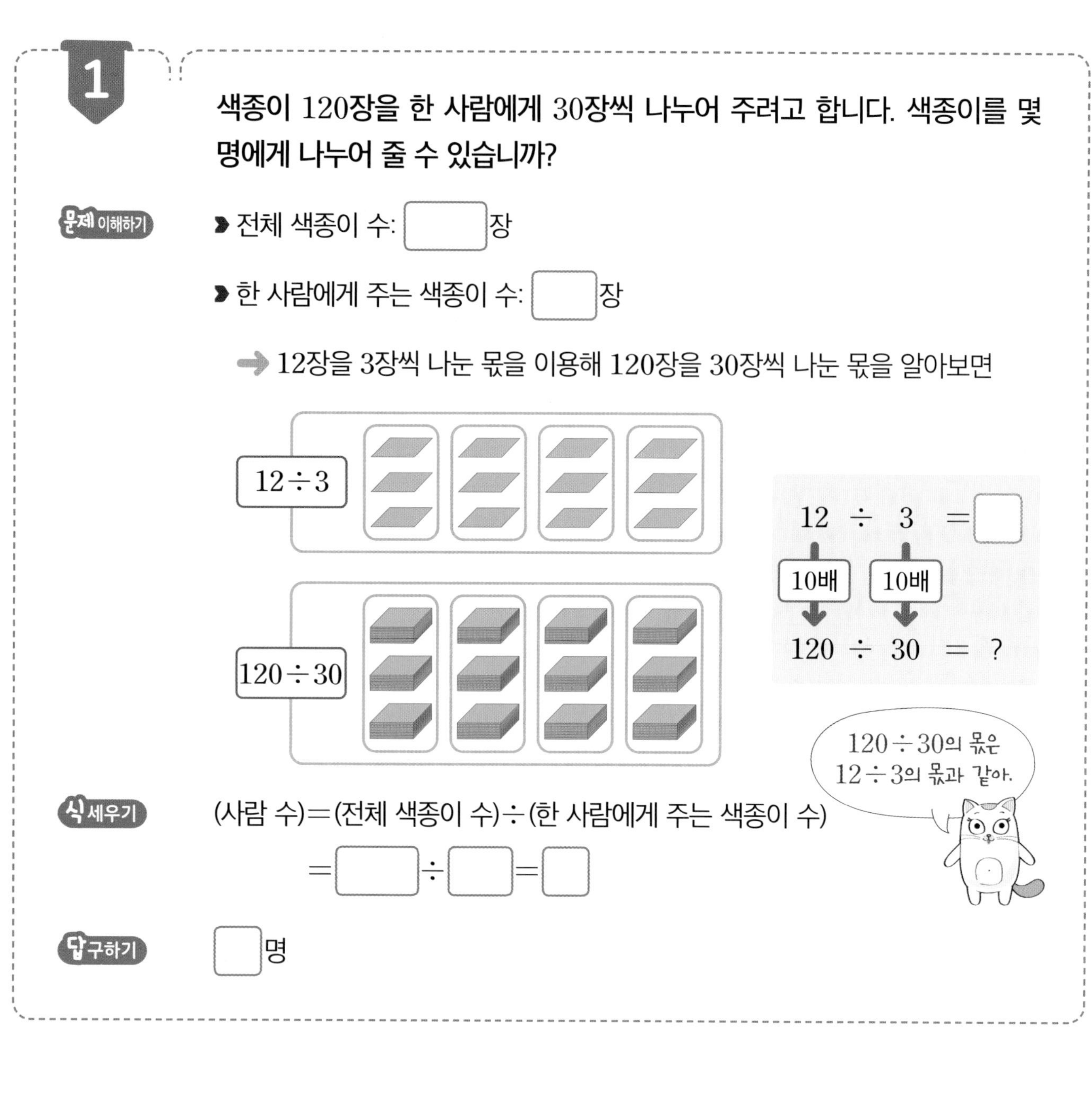

식 세우기 (사람 수)=(전체 색종이 수)÷(한 사람에게 주는 색종이 수)

=☐÷☐=☐

답 구하기 ☐명

2

귤 320개를 한 상자에 40개씩 담으려고 합니다. 상자는 몇 개 필요합니까?

문제 이해하기

- 전체 귤 수: ☐개
- 한 상자에 담는 귤 수: ☐개

식 세우기 (상자 수)

=(전체 귤 수)÷(한 상자에 담는 귤 수)

=☐÷☐=☐

답 구하기 ☐개

3

철사 250 cm를 50명에게 나누어 주려고 합니다. 한 사람에게 몇 cm씩 나누어 주어야 합니까?

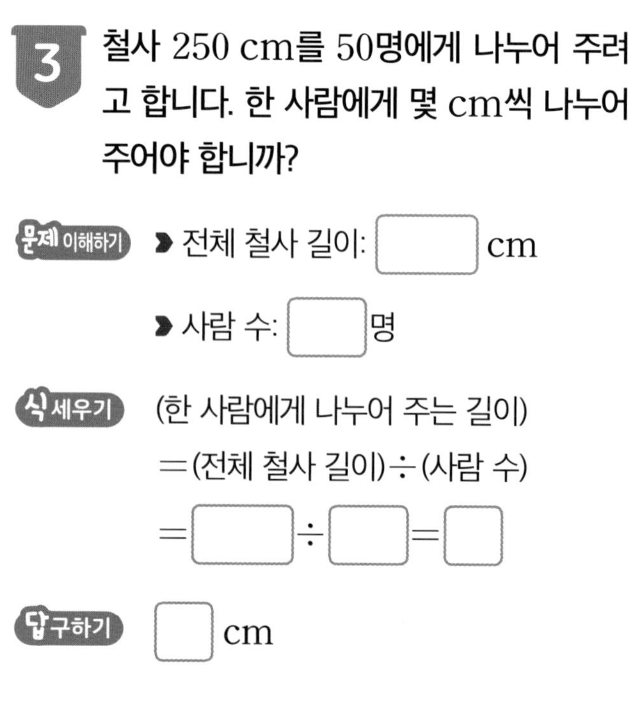

문제 이해하기

- 전체 철사 길이: ☐ cm
- 사람 수: ☐명

식 세우기 (한 사람에게 나누어 주는 길이)

=(전체 철사 길이)÷(사람 수)

=☐÷☐=☐

답 구하기 ☐ cm

4 달걀 135개를 한 사람에게 20개씩 나누어 주려고 합니다. 몇 명에게 나누어 줄 수 있고, 남는 달걀은 몇 개입니까?

문제 이해하기
- 전체 달걀 수: ☐개
- 한 사람에게 주는 달걀 수: ☐개
  → 달걀을 ☐개씩 묶어 보면

식 세우기
(전체 달걀 수)÷(한 사람에게 주는 달걀 수)
=☐÷☐=☐…☐

답 구하기
사람 수: ☐명, 남는 달걀 수: ☐개

5 식빵 한 개를 만드는 데 우유 90 mL가 필요합니다. 우유 648 mL로 식빵을 몇 개 만들 수 있고, 남는 우유는 몇 mL입니까?

문제 이해하기
- 전체 우유 양: ☐ mL
- 식빵 한 개를 만드는 데 필요한 우유 양: ☐ mL

식 세우기
(전체 우유 양)÷(식빵 한 개를 만드는 데 필요한 우유 양)
=☐÷☐=☐…☐

답 구하기
만들 수 있는 식빵 수: ☐개
남는 우유 양: ☐ mL

6 구슬 363개를 60개의 봉지에 나누어 담으려고 합니다. 한 봉지에 몇 개씩 담을 수 있고, 남는 구슬은 몇 개입니까?

문제 이해하기
- 전체 구슬 수: ☐개
- 봉지 수: ☐개

식 세우기
(전체 구슬 수)÷(봉지 수)
=☐÷☐=☐…☐

답 구하기
한 봉지에 담는 구슬 수: ☐개
남는 구슬 수: ☐개

정답 확인 | 오늘 나의 실력은? | 부모님 확인

재미있는
수학
놀이터

산타클로스의 선물 주머니

날씨가 서늘해지자 산타클로스는 미리미리 크리스마스를 준비하기 시작했어요. 각자가 배달해야 하는 선물들을 커다란 주머니에 넣었지요. 흰 수염 산타와 노란 수염 산타가 배달해야 하는 선물 주머니 수만큼 썰매에 ○로 표시해 보세요.

나는 한 주머니에
40개씩 넣을 거야.
배달할 선물
680개
나는 한 주머니에
30개씩 넣을 거야.
배달할 선물
390개

(세 자리 수)÷(몇십) ❷

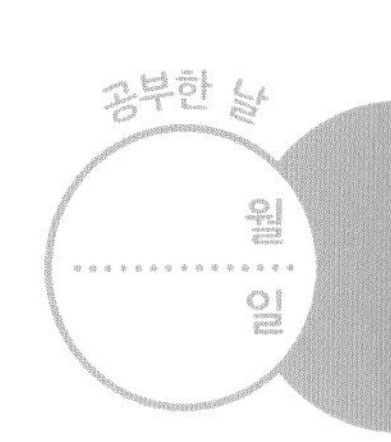

1

다음은 나눗셈을 하다 멈춘 것입니다. 몫이 바른 것을 찾아 기호를 쓰시오.

㉠ $\begin{array}{r} 7 \\ 40\overline{)279} \end{array}$　　㉡ $\begin{array}{r} 7 \\ 80\overline{)627} \end{array}$

문제 이해하기

㉠ $\begin{array}{r} 7 \\ 40\overline{)279} \end{array}$ ➡ $40\times7=$ □ 이 되어

나누어지는 수 □ 보다 (크므로 , 작으므로)

$279\div40$의 몫은 7보다 (커야 , 작아야) 합니다.

㉡ $\begin{array}{r} 7 \\ 80\overline{)627} \end{array}$ ➡ 나머지가 □ 이 되어 나누는 수 □ 으로

더 나눌 수 (있으므로 , 없으므로)

$627\div80$의 몫은 □ 입니다.

답구하기 □

2

다음은 나눗셈을 하다 멈춘 것입니다. 몫이 바른 것을 찾아 기호를 쓰시오.

㉠ $\begin{array}{r} 8 \\ 60\overline{)535} \end{array}$　　㉡ $\begin{array}{r} 9 \\ 50\overline{)438} \end{array}$

문제 이해하기

답구하기

3

귤이 한 상자에 45개씩 모두 5상자 있습니다. 이 귤을 한 바구니에 30개씩 나누어 담으려고 합니다. 바구니에 담을 수 없는 귤은 몇 개입니까?

문제 이해하기

- 한 상자에 들어 있는 귤 수: □개
- 상자 수: □개

(전체 귤 수)$=$(한 상자에 들어 있는 귤 수)$\times$(상자 수)

$=$□$\times$□$=$□(개)

- 전체 귤 수: □개
- 한 바구니에 담는 귤 수: □개

(전체 귤 수)$\div$(한 바구니에 담는 귤 수)

$=$□$\div$□$=$□$\cdots$□

➡ 귤을 □개의 바구니에 담을 수 있고, 남는 귤은 □개입니다.

답 구하기 □개

사탕이 한 봉지에 16개씩 모두 25봉지 있습니다. 이 사탕을 60명의 학생에게 똑같이 나누어 준다면 남는 사탕은 몇 개입니까?

문제 이해하기

답 구하기

5

400보다 크고 500보다 작은 수 중에서 90으로 나누었을 때 나머지가 가장 큰 수를 구하시오.

문제 이해하기

- 90으로 나누었을 때 나누어떨어지는 수: $90\times1=90$, $90\times2=180$, $90\times3=270$, $90\times4=360$, $90\times5=\square$, $90\times6=\square$, ……
- 어떤 수를 90으로 나누었을 때 가장 큰 나머지가 될 수 있는 수는 $\square$이므로 90으로 나누었을 때 나머지가 가장 큰 수는 ……, $270+\square=\square$, $360+\square=\square$, $\square+\square=\square$, ……입니다.

➡ 이 중 400보다 크고 500보다 작은 수는 $\square$입니다.

나머지는 언제나 나누는 수보다 작아.

답구하기 $\square$

500보다 크고 600보다 작은 수 중에서 70으로 나누었을 때 나머지가 가장 큰 수를 구하시오.

답구하기

정답 확인 | 오늘 나의 실력은? | 부모님 확인

맛있는 간식 저울

맛있는 간식을 똑같이 나누기 위해서는 곰 젤리, 초콜릿, 젤리빈 하나씩의 무게를 알아야 한대요. 곰 젤리 두 개가 놓인 저울이 수평이 되려면 젤리빈 몇 개를 놓아야 할까요? 저울의 빈 접시 위에 알맞은 젤리빈의 수만큼 ○표를 그려 넣으세요.

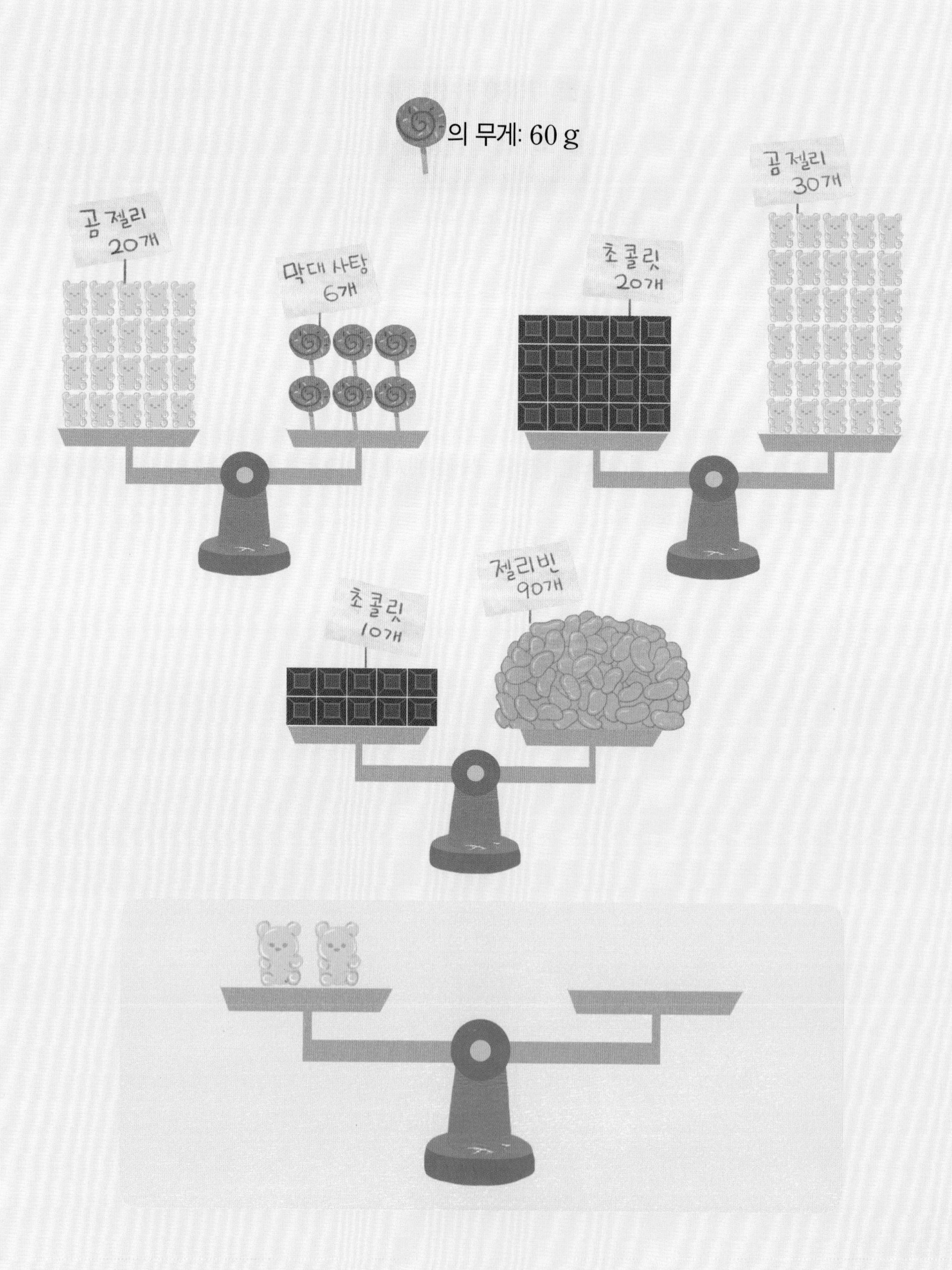

곱셈과 나눗셈

몫이 한 자리 수가 되고 나누어떨어지는 (두 자리 수)÷(두 자리 수) ❶

몫을 어림하고 곱셈을 이용하여 계산합니다.

$13\times5=65$
$13\times6=78$
$13\times7=91$

$$
\begin{array}{r}
6 \\
13\overline{)\,78} \\
\underline{78} \\
0
\end{array}
$$

➜ $78\div13=6$

실력 확인하기

다음을 계산해 보시오.

1

$15\overline{)\,45}$

2

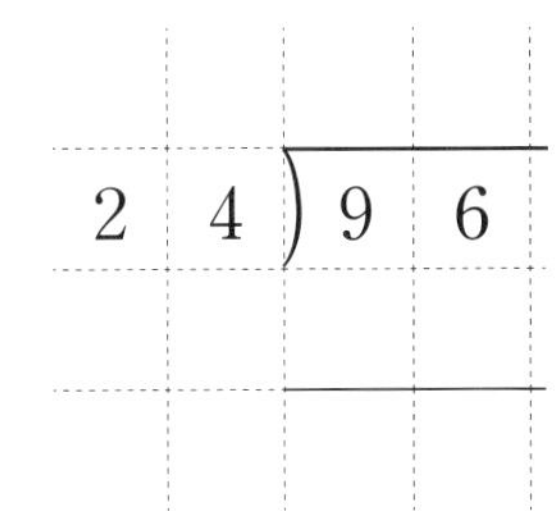

3

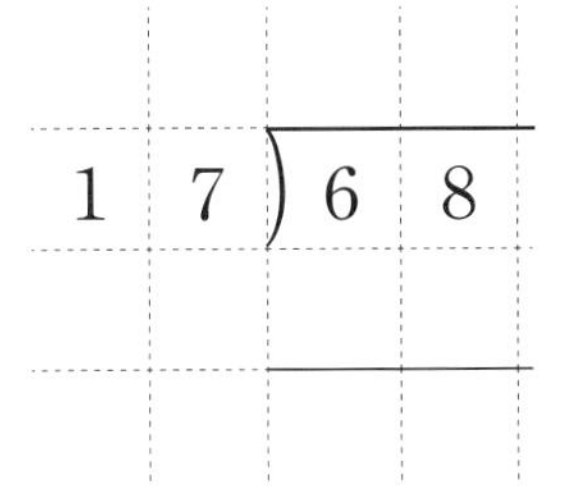

4

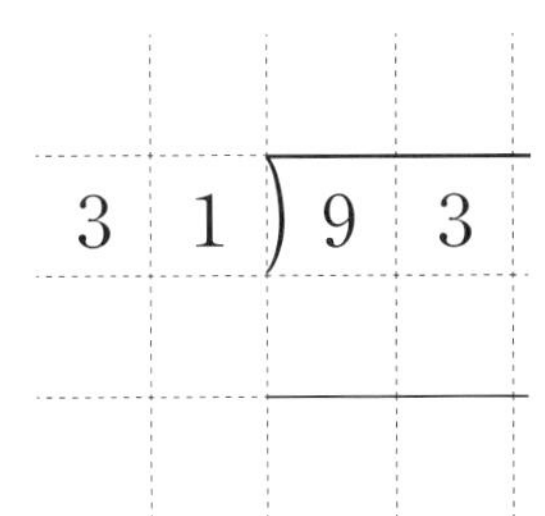

5

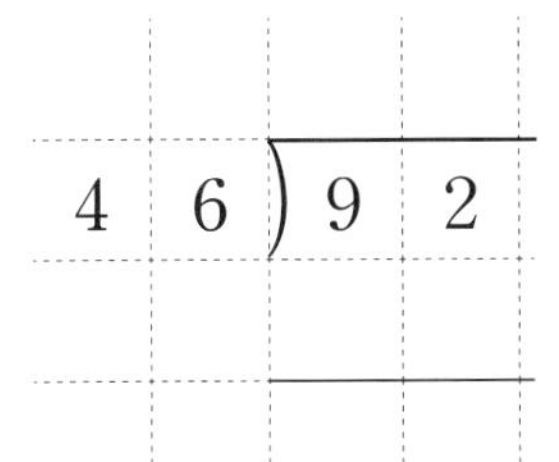

6

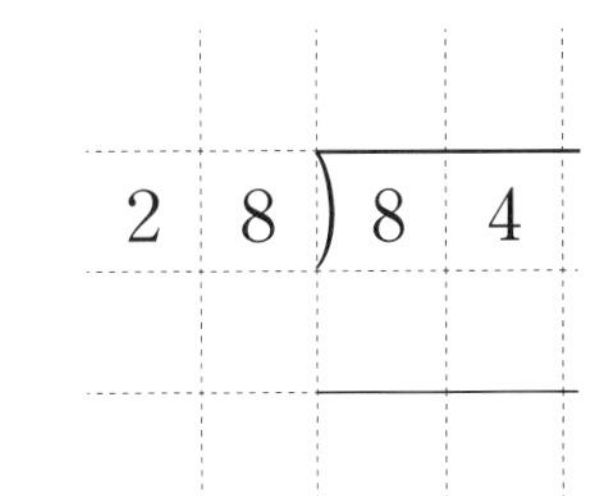

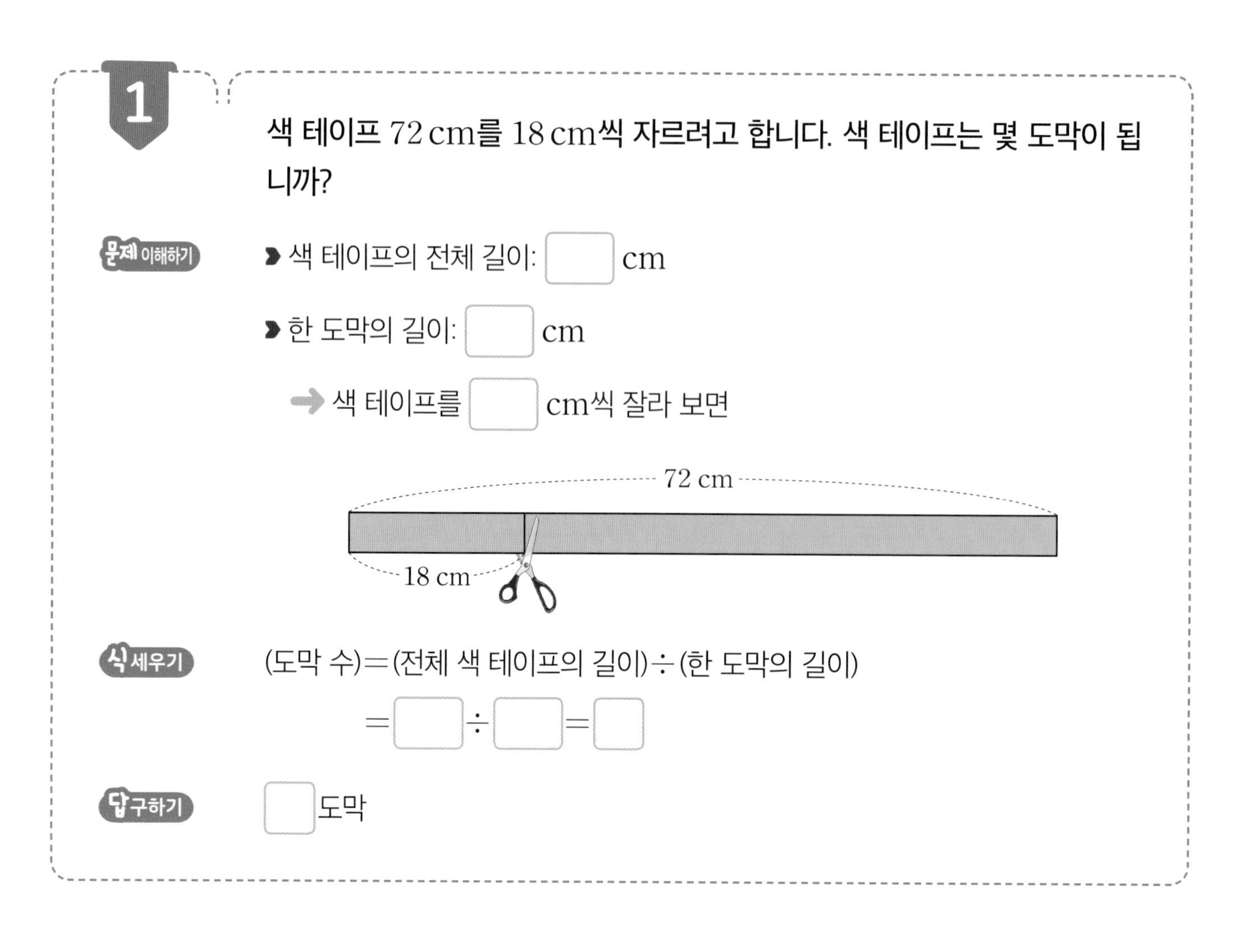

1 색 테이프 72 cm를 18 cm씩 자르려고 합니다. 색 테이프는 몇 도막이 됩니까?

문제 이해하기

- 색 테이프의 전체 길이: □ cm
- 한 도막의 길이: □ cm

→ 색 테이프를 □ cm씩 잘라 보면

식 세우기 (도막 수)=(전체 색 테이프의 길이)÷(한 도막의 길이)

=□÷□=□

답 구하기 □ 도막

2 구슬 80개를 한 상자에 16개씩 담으려고 합니다. 구슬을 모두 담으려면 상자가 몇 개 필요합니까?

문제 이해하기

- 전체 구슬 수: □개
- 한 상자에 담는 구슬 수: □개

식 세우기 (상자 수)

=(전체 구슬 수)

÷(한 상자에 담는 구슬 수)

=□÷□=□

답 구하기 □개

3 필통 하나에 연필을 19자루씩 넣으려고 합니다. 연필 57자루를 모두 넣으려면 필통이 몇 개 필요합니까?

문제 이해하기

- 전체 연필 수: □자루
- 필통 하나에 넣는 연필 수: □자루

식 세우기 (필통 수)

=(전체 연필 수)

÷(필통 하나에 넣는 연필 수)

=□÷□=□

답 구하기 □개

4

도토리 84개를 12개의 주머니에 똑같이 나누어 담으려고 합니다. 한 주머니에 몇 개씩 담아야 합니까?

문제 이해하기

- 전체 도토리 수: ☐개
- 주머니 수: ☐개

➡ 도토리를 ☐개의 주머니에 나누어 담아 보면

전체 도토리 84개

도토리 ☐개씩

주머니 12개

식 세우기

(한 주머니에 담아야 하는 도토리 수)

=(전체 도토리 수)÷(주머니 수)

=☐÷☐=☐

답 구하기

☐개

5

90 L의 물을 15개의 어항에 똑같이 나누어 담으려고 합니다. 어항 하나에 물을 몇 L씩 담게 됩니까?

문제 이해하기

- 전체 물 양: ☐ L
- 어항 수: ☐개

식 세우기

(어항 하나에 담는 물 양)

=(전체 물 양)÷(어항 수)

=☐÷☐=☐

답 구하기

☐ L

6

70쪽인 책을 2주 동안 다 읽으려고 합니다. 하루에 몇 쪽씩 읽어야 합니까?

문제 이해하기

- 전체 쪽수: ☐쪽
- 날수: 2주는 ☐일

식 세우기

(하루에 읽어야 하는 쪽수)

=(전체 쪽수)÷(날수)

=☐÷☐=☐

답 구하기

☐쪽

오늘 나의 실력은?

부모님 확인

신나는 놀이동산

미래가 친구들과 함께 놀이동산에 왔어요. 모든 놀이 기구의 1회 운행 시간이 같고 첫 운행을 동시에 시작한다면 미래는 어떤 놀이 기구를 가장 먼저 탈 수 있을까요? 계산한 후 알맞은 놀이 기구의 이름을 써 보세요.

몫이 한 자리 수가 되고 나누어떨어지는 (두 자리 수)÷(두 자리 수) ❷

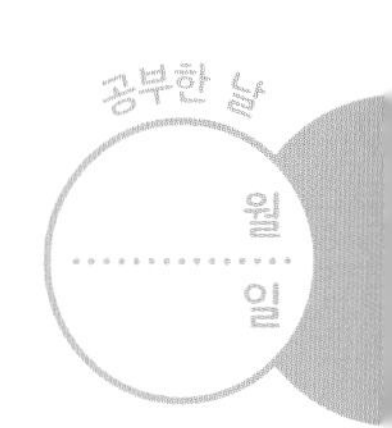

1 다음은 나눗셈을 하다 멈춘 것입니다. 몫이 바른 것을 찾아 기호를 쓰시오.

㉠ $14\overline{)98}$ 몫 5　　㉡ $19\overline{)76}$ 몫 4

문제 이해하기

㉠ $14\overline{)98}$ 몫 5 → 나머지가 ☐이 되어 나누는 수 ☐로 더 나눌 수 (있으므로 , 없으므로)

$98 \div 14$의 몫은 5보다 (커야 , 작아야) 합니다.

㉡ $19\overline{)76}$ 몫 4 → $19 \times 4 =$ ☐이 되어 나누어떨어지므로

$76 \div 19$의 몫은 ☐입니다.

답구하기 

2 다음은 나눗셈을 하다 멈춘 것입니다. 몫이 바른 것을 찾아 기호를 쓰시오.

㉠ $23\overline{)92}$ 몫 4　　㉡ $16\overline{)80}$ 몫 4

3

복숭아 68개는 한 상자에 17개씩 담고, 자두 75개는 한 상자에 15개씩 담았습니다. 복숭아와 자두를 담은 상자는 모두 몇 개입니까?

문제 이해하기

- 전체 복숭아 수: □개
- 한 상자에 담은 복숭아 수: □개

(복숭아를 담은 상자 수)=(전체 복숭아 수)÷(한 상자에 담은 복숭아 수)

=□÷□=□(개)

- 전체 자두 수: □개
- 한 상자에 담은 자두 수: □개

(자두를 담은 상자 수)=(전체 자두 수)÷(한 상자에 담은 자두 수)

=□÷□=□(개)

➡ (복숭아와 자두를 담은 상자 수)=□+□=□(개)

답 구하기 □개

4

유리구슬 54개는 한 주머니에 18개씩 담고, 쇠구슬 65개는 한 주머니에 13개씩 담았습니다. 구슬을 담은 주머니는 모두 몇 개입니까?

문제 이해하기

답 구하기

5

길이가 96 m인 길의 한쪽에 나무를 심으려고 합니다. 길의 처음부터 끝까지 12 m마다 나무를 한 그루씩 심는다면 나무가 모두 몇 그루 필요합니까? (단, 나무의 두께는 생각하지 않습니다.)

▶ 길이가 24 m인 길의 한쪽에 처음부터 끝까지 12 m마다 나무를 심는다면

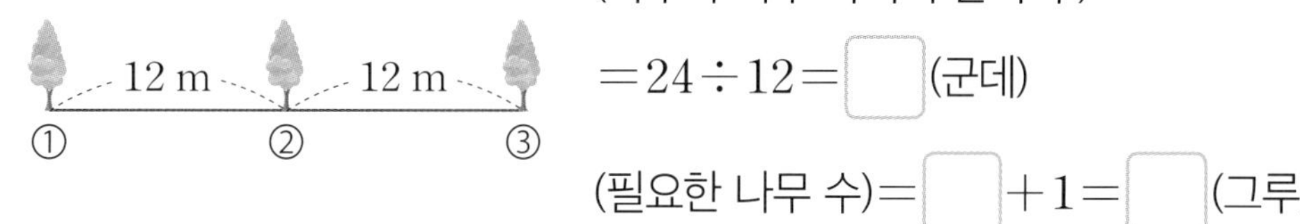

(나무와 나무 사이의 간격 수)

$=24\div12=$ □(군데)

(필요한 나무 수)$=$ □ $+1=$ □(그루)

▶ 길이가 96 m인 길의 한쪽에 처음부터 끝까지 12 m마다 나무를 심을 때

(나무와 나무 사이의 간격 수)$=$(전체 거리)$\div$(나무와 나무 사이의 거리)

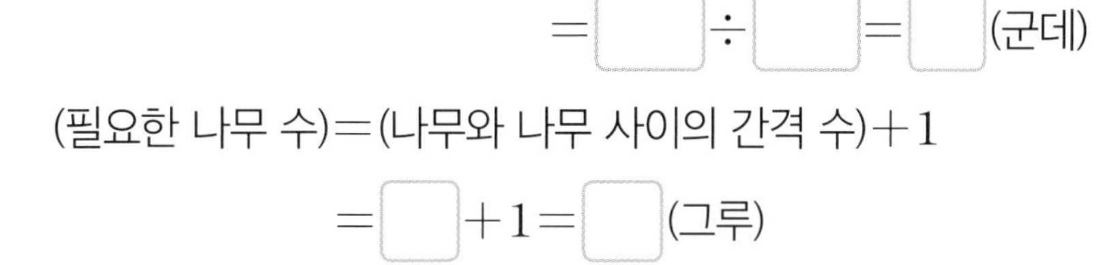

$=$ □ $\div$ □ $=$ □(군데)

(필요한 나무 수)$=$(나무와 나무 사이의 간격 수)$+1$

$=$ □ $+1=$ □(그루)

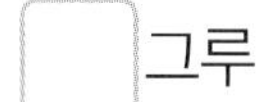

□그루

6

길이가 91 m인 길의 한쪽에 가로등을 설치하려고 합니다. 길의 처음부터 끝까지 13 m마다 가로등을 하나씩 설치한다면 가로등이 모두 몇 개 필요합니까? (단, 가로등의 두께는 생각하지 않습니다.)

맛있는 잼 토스트

잼을 발라 토스트를 만들고 있어요. 각 숟가락에 적힌 양만큼 잼을 떠낼 수 있고 세 가지 잼을 한 숟가락씩 모두 발라 잼 토스트 하나를 만들어요. 잼 토스트를 몇 개까지 만들 수 있을까요?

곱셈과 나눗셈

몫이 한 자리 수가 되고 나머지가 있는 (두 자리 수)÷(두 자리 수) ❶

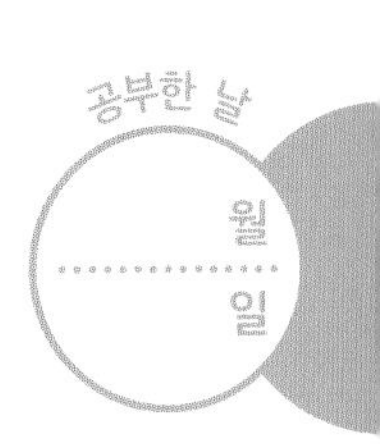

몫을 어림하고 곱셈을 이용하여 계산합니다.

$15 \times 4 = 60$
$15 \times 5 = 75$
$15 \times 6 = 90$

$$\begin{array}{r} 5 \\ 15\overline{)84} \\ \underline{75} \\ 9 \end{array}$$

➜ $84 \div 15 = 5 \cdots 9$

실력 확인하기

다음을 계산해 보시오.

1

$13\overline{)71}$

2

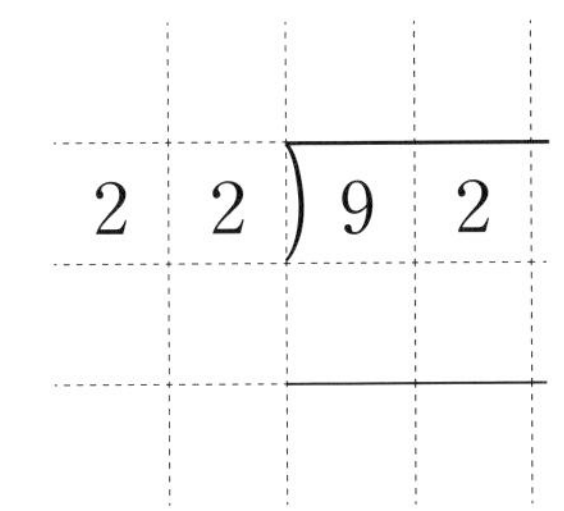

3

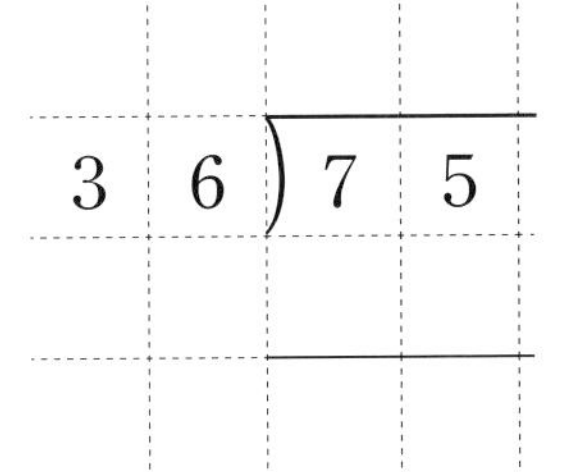

4

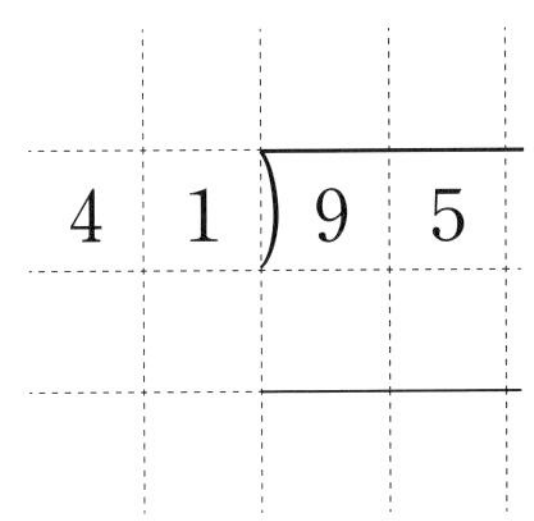

5

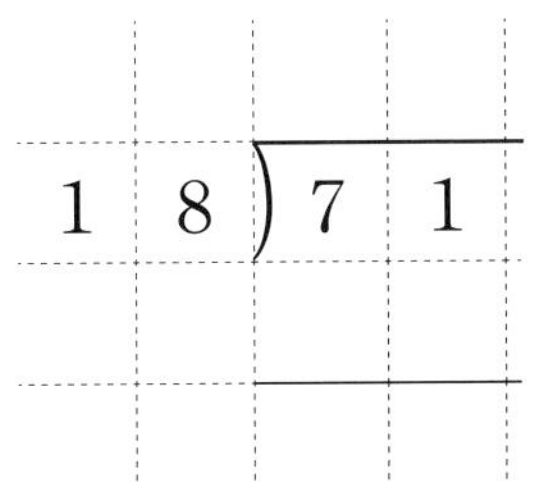

6

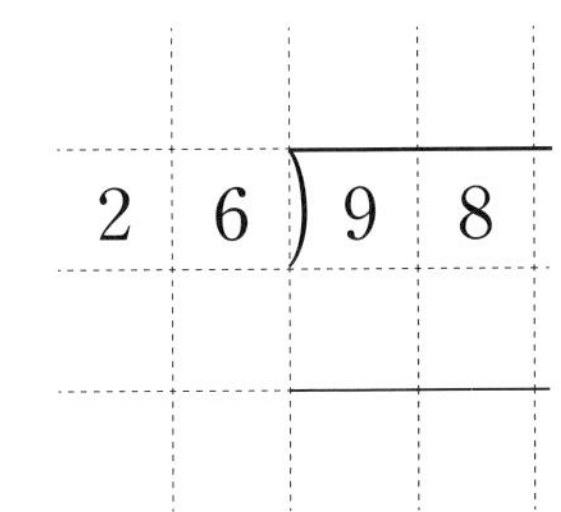

1

딸기 87개를 한 접시에 14개씩 담았습니다. 딸기를 담은 접시는 몇 개가 되고, 남는 딸기는 몇 개입니까?

문제 이해하기

- 전체 딸기 수: ☐개
- 한 접시에 담는 딸기 수: ☐개

→ 딸기를 ☐개씩 나누어 담아 보면

전체 딸기 87개

딸기 14개씩

접시 ☐개

식 세우기

(전체 딸기 수)÷(한 접시에 담는 딸기 수)

=☐÷☐=☐···☐

답 구하기

접시 수: ☐개, 남는 딸기 수: ☐개

2

운동장에 70명의 학생이 있습니다. 한 줄에 17명씩 선다면 모두 몇 줄로 설 수 있고, 남는 학생은 몇 명입니까?

문제 이해하기

- 전체 학생 수: ☐명
- 한 줄에 서는 학생 수: ☐명

식 세우기

(전체 학생 수)÷(한 줄에 서는 학생 수)

=☐÷☐=☐···☐

답 구하기

줄 수: ☐줄

남는 학생 수: ☐명

3

책 74권을 책꽂이 한 칸에 22권씩 꽂았습니다. 책꽂이 몇 칸에 꽂을 수 있고, 남는 책은 몇 권입니까?

문제 이해하기

- 전체 책 수: ☐권
- 책꽂이 한 칸에 꽂는 책 수: ☐권

식 세우기

(전체 책 수)

÷(책꽂이 한 칸에 꽂는 책 수)

=☐÷☐=☐···☐

답 구하기

칸 수: ☐칸

남는 책 수: ☐권

4 초콜릿 90개를 12개의 상자에 똑같이 나누어 담았습니다. 한 상자에 몇 개씩 담을 수 있고, 남는 초콜릿은 몇 개입니까?

문제 이해하기
- 전체 초콜릿 수: □개
- 상자 수: □개
  - ➡ 초콜릿을 □개의 상자에 나누어 담아 보면

전체 초콜릿 90개

초콜릿 □개씩

상자 12개

식 세우기 (전체 초콜릿 수)÷(상자 수)

=□÷□=□…□

답 구하기 한 상자에 담는 초콜릿 수: □개, 남는 초콜릿 수: □개

5 지우개 73개를 23명에게 똑같이 나누어 주려고 합니다. 한 사람이 몇 개씩 가지게 되고, 남는 지우개는 몇 개입니까?

문제 이해하기
- 전체 지우개 수: □개
- 사람 수: □명

식 세우기 (전체 지우개 수)÷(사람 수)

=□÷□=□…□

답 구하기 한 사람이 갖는 지우개 수: □개

남는 지우개 수: □개

6 털실 98 cm를 31명에게 똑같은 길이만큼 나누어 주려고 합니다. 한 사람이 몇 cm씩 가지게 되고, 털실은 몇 cm 남습니까?

문제 이해하기
- 전체 털실 길이: □cm
- 사람 수: □명

식 세우기 (전체 털실 길이)÷(사람 수)

=□÷□=□…□

답 구하기 한 사람이 갖는 털실 길이: □cm

남는 털실 길이: □cm

정답 확인

오늘 나의 실력은?

부모님 확인

즐거운 체육대회

즐거운 체육대회 날이에요. 같은 팀인 친구들은 배에 적힌 나눗셈식의 나머지가 같다고 해요. 사자와 같은 팀인 친구들의 머리띠에는 ♥를 그리고, 하마와 같은 팀인 친구들의 머리띠에는 ★을 그려 주세요.

몫이 한 자리 수가 되고 나머지가 있는 (두 자리 수)÷(두 자리 수) ❷

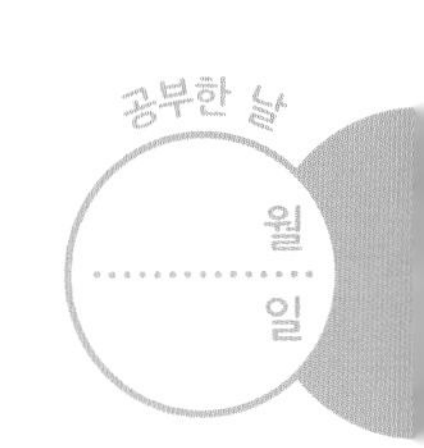

1

다음 나눗셈을 바르게 설명한 사람을 고르고, 바른 몫과 나머지를 구하시오.

몫을 1 크게 해야 해.

석규

$$\begin{array}{r} 6 \\ 13\overline{)71} \\ \underline{} \end{array}$$

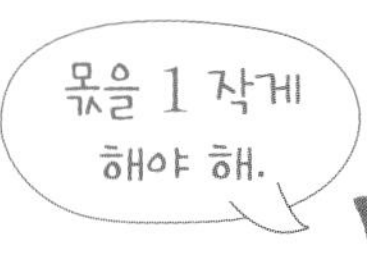

몫을 1 작게 해야 해.

소람

문제 이해하기

› $13\times6=$ ☐ 로 71보다 크므로 몫을 (1 크게 , 1 작게) 해 봅니다.

$$\begin{array}{r} 6 \\ 13\overline{)71} \\ \underline{} \end{array}$$

➜ 몫 6을 ☐ 로 고쳐서 계산해 보면

$$\begin{array}{r} 13\overline{)71} \\ \underline{} \end{array}$$

답 구하기

☐, 몫: ☐, 나머지: ☐

2

다음 나눗셈을 바르게 설명한 사람을 고르고, 바른 몫과 나머지를 구하시오.

몫을 1 크게 해야 해.

하린

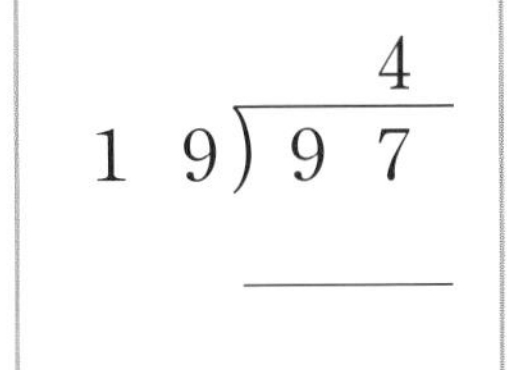

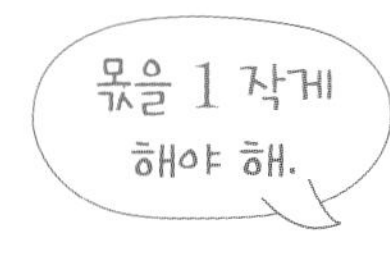

몫을 1 작게 해야 해.

선호

문제 이해하기

답 구하기

3

쿠키를 76개 만들어 16명에게 똑같이 나누어 주려고 합니다. 16명에게 나누어 준 쿠키는 모두 몇 개입니까?

문제 이해하기

▸ 전체 쿠키 수: □개

▸ 사람 수: □명

(전체 쿠키 수)÷(사람 수)=□÷□=□…□이므로

한 사람에게 쿠키를 □개씩 나누어 줄 수 있고, 쿠키가 □개 남습니다.

➡ (나누어 준 쿠키 수)=(한 사람에게 나누어 주는 쿠키 수)×(사람 수)

=□×□=□

답 구하기 □개

장미꽃 99송이를 한 다발에 23송이씩 묶어 팔려고 합니다. 꽃다발로 묶은 장미꽃만 팔 수 있다면 팔 수 있는 장미꽃은 모두 몇 송이입니까?

문제 이해하기

답 구하기

5

어떤 수를 12로 나누었더니 몫이 6이 되고 나머지가 8이었습니다. 어떤 수를 구하시오.

문제 이해하기

- 어떤 수를 □라 하여 주어진 문장을 나눗셈식으로 나타내면

  $\square \div 12 = \square \cdots \square$ 입니다.

- 나누는 수와 몫을 곱하고 나머지를 더하면 나누어지는 수와 같으므로

  $\square \div 12 = \square \cdots \square$ ➜ $12 \times \square = \square$

  $\square = \square + \square = \square$

답 구하기 □

어떤 수를 25로 나누었더니 몫이 3이 되고 나머지가 9였습니다. 어떤 수를 구하시오.

답 구하기

부모님 확인

꽃다발을 만들어요

연극 발표회가 열렸어요. 연극에 참여한 4학년에게는 빨간색 튤립 11송이씩, 5학년에게는 노란색 튤립 12송이씩, 6학년에게는 주황색 튤립 13송이씩을 묶어 꽃다발을 만들어 줄 거예요. 꽃다발을 만들고 남은 꽃을 모아 만든 꽃다발에 ○표 하세요.

곱셈과 나눗셈

몫이 한 자리 수가 되고 나누어떨어지는 (세 자리 수)÷(두 자리 수) ❶

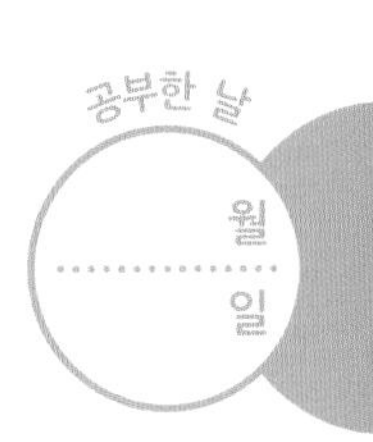

몫을 어림하고 곱셈을 이용하여 계산합니다.

$24\times6=144$
$24\times7=168$
$24\times8=192$

$$\begin{array}{r} 7 \\ 24\overline{)168} \\ \underline{168} \\ 0 \end{array}$$

➜ $168\div24=7$

실력 확인하기

다음을 계산해 보시오.

1

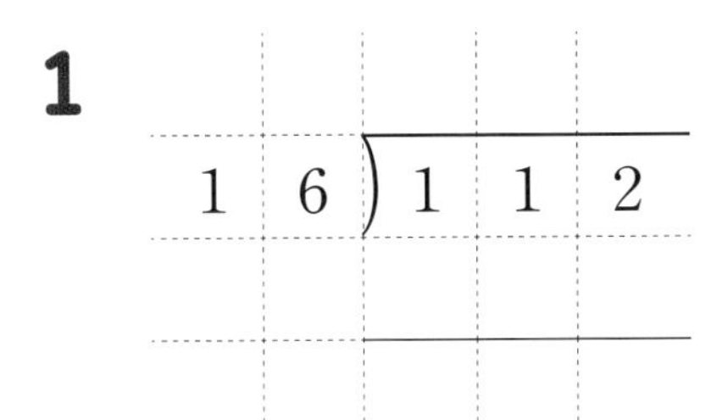

$16\overline{)112}$

2

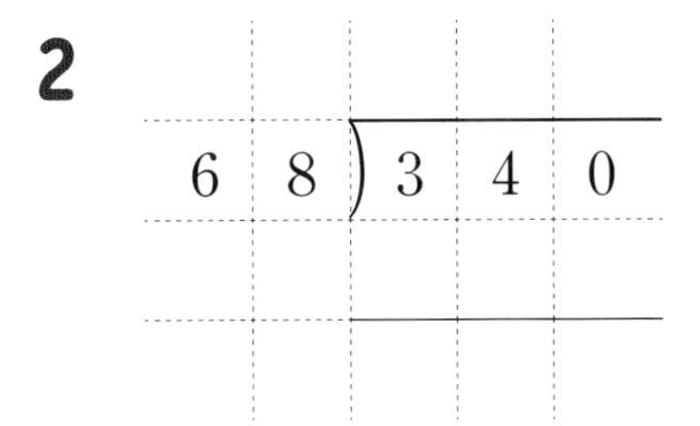

$68\overline{)340}$

3

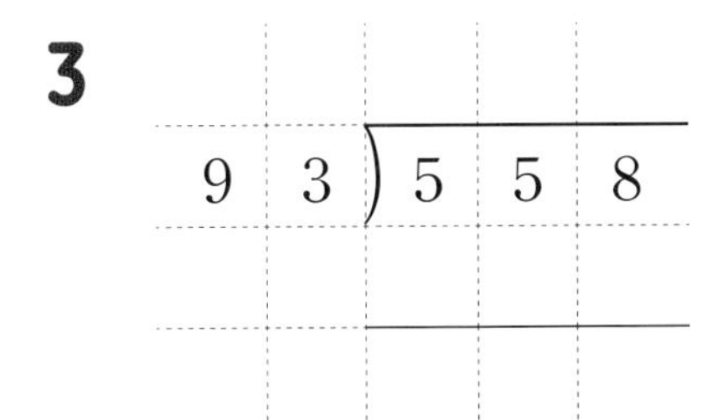

$93\overline{)558}$

4

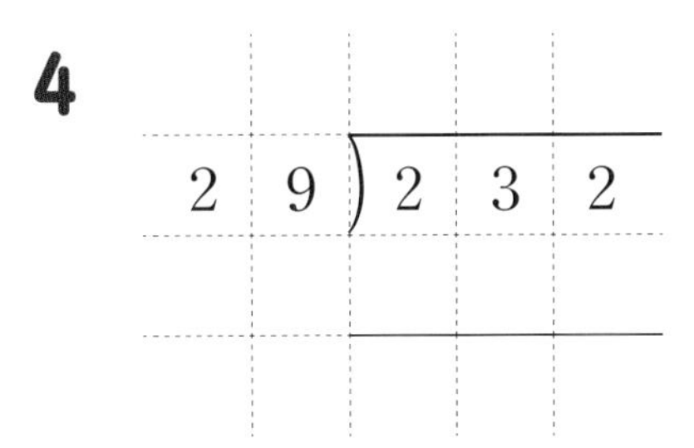

$29\overline{)232}$

5

$52\overline{)156}$

6

$35\overline{)315}$

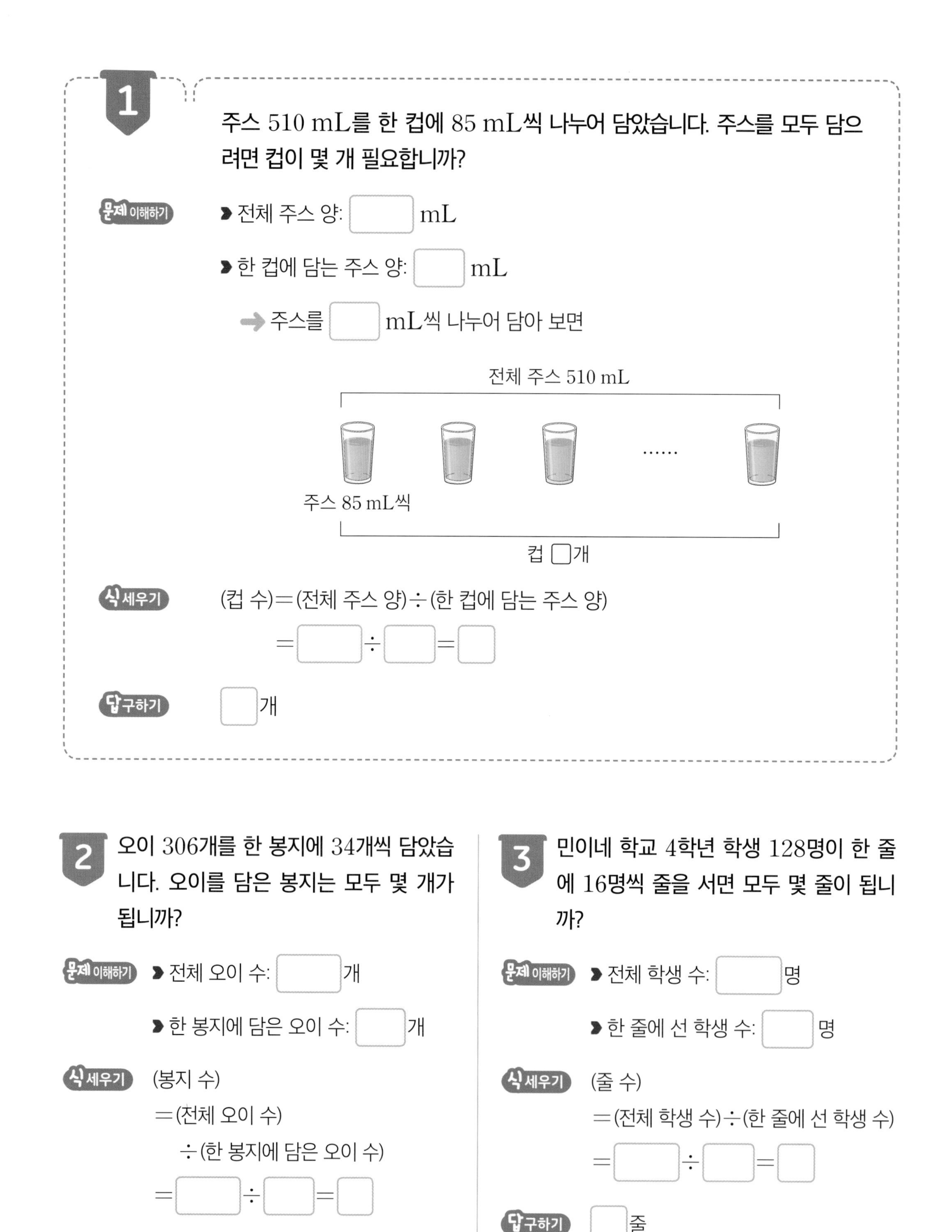

1

주스 510 mL를 한 컵에 85 mL씩 나누어 담았습니다. 주스를 모두 담으려면 컵이 몇 개 필요합니까?

문제 이해하기

- 전체 주스 양: ☐ mL
- 한 컵에 담는 주스 양: ☐ mL

→ 주스를 ☐ mL씩 나누어 담아 보면

식 세우기 (컵 수)=(전체 주스 양)÷(한 컵에 담는 주스 양)

=☐÷☐=☐

답 구하기 ☐개

2

오이 306개를 한 봉지에 34개씩 담았습니다. 오이를 담은 봉지는 모두 몇 개가 됩니까?

문제 이해하기

- 전체 오이 수: ☐개
- 한 봉지에 담은 오이 수: ☐개

식 세우기 (봉지 수)

=(전체 오이 수)

÷(한 봉지에 담은 오이 수)

=☐÷☐=☐

답 구하기 ☐개

3

민이네 학교 4학년 학생 128명이 한 줄에 16명씩 줄을 서면 모두 몇 줄이 됩니까?

문제 이해하기

- 전체 학생 수: ☐명
- 한 줄에 선 학생 수: ☐명

식 세우기 (줄 수)

=(전체 학생 수)÷(한 줄에 선 학생 수)

=☐÷☐=☐

답 구하기 ☐줄

4

쿠키 256개를 32개의 봉투에 똑같이 나누어 담으려고 합니다. 한 봉투에 쿠키를 몇 개씩 담아야 합니까?

문제 이해하기

- 전체 쿠키 수: □개
- 봉투 수: □개

→ 쿠키를 □개의 봉투에 나누어 담아 보면

전체 쿠키 256개

쿠키 쿠키 쿠키 …… 쿠키

쿠키 □개씩

봉투 32개

식 세우기 (한 봉투에 담는 쿠키 수)=(전체 쿠키 수)÷(봉투 수)

=□÷□=□

답 구하기 □개

5

수수깡 175개를 25명에게 똑같이 나누어 주려고 합니다. 한 사람에게 수수깡을 몇 개씩 나누어 주어야 합니까?

문제 이해하기

- 전체 수수깡 수: □개
- 사람 수: □명

식 세우기 (한 사람에게 주는 수수깡 수)

=(전체 수수깡 수)÷(사람 수)

=□÷□=□

답 구하기 □개

6

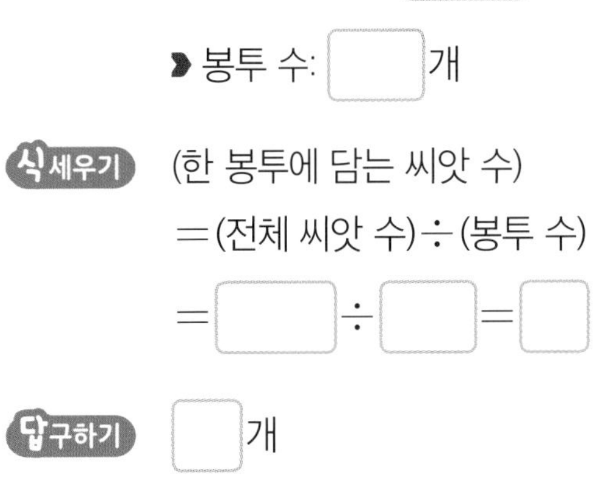

씨앗 324개를 54개의 봉투에 똑같이 나누어 담으려고 합니다. 한 봉투에 씨앗을 몇 개씩 담아야 합니까?

문제 이해하기

- 전체 씨앗 수: □개
- 봉투 수: □개

식 세우기 (한 봉투에 담는 씨앗 수)

=(전체 씨앗 수)÷(봉투 수)

=□÷□=□

답 구하기 □개

정답 확인 

오늘 나의 실력은? 

부모님 확인

자동차 경주

숲속 자동차 경주 대회가 열렸어요. 각 차에 꽂은 깃발에는 1시간마다 갈 수 있는 거리가 적혀 있어요. 서로 다른 길을 선택해서 달린다고 할 때, 어떤 순서로 도착점에 들어올까요? 들어온 순서대로 등수를 써 주세요.

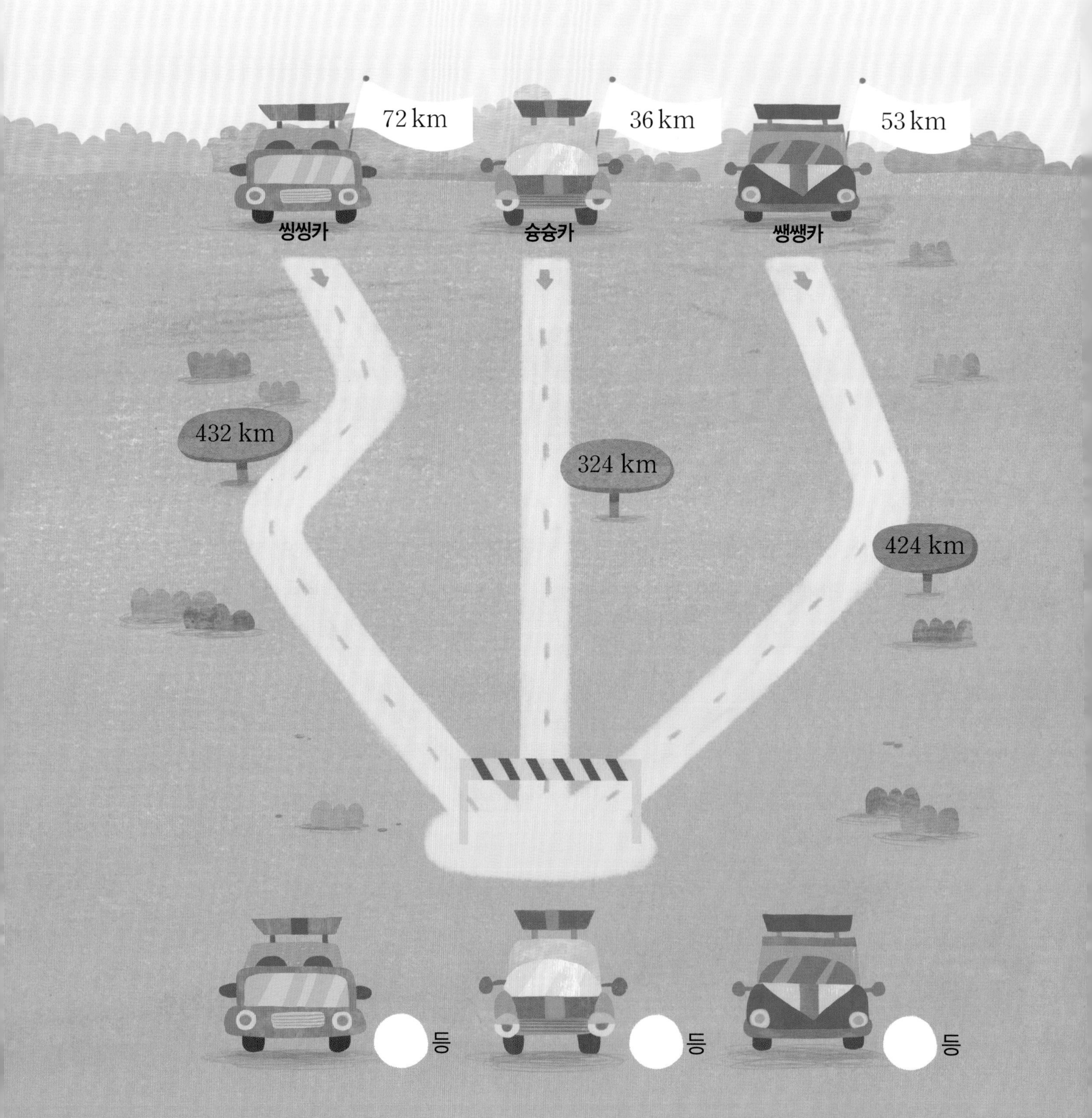

몫이 한 자리 수가 되고 나누어떨어지는 (세 자리 수)÷(두 자리 수) ②

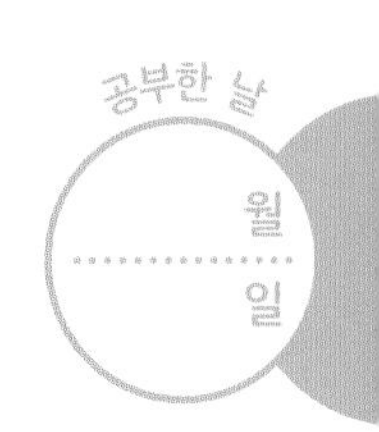

1

다음은 나눗셈을 하다 멈춘 것입니다. 몫이 바른 것을 찾아 기호를 쓰시오.

㉠ $27\overline{)189}$ (몫 6)　　㉡ $35\overline{)105}$ (몫 3)

문제 이해하기

㉠ $27\overline{)189}$ (몫 6)

➡ 나머지가 ☐이 되어 나누는 수 ☐로

더 나눌 수 (있으므로 , 없으므로)

$189 \div 27$의 몫은 6보다 (커야 , 작아야) 합니다.

㉡ $35\overline{)105}$ (몫 3)

➡ $35 \times 3 =$ ☐가 되어 나누어떨어지므로

$105 \div 35$의 몫은 ☐입니다.

답구하기

2

다음은 나눗셈을 하다 멈춘 것입니다. 몫이 바른 것을 찾아 기호를 쓰시오.

㉠ $33\overline{)264}$ (몫 5)　　㉡ $16\overline{)144}$ (몫 9)

문제 이해하기

3

어느 공장에서 장난감을 한 시간에 48개씩 생산합니다. 이 공장에서 6시간 동안 생산한 장난감을 한 상자에 36개씩 담아 포장하려면 상자가 몇 개 필요합니까?

문제 이해하기

- 한 시간에 생산하는 장난감 수: □개
- 생산한 시간: □시간

(전체 장난감 수)=(한 시간에 생산하는 장난감 수)×(생산한 시간)

=□×□=□(개)

- 전체 장난감 수: □개
- 한 상자에 담는 장난감 수: □개

(필요한 상자 수)=(전체 장난감 수)÷(한 상자에 담는 장난감 수)

=□÷□=□(개)

답구하기 □개

4

지윤이는 종이학을 하루에 24개씩 24일 동안 접었습니다. 이 종이학을 64개의 병에 나누어 담는다면 한 병에 몇 개씩 담게 됩니까?

문제 이해하기

답구하기

5

빵을 한 상자에 36개씩 나누어 담았더니 6상자가 되었습니다. 이 빵을 모두 꺼내서 24명에게 똑같이 나누어 주면 한 사람이 몇 개씩 갖게 됩니까?

문제 이해하기

▶ 전체 빵의 수를 □라 하면

$\square \div 36 = \square$ ➡ $36 \times \square = \square$(개)

▶ 전체 빵 수: □개

▶ 사람 수: □명

➡ (한 사람이 갖는 빵 수)=(전체 빵 수)÷(사람 수)

$= \square \div \square = \square$(개)

답 구하기 □개

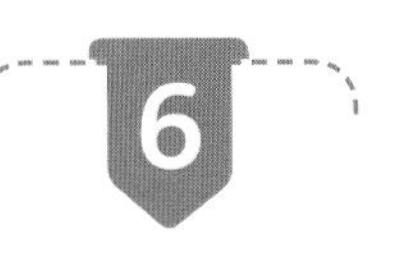

6

색종이를 한 봉투에 16장씩 나누어 담았더니 7봉투가 되었습니다. 이 색종이를 모두 꺼내서 14명에게 똑같이 나누어 주면 한 사람이 몇 장씩 갖게 됩니까?

답 구하기

정답 확인 | 오늘 나의 실력은? | 부모님 확인

내가 만드는 별자리

하늘에 많은 별들이 반짝이고 있어요. 별마다 숫자를 가지고 있네요. 선을 이어 나누어떨어지는 (세 자리 수)÷(두 자리 수)의 나눗셈식을 완성해 보세요. 꼬리가 달린 별이 몫이 되어야 합니다.

곱셈과 나눗셈

몫이 한 자리 수가 되고 나머지가 있는 (세 자리 수)÷(두 자리 수) ❶

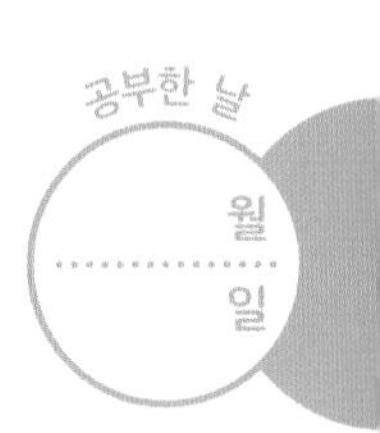

몫을 어림하고 곱셈을 이용하여 계산합니다.

$14\times 8=112$
$14\times 9=126$
$14\times 10=140$

$$\begin{array}{r} 9 \\ 14\overline{)132} \\ 126 \\ \hline 6 \end{array}$$

➜ $132\div14=9\cdots6$

실력 확인하기

다음을 계산해 보시오.

1

$26\overline{)213}$

2

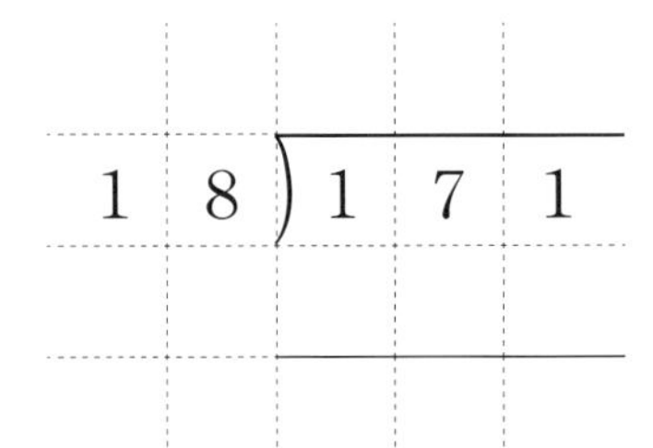

3

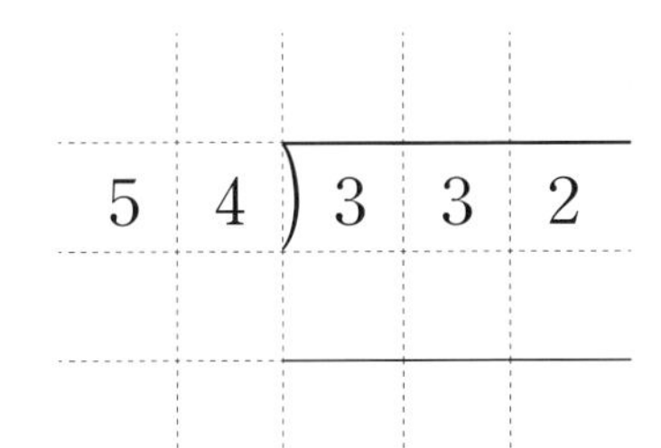

4

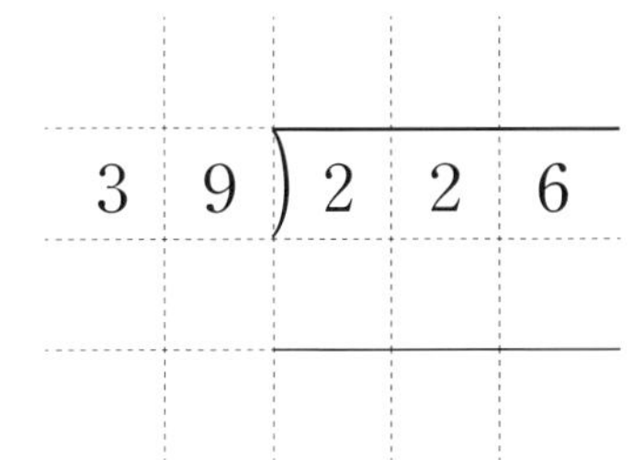

5

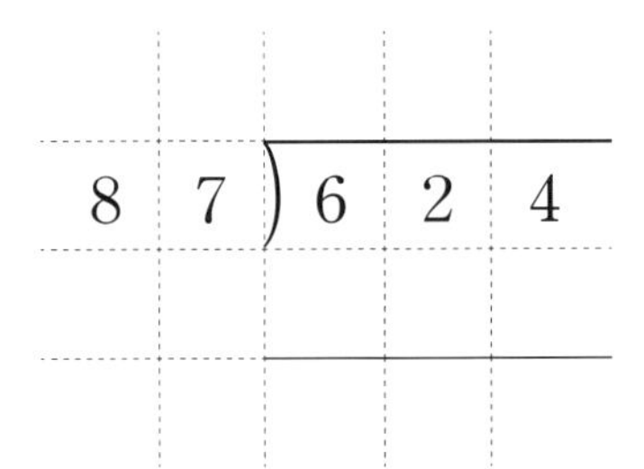

6

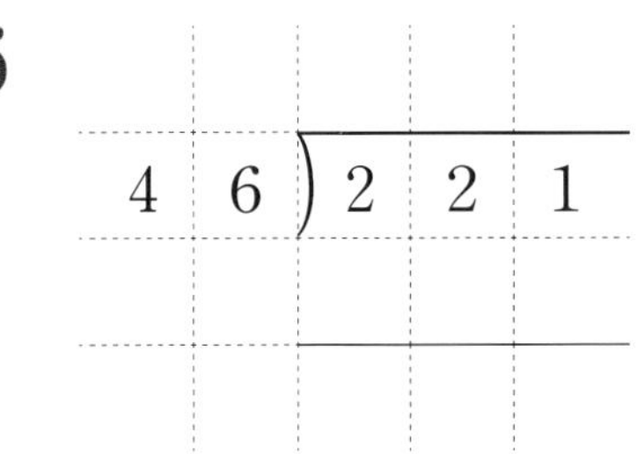

1

꽃다발 하나를 묶는 데 리본이 26 cm 필요합니다. 길이가 194 cm인 리본으로 꽃다발을 몇 개 묶을 수 있고, 남는 리본은 몇 cm입니까?

문제 이해하기

- 전체 리본 길이: ☐ cm
- 꽃다발 한 개를 묶는 데 필요한 리본 길이: ☐ cm

→ 리본을 ☐ cm씩 잘라 보면

194 cm

26 cm

식 세우기

(전체 리본 길이)÷(꽃다발 한 개를 묶는 데 필요한 리본 길이)

=☐÷☐=☐…☐

답 구하기

꽃다발 수: ☐개, 남는 리본 길이: ☐ cm

2

종이학 210개를 한 병에 36개씩 나누어 담으려고 합니다. 몇 개의 병에 나누어 담을 수 있고, 남는 종이학은 몇 개입니까?

문제 이해하기

- 전체 종이학 수: ☐개
- 한 병에 담는 종이학 수: ☐개

식 세우기

(전체 종이학 수)

÷(한 병에 담는 종이학 수)

=☐÷☐=☐…☐

답 구하기

병 수: ☐개

남는 종이학 수: ☐개

3

수연이가 한 번 머리를 감을 때 사용하는 물의 양은 18 L입니다. 물탱크에 물이 150 L 있다면 수연이는 머리를 몇 번 감을 수 있고, 남는 물은 몇 L 입니까?

문제 이해하기

- 전체 물 양: ☐ L
- 한 번 머리를 감을 때 사용하는 물 양:

☐ L

식 세우기

(전체 물 양)

÷(한 번 머리를 감을 때 사용하는 물 양)

=☐÷☐=☐…☐

답 구하기

머리를 감을 수 있는 횟수: ☐번

남는 물 양: ☐ L

4 색종이 320장을 35명에게 똑같이 나누어 주려고 합니다. 한 사람에게 몇 장씩 줄 수 있고, 남는 색종이는 몇 장입니까?

문제 이해하기
- 전체 색종이 수: ☐장
- 사람 수: ☐명
  → 색종이를 ☐명에게 나누어 주면

전체 색종이 320장

색종이 ☐장씩

35명

식 세우기
(전체 색종이 수)÷(사람 수)
=☐÷☐=☐…☐

답 구하기
한 사람에게 주는 색종이 수: ☐장
남는 색종이 수: ☐장

5 젤리 403개를 49명이 똑같이 나누어 먹으려고 합니다. 한 사람이 몇 개씩 먹을 수 있고, 남는 젤리는 몇 개입니까?

문제 이해하기
- 전체 젤리 수: ☐개
- 사람 수: ☐명

식 세우기
(전체 젤리 수)÷(사람 수)
=☐÷☐=☐…☐

답 구하기
한 사람이 먹는 젤리 수: ☐개
남는 젤리 수: ☐개

6 팥 148 kg을 24개의 통에 똑같이 나누어 담았습니다. 한 통에 몇 kg씩 담을 수 있고, 남는 팥은 몇 kg입니까?

문제 이해하기
- 전체 팥 무게: ☐ kg
- 통 수: ☐개

식 세우기
(전체 팥 무게)÷(통 수)
=☐÷☐=☐…☐

답 구하기
한 통에 담는 팥 무게: ☐ kg
남는 팥 무게: ☐ kg

정답 확인 | 오늘 나의 실력은? | 부모님 확인

어떤 책을 읽었을까요?

미래와 동훈이가 일요일에 읽은 책에 대해 이야기하고 있어요. 미래는 한 시간에 34쪽을, 동훈이는 31쪽을 읽는다고 합니다. 두 사람의 이야기를 듣고, 각각 어떤 책을 읽었는지 선으로 이어 보세요.

나는 어제 8시간 동안 책을 읽었더니 4쪽이 남았어. 그래서 끝까지 읽느라고 시간이 조금 더 걸렸어.
나도 어제 8시간 동안 책을 읽었어. 그랬더니 6쪽이 남았는데 너무 졸려서 그냥 자 버렸어. 결말이 너무 궁금해.
미래
동훈
무인도 탈출기
잔디의 꿈
병아리 나나
아기돼지의 생일
274쪽
276쪽
310쪽
254쪽

곱셈과 나눗셈

몫이 한 자리 수가 되고 나머지가 있는 (세 자리 수)÷(두 자리 수) ❷

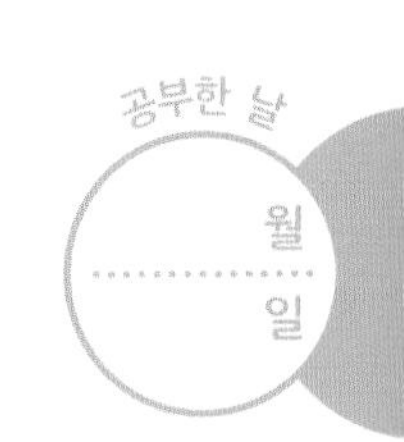

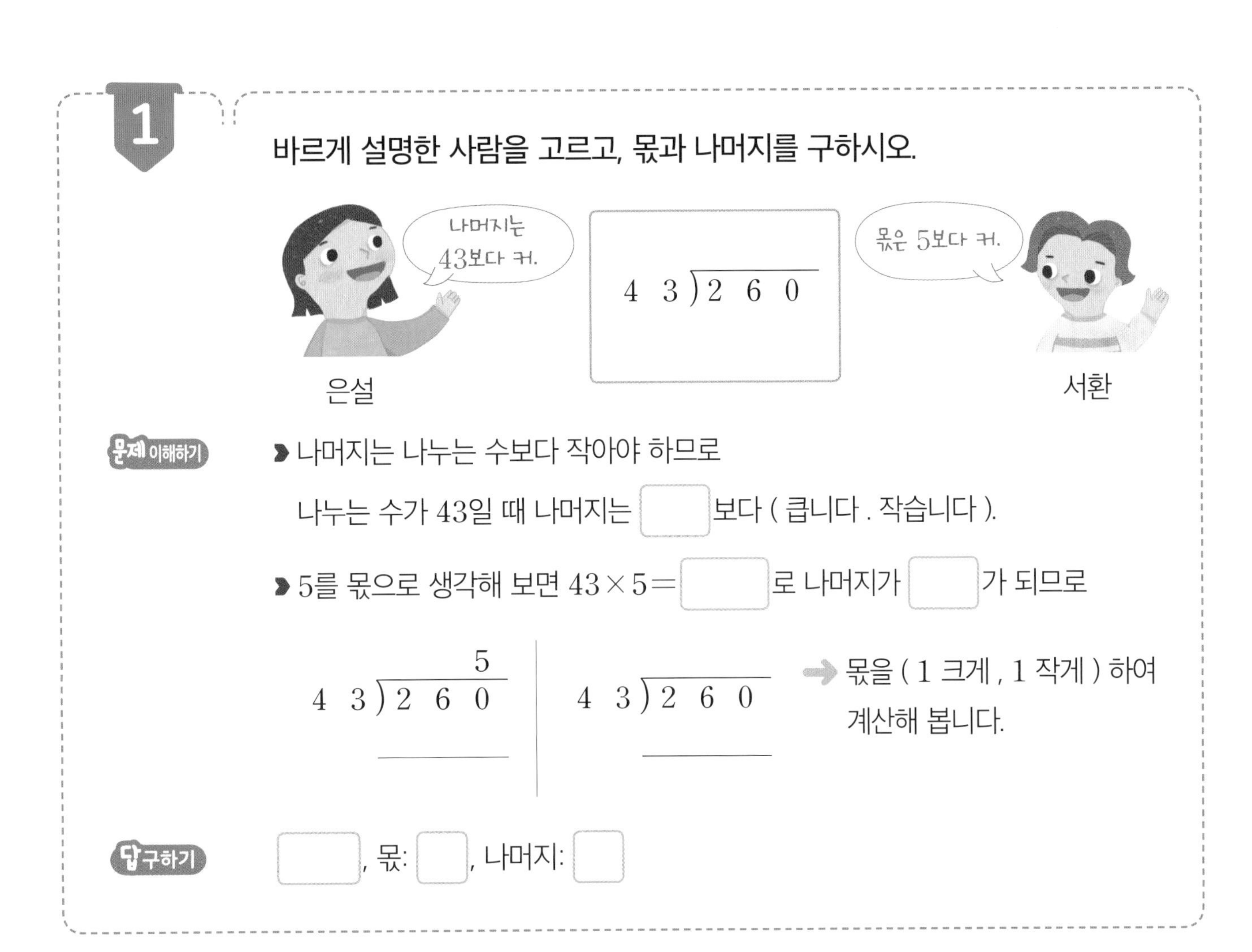

나머지는 43보다 커.
몫은 5보다 커.
은설
서환

1 바르게 설명한 사람을 고르고, 몫과 나머지를 구하시오.

$43\overline{)260}$

문제 이해하기

- 나머지는 나누는 수보다 작아야 하므로
  나누는 수가 43일 때 나머지는 ☐보다 (큽니다 . 작습니다).
- 5를 몫으로 생각해 보면 $43 \times 5 =$ ☐로 나머지가 ☐가 되므로

$43\overline{)260}$ (몫 5) | $43\overline{)260}$ → 몫을 (1 크게 , 1 작게) 하여 계산해 봅니다.

답구하기 ☐, 몫: ☐, 나머지: ☐

2 바르게 설명한 사람을 고르고, 몫과 나머지를 구하시오.

나머지가 될 수 있는 가장 큰 수는 37이야.
채호

$38\overline{)300}$

몫은 8보다 커.
루다

3

175쪽인 책을 하루에 32쪽씩 읽으려고 합니다. 이 책을 모두 읽으려면 적어도 며칠이 걸립니까?

문제 이해하기

▸ 전체 쪽수: □쪽

▸ 하루에 읽는 쪽수: □쪽

남는 쪽수도 읽어야 하니까!

(전체 쪽수)÷(하루에 읽는 쪽수)

=□÷□=□⋯□

➜ 하루에 32쪽씩 □일 동안 읽으면 □쪽이 남으므로

이 책을 모두 읽으려면 적어도 □+□=□(일)이 걸립니다.

답구하기

□일

참기름 $645\ \mathrm{mL}$를 한 병에 $85\ \mathrm{mL}$씩 나누어 담으려고 합니다. 참기름을 모두 담으려면 병이 적어도 몇 개 필요합니까?

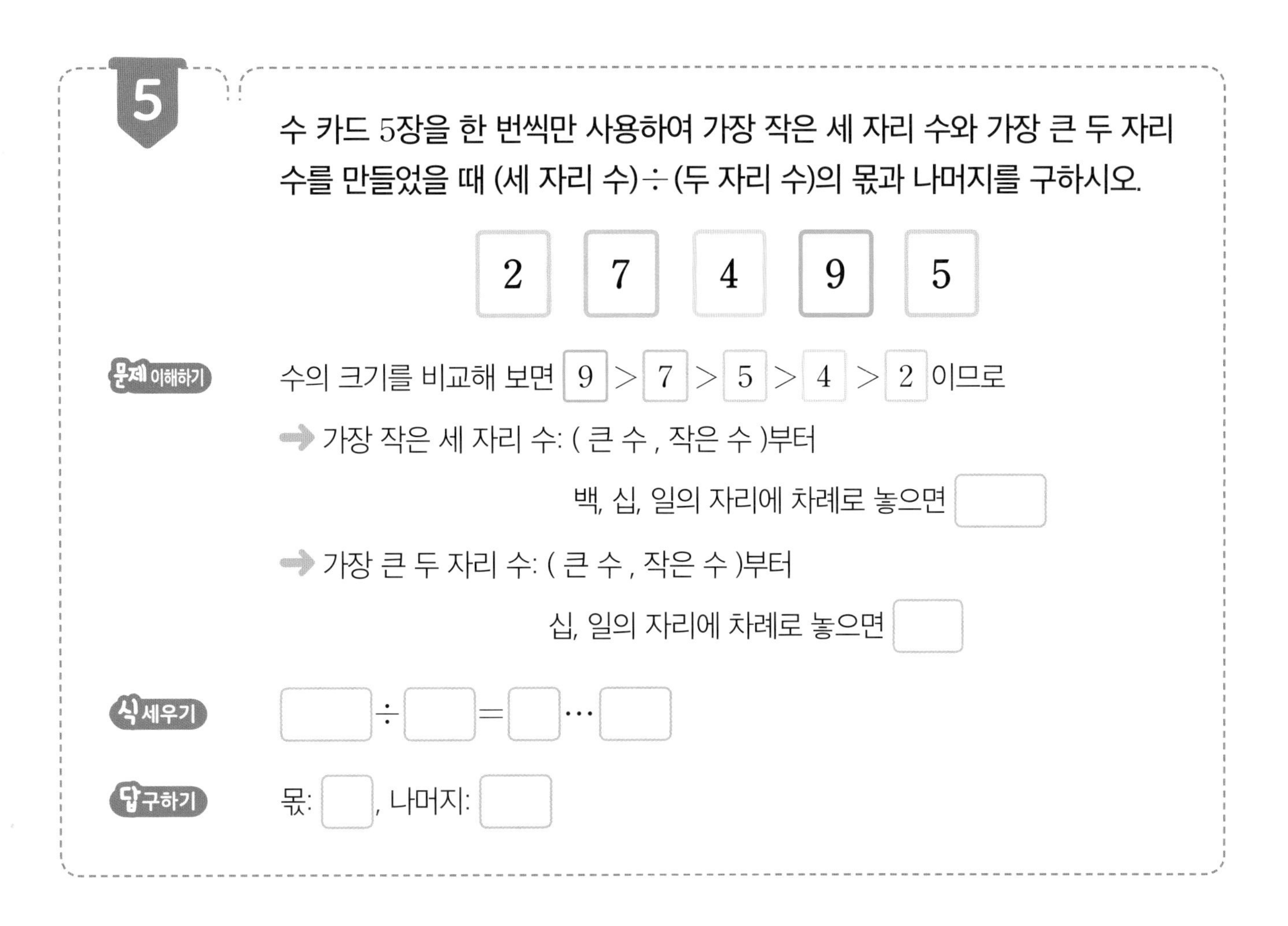

5

수 카드 5장을 한 번씩만 사용하여 가장 작은 세 자리 수와 가장 큰 두 자리 수를 만들었을 때 (세 자리 수)÷(두 자리 수)의 몫과 나머지를 구하시오.

2　7　4　9　5

문제 이해하기　수의 크기를 비교해 보면 9 > 7 > 5 > 4 > 2 이므로

➜ 가장 작은 세 자리 수: (큰 수 , 작은 수)부터

백, 십, 일의 자리에 차례로 놓으면 ☐

➜ 가장 큰 두 자리 수: (큰 수 , 작은 수)부터

십, 일의 자리에 차례로 놓으면 ☐

식 세우기　☐ ÷ ☐ = ☐ ⋯ ☐

답 구하기　몫: ☐, 나머지: ☐

6

수 카드 5장을 한 번씩만 사용하여 가장 작은 세 자리 수와 가장 큰 두 자리 수를 만들었을 때 (세 자리 수)÷(두 자리 수)의 몫과 나머지를 구하시오.

6　8　3　7　4

부모님 확인

재미있는
수학
놀이터

호랑이산, 사자산을 넘어라

떡을 가지고 아빠는 호랑이산을, 엄마는 사자산을 넘었어요. 호랑이 한 마리를 만나면 떡을 25개씩, 사자 한 마리를 만나면 떡을 18개씩 주어 무사히 산을 넘을 수 있었답니다. 아빠와 엄마가 만난 호랑이와 사자는 각각 몇 마리인지 써 보세요.

꿀떡 157개
호랑이 □ 마리를 만나
꿀떡을 주었더니…….
호랑이산
꿀떡 7개

송편 137개
사자 □ 마리를 만나
송편을 주었더니…….
사자산
송편 11개

곱셈과 나눗셈

몫이 두 자리 수가 되고 나누어떨어지는 (세 자리 수)÷(두 자리 수) ❶

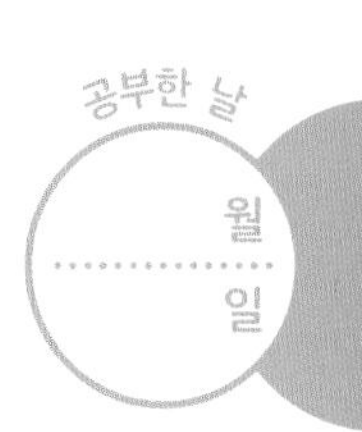

몫을 어림하고 곱셈을 이용하여 계산합니다.

```
        1
      2 0
15 ) 3 1 5
     3 0 0   ← 15×20
       1 5   ← 315−300
       1 5   ← 15×1
         0   ← 15−15
```

➜

```
      2 1
15 ) 3 1 5
     3 0 0
       1 5
       1 5
         0
```

다음을 계산해 보시오.

1

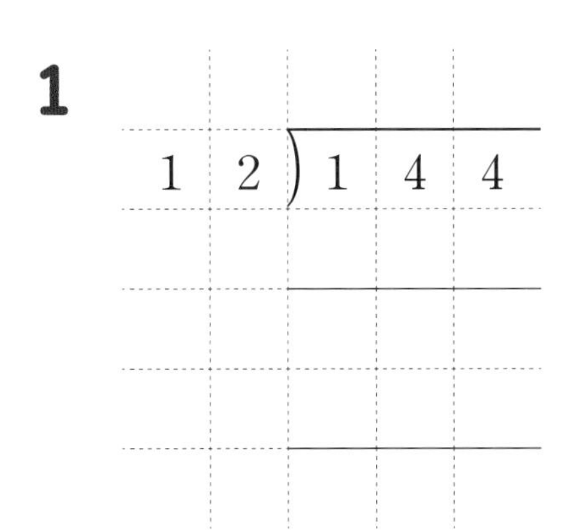

2

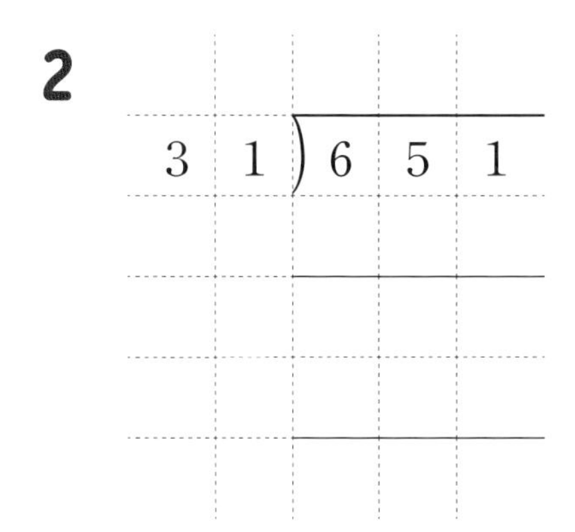

3

4 5) 5 8 5

4

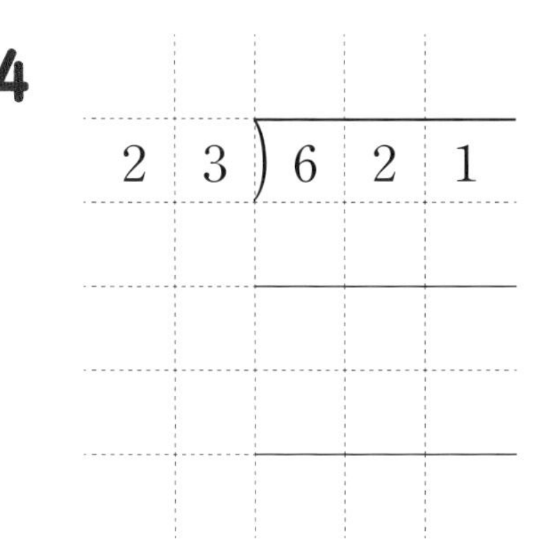

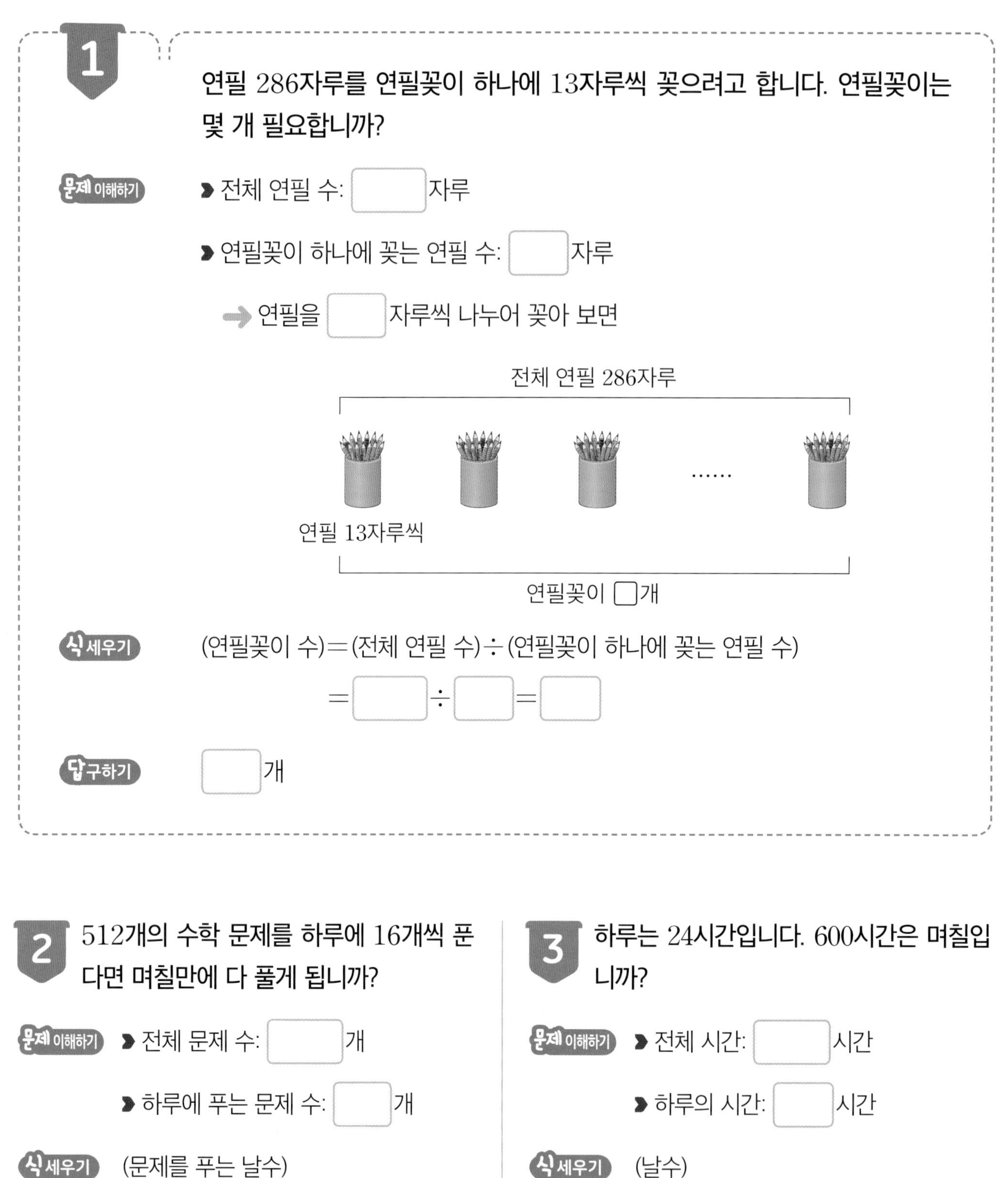

1

연필 286자루를 연필꽂이 하나에 13자루씩 꽂으려고 합니다. 연필꽂이는 몇 개 필요합니까?

문제 이해하기

- 전체 연필 수: ☐자루
- 연필꽂이 하나에 꽂는 연필 수: ☐자루

→ 연필을 ☐자루씩 나누어 꽂아 보면

식 세우기 (연필꽂이 수)=(전체 연필 수)÷(연필꽂이 하나에 꽂는 연필 수)

=☐÷☐=☐

답 구하기 ☐개

2 512개의 수학 문제를 하루에 16개씩 푼다면 며칠만에 다 풀게 됩니까?

문제 이해하기

- 전체 문제 수: ☐개
- 하루에 푸는 문제 수: ☐개

식 세우기 (문제를 푸는 날수)

=(전체 문제 수)÷(하루에 푸는 문제 수)

=☐÷☐=☐

답 구하기 ☐일

3 하루는 24시간입니다. 600시간은 며칠입니까?

문제 이해하기

- 전체 시간: ☐시간
- 하루의 시간: ☐시간

식 세우기 (날수)

=(전체 시간)÷(하루의 시간)

=☐÷☐=☐

답 구하기 ☐일

4

434개의 떡을 14개의 상자에 똑같이 나누어 담으려고 합니다. 한 상자에 떡을 몇 개씩 담아야 합니까?

문제 이해하기

- 전체 떡 수: □개
- 상자 수: □개
  - → 떡을 □개의 상자에 나누어 담아 보면

전체 떡 434개

떡 □개씩 ……

상자 14개

식 세우기 (한 상자에 담는 떡 수)$=$(전체 떡 수)$\div$(상자 수)

$=$□$\div$□$=$□

답 구하기 □개

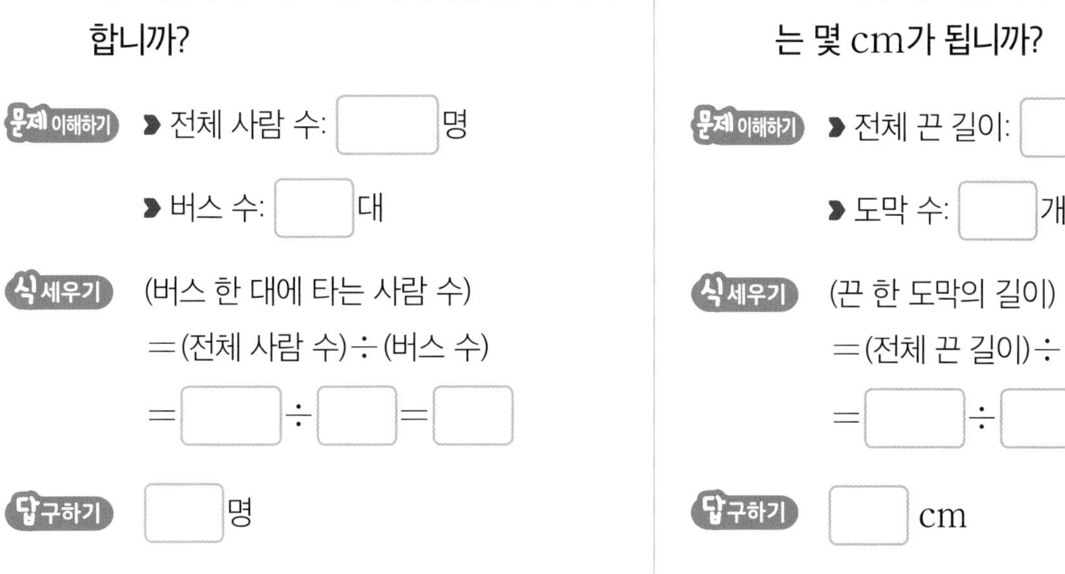

5

270명이 버스 18대에 똑같이 나누어 타려고 합니다. 버스 한 대에 몇 명씩 타야 합니까?

문제 이해하기

- 전체 사람 수: □명
- 버스 수: □대

식 세우기 (버스 한 대에 타는 사람 수)

$=$(전체 사람 수)$\div$(버스 수)

$=$□$\div$□$=$□

답 구하기 □명

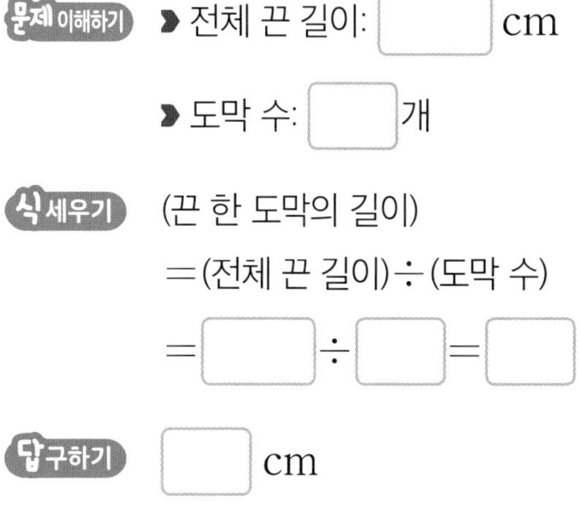

6

길이가 832 cm인 끈을 똑같이 32도막으로 나누려고 합니다. 끈 한 도막의 길이는 몇 cm가 됩니까?

문제 이해하기

- 전체 끈 길이: □cm
- 도막 수: □개

식 세우기 (끈 한 도막의 길이)

$=$(전체 끈 길이)$\div$(도막 수)

$=$□$\div$□$=$□

답 구하기 □cm

정답 확인 | 오늘 나의 실력은? | 부모님 확인

물건을 팔아요

푸르네 숲에 장이 섰어요. 동물들이 저마다 자기가 수확한 것을 팔 준비를 하고 있어요. 푸르네 숲에서는 무엇이든 한 묶음에 10000원입니다. 동물들이 준비한 것을 모두 팔았을 때 각각 얼마를 벌었을까요? 가장 많은 돈을 번 동물에게 ○표 하세요.

곱셈과 나눗셈

몫이 두 자리 수가 되고 나누어떨어지는 (세 자리 수)÷(두 자리 수) ❷

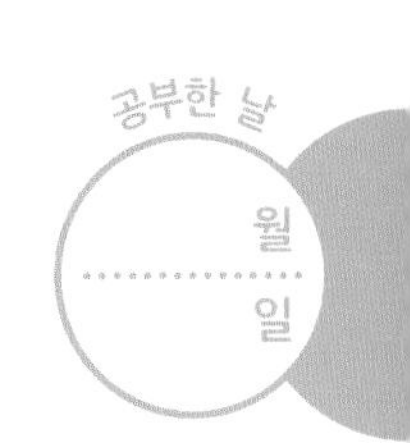

1

다음 나눗셈의 몫에 대해 바르게 설명한 사람을 고르시오.

$32\overline{)384}$

지원: 몫이 10보다 크고 20보다 작아.
찬영: 몫이 나누어떨어지지 않아.

$32 \times 10 =$ ☐이고, $32 \times 20 =$ ☐이므로

➡ $384 \div 32$의 몫은 10보다 크고 ☐보다 작습니다.

$32\overline{)384}$

➡ $384 \div 32$의 몫이 ☐로 나누어떨어집니다.

☐

2

다음 나눗셈의 몫에 대해 바르게 설명한 사람을 고르시오.

$15\overline{)495}$

채아: 몫이 20보다 크고 30보다 작아.
주환: $450 \div 15$의 몫과 $45 \div 15$의 몫을 합해서 구할 수도 있어.

문제 이해하기

3

묷이 두 자리 수인 나눗셈을 모두 찾아 기호를 쓰시오.

㉠ $576 \div 36$	㉡ $336 \div 48$
㉢ $456 \div 57$	㉣ $242 \div 22$

› 나누어지는 수의 왼쪽 두 자리가 나누는 수보다 크면

➡ 몫이 (한 자리 수 , 두 자리 수)이고,

› 나누어지는 수의 왼쪽 두 자리가 나누는 수보다 작으면

➡ 몫이 (한 자리 수 , 두 자리 수)입니다.

계산을 하지 않아도
몫의 자리 수를 알 수 있어.

㉠ $36\overline{)576}$ ➡ 36 ◯ 57이므로 몫이 (한 자리 수 , 두 자리 수)

㉡ $48\overline{)336}$ ➡ 48 ◯ 33이므로 몫이 (한 자리 수 , 두 자리 수)

㉢ $57\overline{)456}$ ➡ 57 ◯ 45이므로 몫이 (한 자리 수 , 두 자리 수)

㉣ $22\overline{)242}$ ➡ 22 ◯ 24이므로 몫이 (한 자리 수 , 두 자리 수)

4

몫이 두 자리 수인 나눗셈을 모두 찾아 기호를 쓰시오.

㉠ $175 \div 25$	㉡ $477 \div 53$
㉢ $891 \div 33$	㉣ $589 \div 19$

5

길이가 425 cm인 색 테이프를 25 cm 간격으로 모두 자르려고 합니다. 색 테이프를 몇 번 잘라야 합니까?

- 길이가 75 cm인 색 테이프를 25 cm 간격으로 모두 자른다면

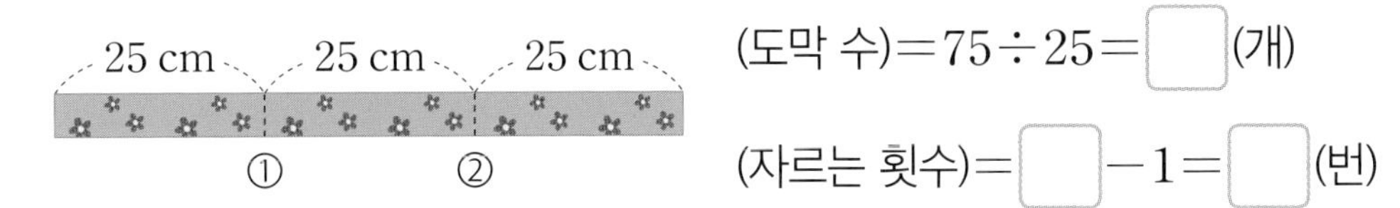

(도막 수)=75÷25=□(개)

(자르는 횟수)=□−1=□(번)

- 길이가 425 cm인 색 테이프를 25 cm 간격으로 모두 자를 때

(도막 수)=(전체 색 테이프의 길이)÷(한 도막의 길이)

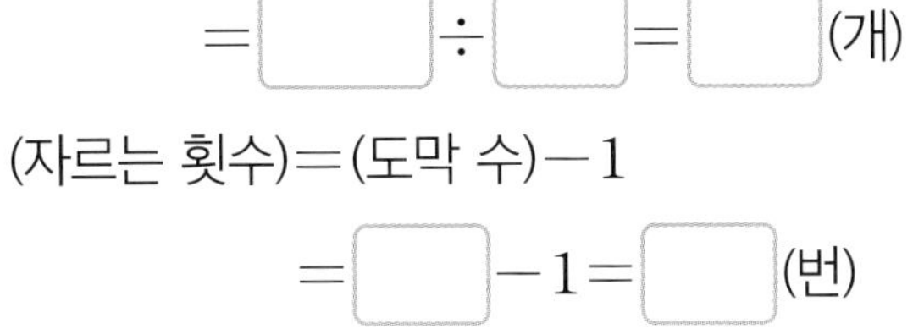

=□÷□=□(개)

(자르는 횟수)=(도막 수)−1

=□−1=□(번)

답구하기

□번

6

길이가 391 m인 철사를 17 m 간격으로 모두 자르려고 합니다. 철사를 몇 번 잘라야 합니까?

답구하기

정답 확인

오늘 나의 실력은?

부모님 확인

막대 과자 나누셈식

미래와 동훈이가 과자로 만든 집을 발견했어요. 과자로 만든 집에 들어가려면 문에 걸린 막대 과자 나눗셈식을 바르게 고쳐야 해요. 각 식에서 막대 과자 하나씩을 빼면 나눗셈식이 올바르게 바뀐대요. 각 식에서 어떤 과자를 빼야 할지 ○표 하세요.

몫이 두 자리 수가 되고 나머지가 있는 (세 자리 수)÷(두 자리 수) ❶

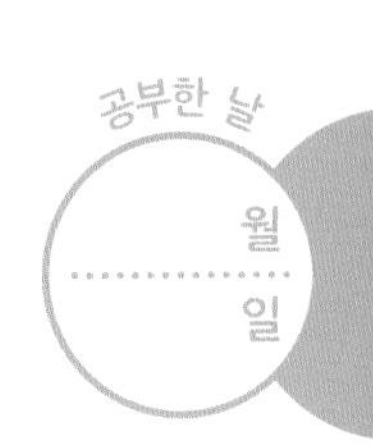

몫을 어림하고 곱셈을 이용하여 계산합니다.

$$\begin{array}{r} 3 \\ 20 \\ 18\overline{)426} \\ 360 \quad \leftarrow 18\times 20 \\ \hline 66 \quad \leftarrow 426-360 \\ 54 \quad \leftarrow 18\times 3 \\ \hline 12 \quad \leftarrow 66-54 \end{array} \quad \rightarrow \quad \begin{array}{r} 23 \\ 18\overline{)426} \\ 360 \\ \hline 66 \\ 54 \\ \hline 12 \end{array}$$

실력 확인하기

다음을 계산해 보시오.

1

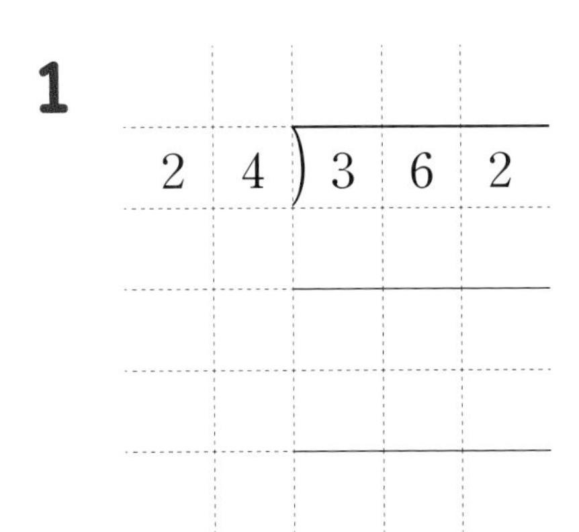

$24\overline{)362}$

2

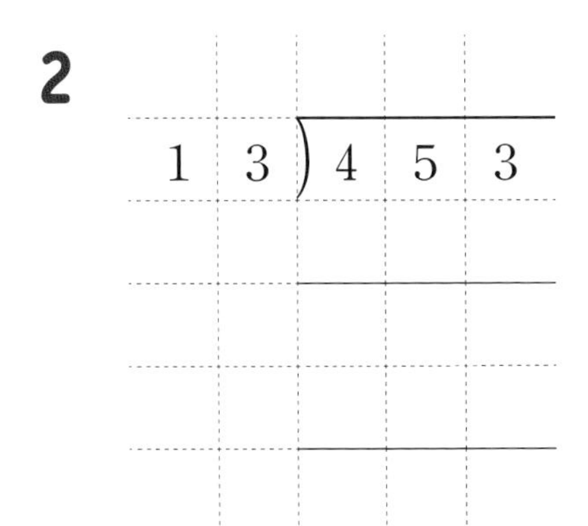

$13\overline{)453}$

3

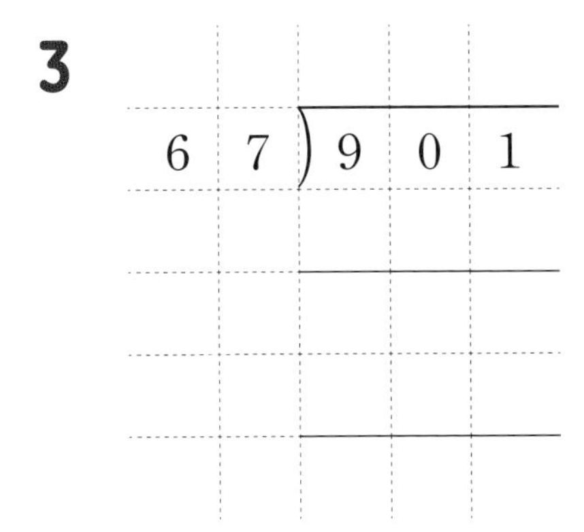

$67\overline{)901}$

4

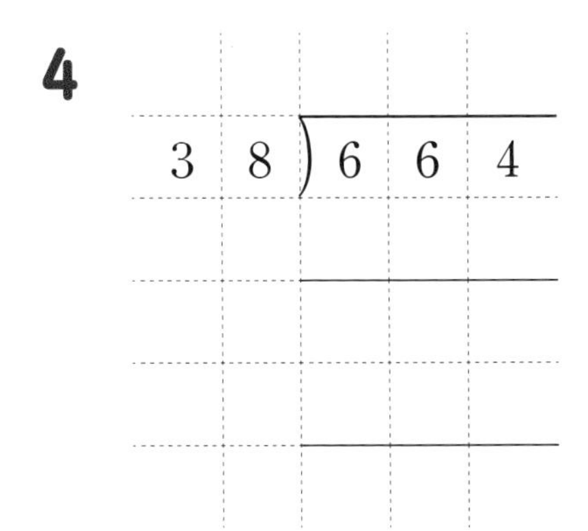

$38\overline{)664}$

1

우유 786 mL를 한 컵에 35 mL씩 담으면 몇 개의 컵에 담을 수 있고, 남는 우유는 몇 mL입니까?

문제 이해하기

- 전체 우유 양: □ mL
- 한 컵에 담는 우유 양: □ mL

→ 우유를 □ mL씩 나누어 담아 보면

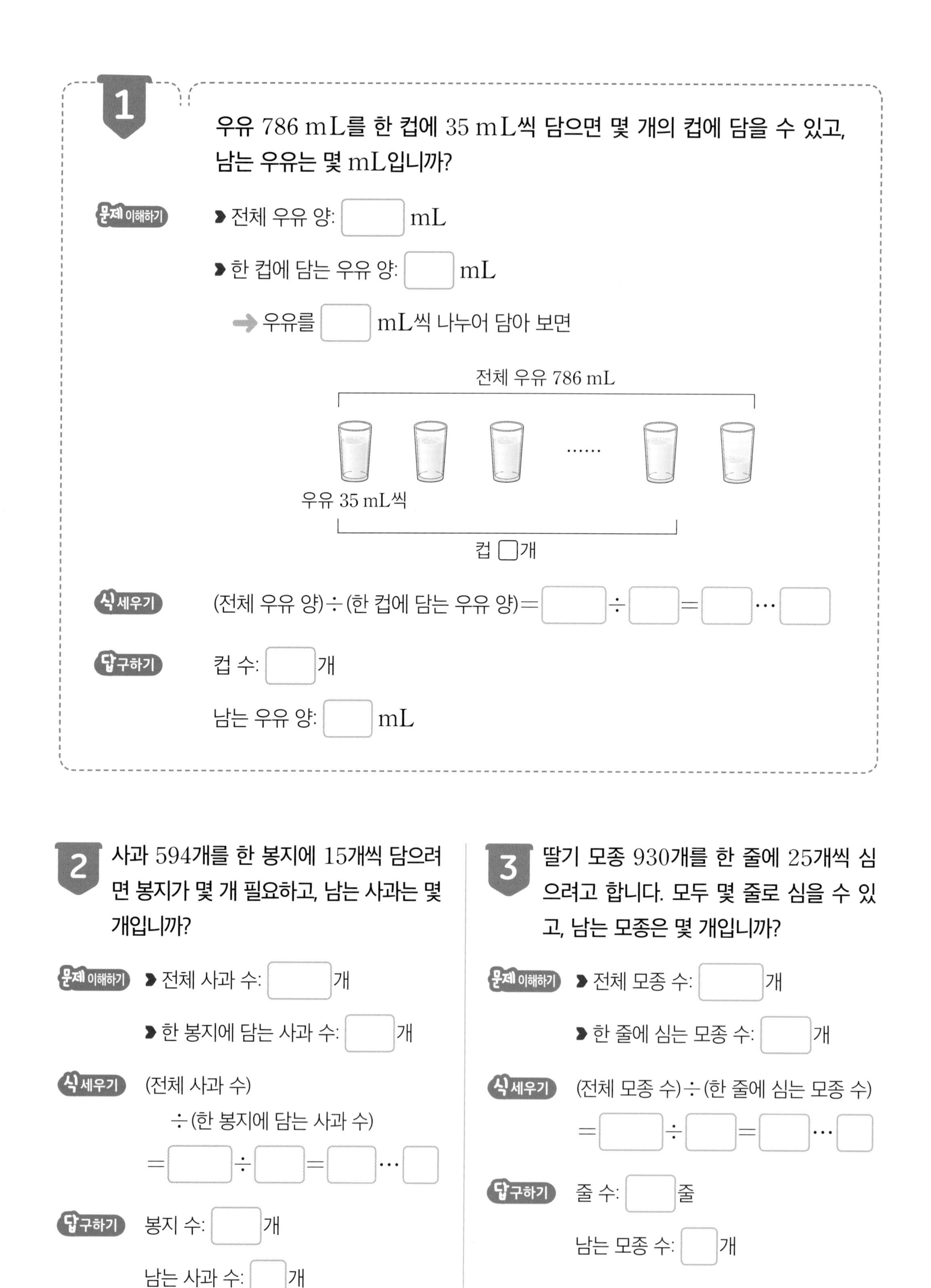

식 세우기 (전체 우유 양)÷(한 컵에 담는 우유 양)=□÷□=□…□

답 구하기 컵 수: □개

남는 우유 양: □ mL

2

사과 594개를 한 봉지에 15개씩 담으려면 봉지가 몇 개 필요하고, 남는 사과는 몇 개입니까?

문제 이해하기

- 전체 사과 수: □개
- 한 봉지에 담는 사과 수: □개

식 세우기 (전체 사과 수)

÷(한 봉지에 담는 사과 수)

=□÷□=□…□

답 구하기 봉지 수: □개

남는 사과 수: □개

3

딸기 모종 930개를 한 줄에 25개씩 심으려고 합니다. 모두 몇 줄로 심을 수 있고, 남는 모종은 몇 개입니까?

문제 이해하기

- 전체 모종 수: □개
- 한 줄에 심는 모종 수: □개

식 세우기 (전체 모종 수)÷(한 줄에 심는 모종 수)

=□÷□=□…□

답 구하기 줄 수: □줄

남는 모종 수: □개

4

고구마 745 kg을 14대의 수레에 똑같이 나누어 실었습니다. 한 수레에 몇 kg씩 실을 수 있고, 남는 고구마는 몇 kg입니까?

문제 이해하기

- 전체 고구마 무게: □ kg
- 수레 수: □ 대

→ 고구마를 □ 대의 수레에 나누어 담아 보면

전체 고구마 745 kg

고구마 □ kg씩

수레 14대

식 세우기 (전체 고구마 무게)÷(수레 수)= □ ÷ □ = □ ⋯ □

답 구하기 수레 하나에 실은 고구마 무게: □ kg

남는 고구마 무게: □ kg

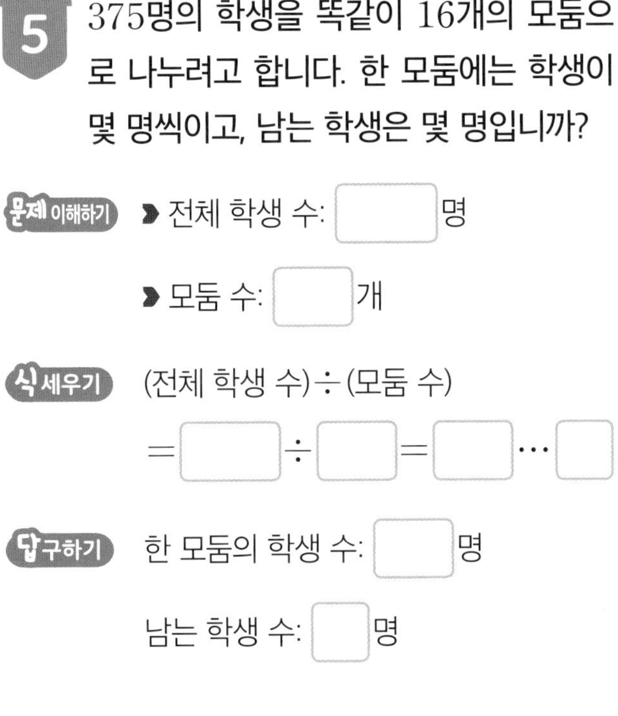

5

375명의 학생을 똑같이 16개의 모둠으로 나누려고 합니다. 한 모둠에는 학생이 몇 명씩이고, 남는 학생은 몇 명입니까?

문제 이해하기

- 전체 학생 수: □ 명
- 모둠 수: □ 개

식 세우기 (전체 학생 수)÷(모둠 수)

= □ ÷ □ = □ ⋯ □

답 구하기 한 모둠의 학생 수: □ 명

남는 학생 수: □ 명

6

꽃 903송이를 23명에게 똑같이 나누어 주었습니다. 한 사람이 몇 송이씩 갖고, 남는 꽃은 몇 송이입니까?

문제 이해하기

- 전체 꽃 수: □ 송이
- 사람 수: □ 명

식 세우기 (전체 꽃 수)÷(사람 수)

= □ ÷ □ = □ ⋯ □

답 구하기 한 사람이 갖는 꽃 수: □ 송이

남는 꽃 수: □ 송이

정답 확인

재미있는
수학
놀이터

토순이네 튼튼 주스 만들기

토순이는 몸에 좋은 튼튼 주스를 만들어 팔고 있어요. 양배추즙, 사과 주스, 블루베리 주스를 일정량씩 섞어서 병에 담으면 완성돼요. 오늘 토순이가 만들 수 있는 튼튼 주스의 병 수만큼 상자 안에 ○표 하세요.

토순이네 튼튼 주스 레시피
1. 양배추즙, 사과 주스, 블루베리 주스를 준비합니다.
양배추즙 15 mL
사과 주스 25 mL
블루베리 주스 35 mL
2. 다음과 같이 넣고 잘 흔듭니다.
+
+
토순이네 튼튼주스
오늘은 튼튼 주스를 몇 병 만들 수 있을까?
440mL
918mL
856mL

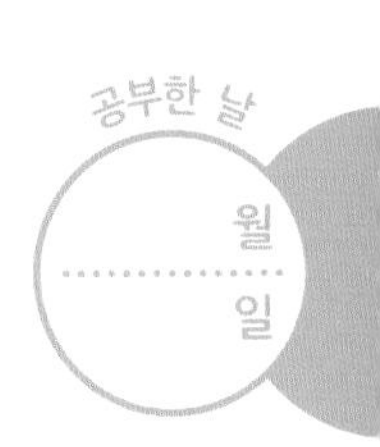

곱셈과 나눗셈

몫이 두 자리 수가 되고 나머지가 있는 (세 자리 수)÷(두 자리 수) ❷

1 다음 식을 보고 □ 안에 알맞은 수를 구하시오.

$405 \div 27 = 15$
$406 \div 27 = 15 \cdots 1$
$407 \div 27 = 15 \cdots 2$
⋮
$\square \div 27 = 15 \cdots 9$

문제 이해하기

▶ 나누는 수와 몫이 그대로일 때, 나누어지는 수가 1만큼 커지면 나머지가 □만큼 (커집니다 , 작아집니다)

➜ □÷27=15⋯9는 405÷27=15보다 나머지가 □만큼 커졌으므로 □는 405보다 □만큼 큰 수인 □입니다.

답 구하기 □

2 다음 식을 보고 □ 안에 알맞은 수를 구하시오.

$645 \div 19 = 33 \cdots 18$
$644 \div 19 = 33 \cdots 17$
$643 \div 19 = 33 \cdots 16$
⋮
$\square \div 19 = 33 \cdots 10$

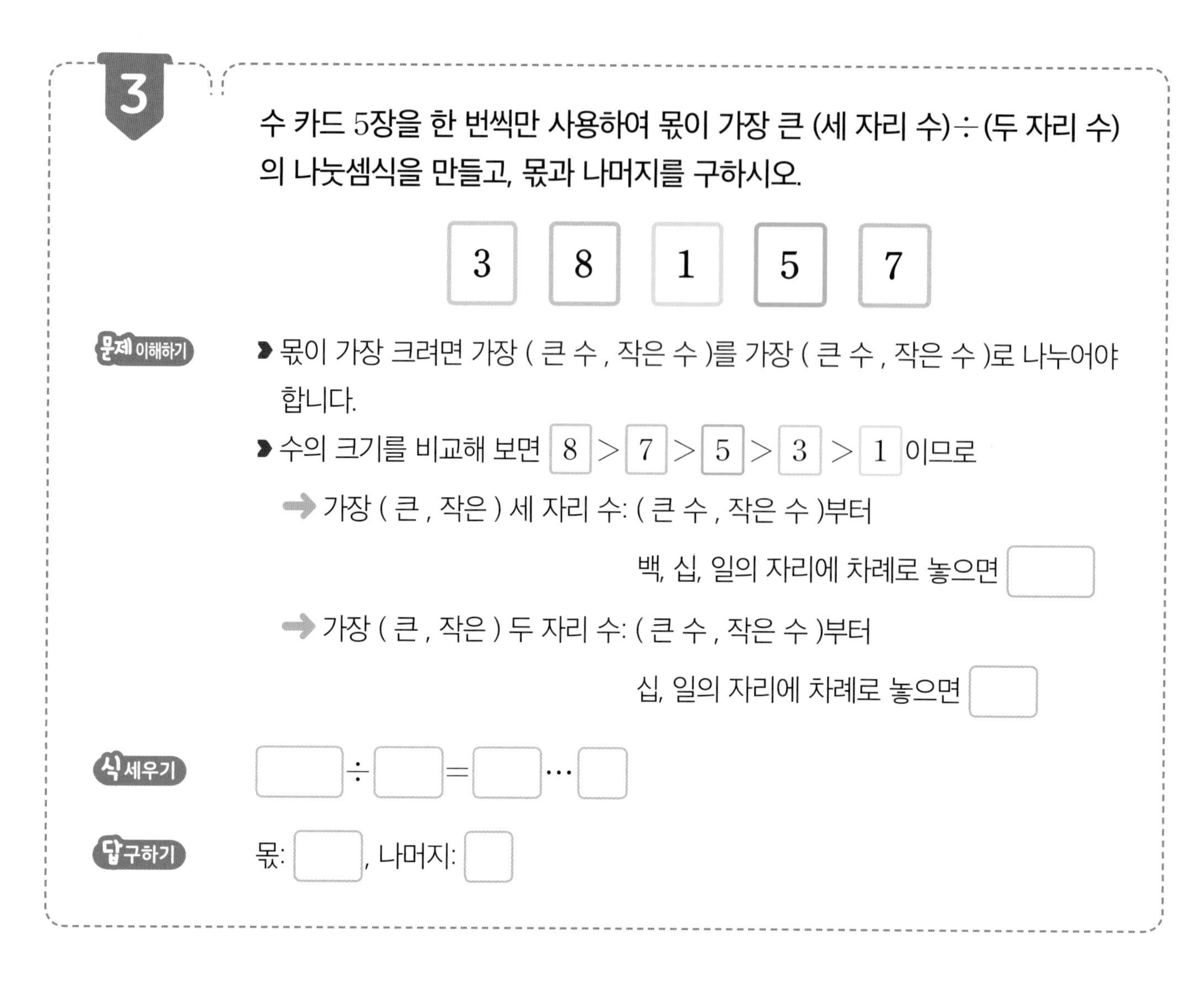

3

수 카드 5장을 한 번씩만 사용하여 몫이 가장 큰 (세 자리 수)÷(두 자리 수)의 나눗셈식을 만들고, 몫과 나머지를 구하시오.

3 8 1 5 7

문제 이해하기

- 몫이 가장 크려면 가장 (큰 수 , 작은 수)를 가장 (큰 수 , 작은 수)로 나누어야 합니다.
- 수의 크기를 비교해 보면 8 > 7 > 5 > 3 > 1 이므로
  - ➡ 가장 (큰 , 작은) 세 자리 수: (큰 수 , 작은 수)부터 백, 십, 일의 자리에 차례로 놓으면 ☐
  - ➡ 가장 (큰 , 작은) 두 자리 수: (큰 수 , 작은 수)부터 십, 일의 자리에 차례로 놓으면 ☐

식 세우기

☐ ÷ ☐ = ☐ … ☐

답 구하기

몫: ☐, 나머지: ☐

4

수 카드 5장을 한 번씩만 사용하여 몫이 가장 큰 (세 자리 수)÷(두 자리 수)의 나눗셈식을 만들고, 몫과 나머지를 구하시오.

9 4 6 7 3

답구하기

5

㉠이 될 수 있는 수 중 가장 큰 수를 구하시오.

㉠ $\div 34 = 28 \cdots$ ★

문제 이해하기

- 나누어지는 수가 가장 큰 수가 되려면 나머지가 가장 큰 수여야 합니다.

  ➡ 34로 나눌 때 나머지가 될 수 있는 가장 큰 수는 □이므로

  ★ = □

- 나누는 수와 몫을 곱하고 나머지를 더하면 나누어지는 수와 같으므로

  ㉠ $\div 34 = 28 \cdots$ □ ➡ □ $\times 28 =$ □

  ㉠ = □ + □ = □

답구하기 □

㉠이 될 수 있는 수 중 가장 큰 수를 구하시오.

㉠ $\div 18 = 32 \cdots$ ♥

문제 이해하기

답구하기

떡을 돌려요

미래네는 '깨끗 마을'에 이사를 왔어요. 그래서 엄마와 동생은 A동에, 아빠와 미래는 B동에 떡을 돌리기로 했어요. 같은 동에 사는 이웃에게는 떡을 같은 양만큼씩 주려고 해요. 떡을 다 돌린 후 남은 떡의 개수를 써 보세요.

곱셈과 나눗셈

단원 마무리

01

색연필 한 자루의 가격이 760원입니다. 색연필 30자루를 사면 모두 얼마를 내야 합니까?

02

상자 한 개를 묶는 데 끈 45 cm가 필요합니다. 끈 340 cm로 상자를 몇 개까지 묶을 수 있고, 남는 끈은 몇 cm입니까?

03

다음 세로셈에서 잘못 계산한 곳을 찾아 바르게 고쳐 보시오.

$$
\begin{array}{rrrrr}
 & & 3 & 8 & 4 \\
\times & & & 5 & 7 \\
\hline
 & 2 & 6 & 8 & 8 \\
 & 1 & 9 & 2 & 0 \\
\hline
 & 4 & 6 & 0 & 8
\end{array}
$$

04 윤지네 학교 4학년은 한 반에 36명씩 5개 반입니다. 윤지네 학교 4학년 학생들을 20개 모둠으로 나눈다면 한 모둠은 몇 명씩입니까?

05 학생 90명이 버스를 타고 소풍을 가려고 합니다. 버스 한 대에 24명까지 탈 수 있다면 버스가 적어도 몇 대 필요합니까?

06 □ 안에 알맞은 수를 써넣으시오.

		5	2	□
	×		□	7
	3	□	8	2
1	□	7	8	
1	□	4	□	2

07

㉠이 될 수 있는 수 중 가장 큰 수를 구하시오.

㉠$\div 29 = 8 \cdots$♥

08

수 카드 3장을 한 번씩만 사용하여 다음과 같은 (세 자리 수)×(두 자리 수)의 곱셈식을 완성하려고 합니다. 주어진 식을 완성하여 구할 수 있는 곱 중 가장 큰 곱을 구하시오.

5 9 7 → □□2 × □4

09

□ 안에 들어갈 수 있는 수 중 가장 큰 수를 구하시오.

$37 \times \square < 939$

10

다음 나눗셈식보다 나누는 수가 10 작고 몫과 나머지는 같은 나눗셈식을 만들어 보시오.

$587 \div 34$

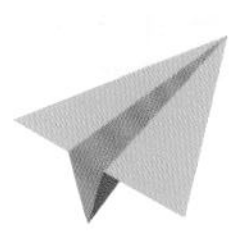

하루 한장 쏙셈+ 붙임딱지

하루의 학습이 끝날 때마다 붙임딱지를 붙여 하늘 위 비행기를 꾸며 보아요!

퍼즐 학습으로 재미있게 초등 어휘력을 키우자!

어휘력을 키워야 문해력이 자랍니다.
문해력은 국어는 물론 모든 공부의 기본이 됩니다.

퍼즐런 시리즈로
재미와 학습 효과 두 마리 토끼를 잡으며,
문해력과 함께 공부의 기본을
확실하게 다져 놓으세요.

Fun! Puzzle! Learn!
재미있게! 퍼즐로! 배워요!

맞춤법
초등학생이 자주 틀리는
헷갈리는 맞춤법 100

속담
초등 교과 학습에 꼭 필요한
빈출 속담 100

사자성어
생활에서 자주 접하는
초등 필수 사자성어 100

미래엔 초등 도서 목록

교과서 달달 쓰기 · 교과서 달달 풀기

1~2학년 국어 • 수학 교과 학습력을 향상시키고
초등 코어를 탄탄하게 세우는 기본 학습서
[4책] 국어 1~2학년 학기별
[4책] 수학 1~2학년 학기별

미래엔 교과서 길잡이, 초코

초등 공부의 핵심[CORE]를 탄탄하게 해 주는
슬림 & 심플한 교과 필수 학습서
[8책] 국어 3~6학년 학기별, [8책] 수학 3~6학년 학기별
[8책] 사회 3~6학년 학기별, [8책] 과학 3~6학년 학기별

전과목 단원평가

빠르게 단원 핵심을 정리하고, 수준별 문제로 실전력을 키우는
교과 평가 대비 학습서
[8책] 3~6학년 학기별

문제 해결의 길잡이

원리 8가지 문제 해결 전략으로 문장제와 서술형 문제 정복
[12책] 1~6학년 학기별

심화 문장제 유형 정복으로 초등 수학 최고 수준에 도전
[6책] 1~6학년 학년별

초등 필수 어휘를 퍼즐로 재미있게 익히는 학습서
[3책] 사자성어, 속담, 맞춤법

하루한장 예비 초등

한글완성

초등학교 입학 전 한글 읽기·쓰기 동시에 끝내기
[3책] 기본 자모음, 받침, 복잡한 자모음

예비초등

기본 학습 능력을 향상하며 초등학교 입학을 준비하기
[2책] 국어, 수학

하루한장 독해

독해 시작편

초등학교 입학 전 기본 문해력 익히기 30일 완성
[2책] 문장으로 시작하기, 짧은 글 독해하기

어휘

문해력의 기초를 다지는 초등 필수 어휘 학습서
[6책] 1~6학년 단계별

독해

국어 교과서와 연계하여 문해력의 기초를 다지는 독해 기본서
[6책] 1~6학년 단계별

독해+플러스

본격적인 독해 훈련으로 문해력을 향상시키는 독해 실전서
[6책] 1~6학년 단계별

비문학 독해 (사회편·과학편)

비문학 독해로 배경지식을 확장하고 문해력을 완성시키는
독해 심화서
[사회편 6책, 과학편 6책] 1~6학년 단계별

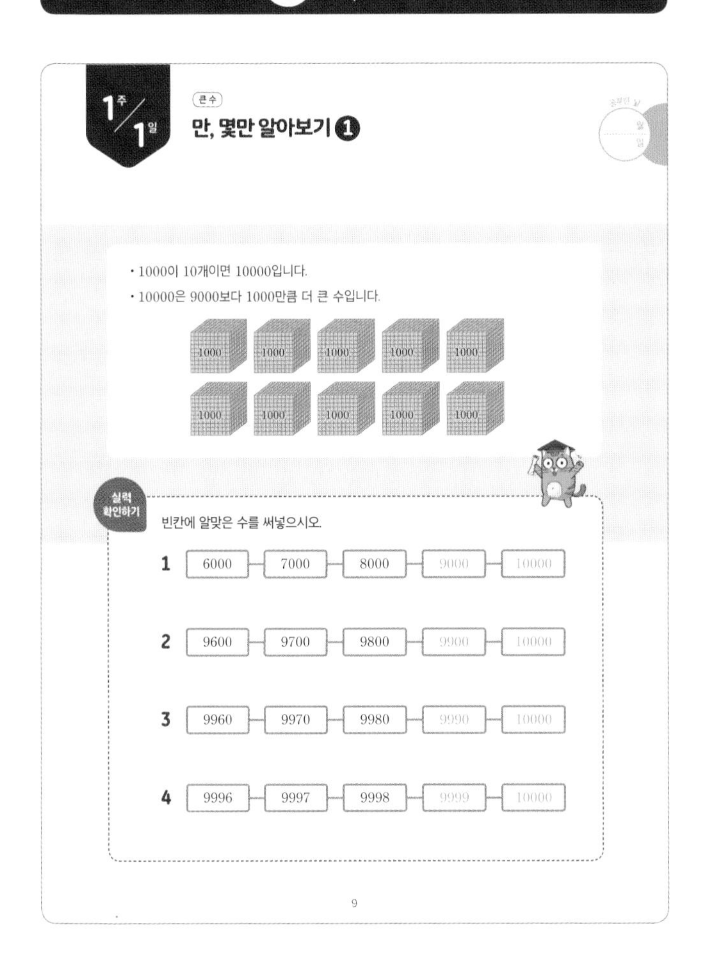

1주 1일

큰 수

만, 몇만 알아보기 1

• 1000이 10개이면 10000입니다.
• 10000은 9000보다 1000만큼 더 큰 수입니다.

실력 확인하기

빈칸에 알맞은 수를 써넣으시오.

1 6000 — 7000 — 8000 — 9000 — 10000

2 9600 — 9700 — 9800 — 9900 — 10000

3 9960 — 9970 — 9980 — 9990 — 10000

4 9996 — 9997 — 9998 — 9999 — 10000

9

1 1000원짜리 지폐가 6장 있습니다. 10000원이 되려면 얼마가 더 있어야 합니까?

문제 이해하기 지폐의 수를 그림으로 나타내 보면

1000원 6장

➜ 10000원이 되려면 1000원 4 장이 더 있어야 합니다.

답 구하기 4000 원

2 희서가 가지고 있는 돈입니다. 10000원짜리 물건을 사려면 얼마가 더 필요합니까?

문제 이해하기 ▸ 희서가 가지고 있는 금액을 알아보면

1000원 9 장은 9000 원
100원 9 개는 900 원
➜ 9900 원

▸ 10000은 9900보다 100 큰 수
➜ 10000원짜리 물건을 사려면 100 원이 더 필요합니다.

답 구하기 100 원

3 지수가 모은 돈입니다. 모두 10000원이 되려면 얼마를 더 모아야 합니까?

문제 이해하기 ▸ 지수가 모은 금액: 9990 원

▸ 10000은 9990보다 10 큰 수
➜ 10000원이 되려면 10 원을 더 모아야 합니다.

답 구하기 10 원

10

4 팥이 주머니 하나에 1000개씩 들어 있습니다. 상자 하나에 팥을 10주머니씩 담는다면 두 상자에 담은 팥은 모두 몇 개입니까?

문제 이해하기 팥의 수를 그림으로 나타내 보면

10000 개
10000 개

▸ 한 상자에 담은 팥 수: 1000개씩 10 주머니 ➜ 10000 개
▸ 두 상자에 담은 팥 수: 10000 개씩 2묶음 ➜ 20000 개

답 구하기 20000 개

5 1000원짜리 지폐가 10장씩 들어 있는 봉투가 3개 있습니다. 3개의 봉투에 들어 있는 돈은 모두 얼마입니까?

문제 이해하기 ▸ 봉투 하나에 들어 있는 금액:
1000원 10 장 ➜ 10000 원
▸ 봉투 3개에 들어 있는 금액:
10000 원씩 3묶음
➜ 30000 원

답 구하기 30000 원

6 학종이가 한 통에 1000장씩 들어 있습니다. 가방 하나에 학종이를 10통씩 담는다면 가방 5개에 담은 학종이는 모두 몇 장입니까?

문제 이해하기 ▸ 가방 하나에 담은 학종이 수:
1000장씩 10 통
➜ 10000 장
▸ 가방 5개에 담은 학종이 수:
10000 장씩 5묶음
➜ 50000 장

답 구하기 50000 장

정답 확인

11

재미있는 수학 놀이터

떨어진 돈을 찾아라!

트램펄린에서 친구들이 신나게 뛰어놀다 보니 주머니에 있는 돈들이 모두 바닥으로 떨어졌어요. 준서, 예찬, 미래는 각각 10000원씩 가지고 있었답니다. 하윤이는 얼마를 가지고 있었을까요?

12

1주 2일

큰 수

만, 몇만 알아보기 ❷

공부한 날 월 일

1 우유가 한 팩에 1000 mL씩 들어 있습니다. 30팩에 들어 있는 우유의 양은 모두 몇 mL입니까?

문제 이해하기 우유의 양을 그림으로 나타내 보면

30팩

▶ 10팩에 들어 있는 우유 양: 1000 mL씩 10 팩 → 10000 mL

▶ 30팩에 들어 있는 우유 양: 10000 mL의 3배 → 30000 mL

답 구하기 30000 mL

2 마스크가 한 상자에 1000장씩 들어 있습니다. 70상자에 들어 있는 마스크는 모두 몇 장입니까?

문제 이해하기

▶ 70상자는 10상자씩 7묶음

▶ 10상자에 들어 있는 마스크 수: 1000장씩 10상자 → 10000장

▶ 70상자에 들어 있는 마스크 수: 10000장씩 7묶음 → 70000장

답 구하기 70000장

13

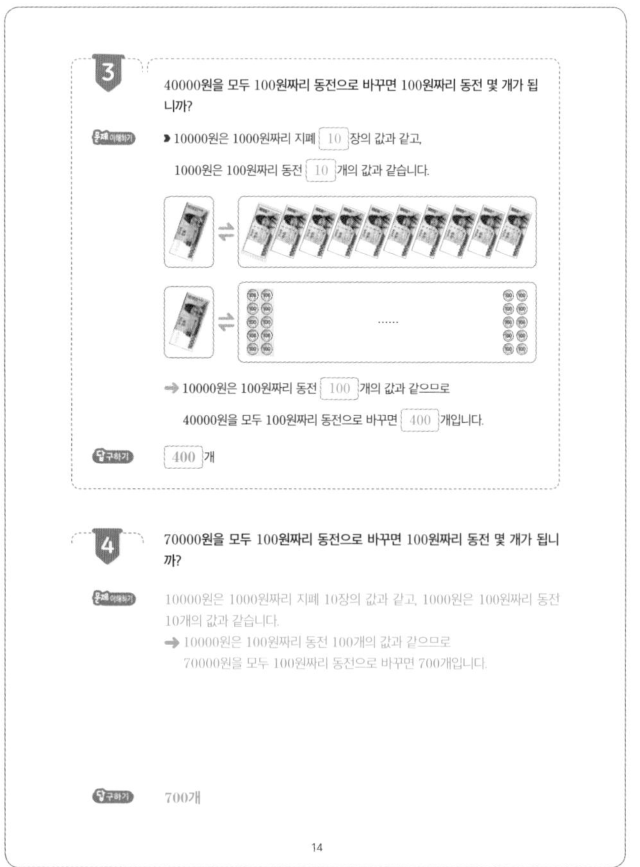

3 40000원을 모두 100원짜리 동전으로 바꾸면 100원짜리 동전 몇 개가 됩니까?

문제 이해하기 ▶ 10000원은 1000원짜리 지폐 10 장의 값과 같고,

1000원은 100원짜리 동전 10 개의 값과 같습니다.

→ 10000원은 100원짜리 동전 100 개의 값과 같으므로

40000원을 모두 100원짜리 동전으로 바꾸면 400 개입니다.

답 구하기 400 개

4 70000원을 모두 100원짜리 동전으로 바꾸면 100원짜리 동전 몇 개가 됩니까?

문제 이해하기 10000원은 1000원짜리 지폐 10장의 값과 같고, 1000원은 100원짜리 동전 10개의 값과 같습니다.

→ 10000원은 100원짜리 동전 100개의 값과 같으므로

70000원을 모두 100원짜리 동전으로 바꾸면 700개입니다.

답 구하기 700개

14

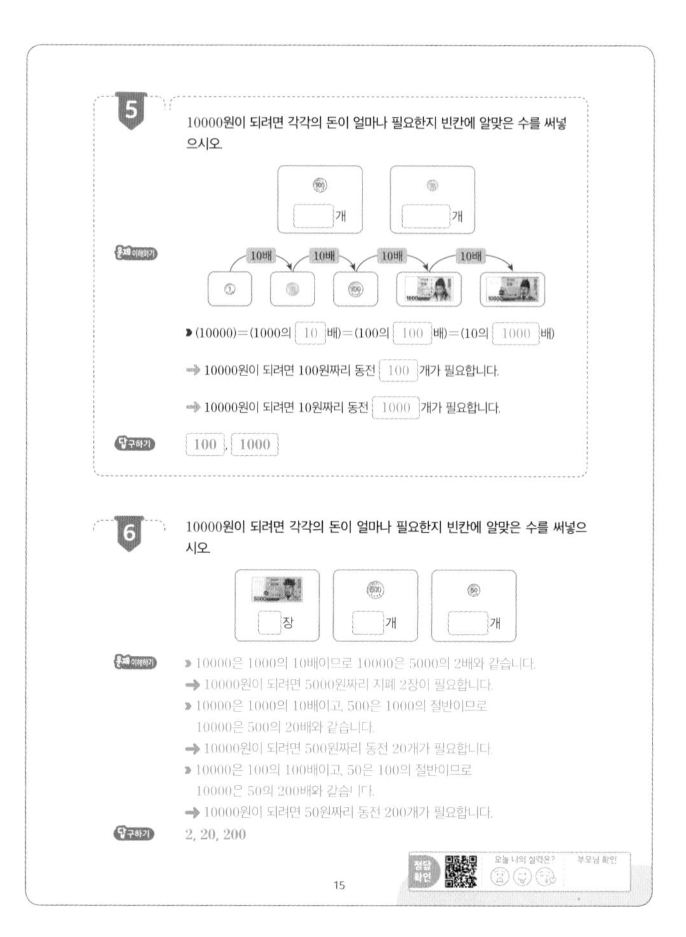

5 10000원이 되려면 각각의 돈이 얼마나 필요한지 빈칸에 알맞은 수를 써넣으시오.

개 개

문제 이해하기 10배 10배 10배 10배

▶ (10000)=(1000의 10 배)=(100의 100 배)=(10의 1000 배)

→ 10000원이 되려면 100원짜리 동전 100 개가 필요합니다.

→ 10000원이 되려면 10원짜리 동전 1000 개가 필요합니다.

답 구하기 100, 1000

6 10000원이 되려면 각각의 돈이 얼마나 필요한지 빈칸에 알맞은 수를 써넣으시오.

장 개 개

문제 이해하기

▶ 10000은 1000의 10배이므로 10000은 5000의 2배와 같습니다.

→ 10000원이 되려면 5000원짜리 지폐 2장이 필요합니다.

▶ 10000은 1000의 10배이고, 500은 1000의 절반이므로 10000은 500의 20배와 같습니다.

→ 10000원이 되려면 500원짜리 동전 20개가 필요합니다.

▶ 10000은 100의 100배이고, 50은 100의 절반이므로 10000은 50의 200배와 같습니다.

→ 10000원이 되려면 50원짜리 동전 200개가 필요합니다.

답 구하기 2, 20, 200

정답 확인 오늘 나의 실력은? 부모님 확인

15

재미있는 수학 놀이터

어떤 장난감을 선물 받았나요?

부모님께 생일 선물로 장난감을 받은 연주가 친구들 앞에서 자랑을 합니다. 그러자 다른 친구들도 자신이 받은 선물을 자랑하고 있어요. 친구들이 선물 받은 장난감이 아닌 것에 ○표 하세요.

16

1주/3일

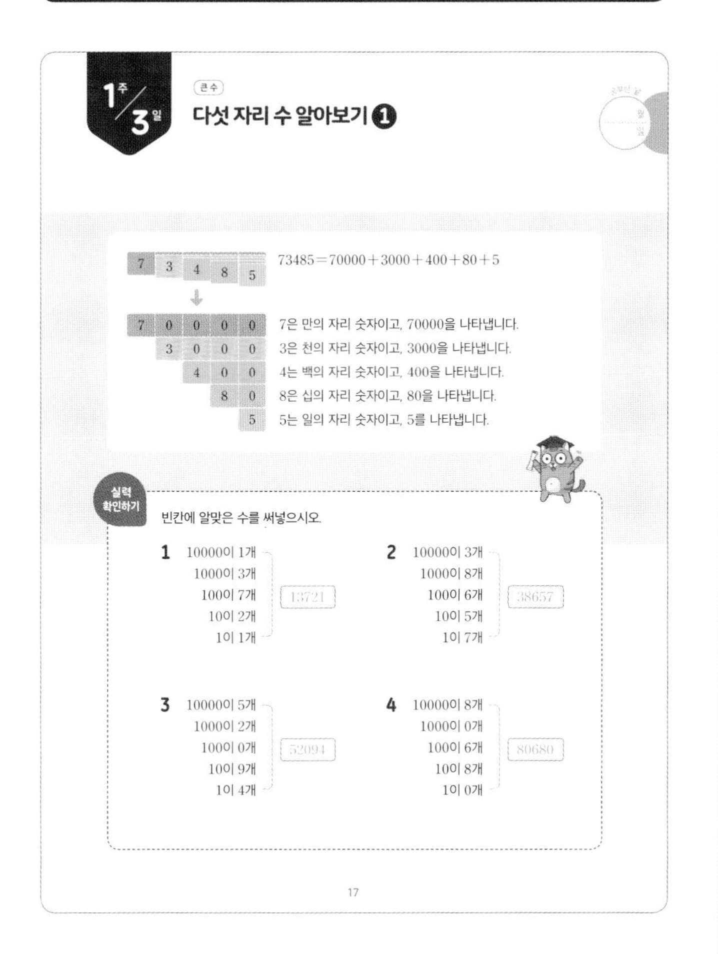

1주 3일

큰 수

다섯 자리 수 알아보기 ❶

7	3	4	8	5

73485=70000+3000+400+80+5

7	0	0	0	0	7은 만의 자리 숫자이고, 70000을 나타냅니다.
	3	0	0	0	3은 천의 자리 숫자이고, 3000을 나타냅니다.
		4	0	0	4는 백의 자리 숫자이고, 400을 나타냅니다.
			8	0	8은 십의 자리 숫자이고, 80을 나타냅니다.
				5	5는 일의 자리 숫자이고, 5를 나타냅니다.

실력 확인하기

빈칸에 알맞은 수를 써넣으시오.

1 10000이 1개, 1000이 3개, 100이 7개, 10이 2개, 1이 1개 → 13721

2 10000이 3개, 1000이 8개, 100이 6개, 10이 5개, 1이 7개 → 38657

3 10000이 5개, 1000이 2개, 100이 0개, 10이 9개, 1이 4개 → 52094

4 10000이 8개, 1000이 0개, 100이 6개, 10이 8개, 1이 0개 → 80680

17

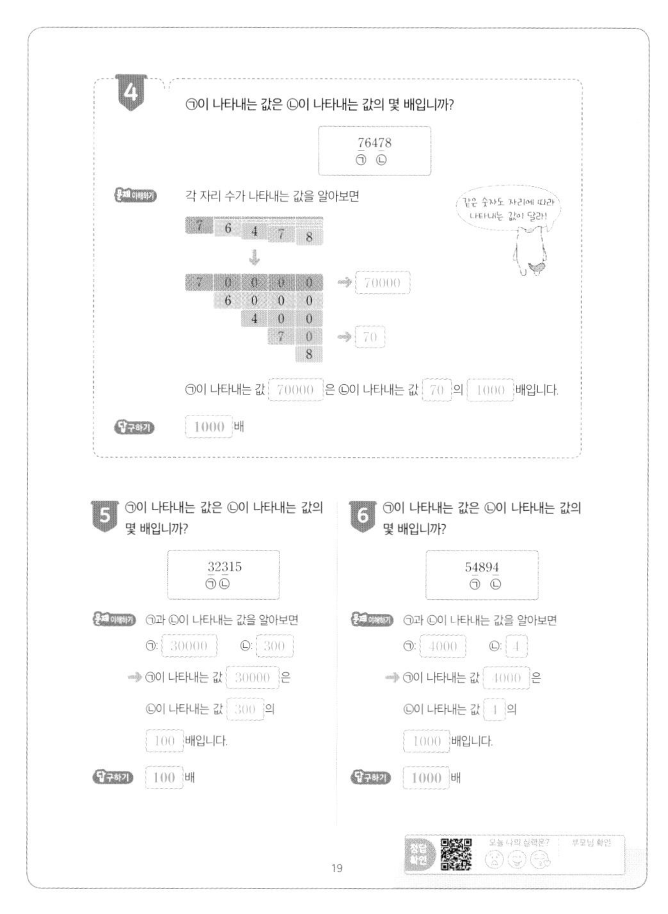

4 ㉠이 나타내는 값은 ㉡이 나타내는 값의 몇 배입니까?

76478 (㉠ ㉡)

문제 이해하기 각 자리 수가 나타내는 값을 알아보면

7 6 4 7 8 → 70000, 70

㉠이 나타내는 값 70000은 ㉡이 나타내는 값 70의 1000배입니다.

답구하기 1000배

5 ㉠이 나타내는 값은 ㉡이 나타내는 값의 몇 배입니까?

32315 (㉠ ㉡)

문제 이해하기 ㉠과 ㉡이 나타내는 값을 알아보면

㉠: 30000 ㉡: 300

→ ㉠이 나타내는 값 30000은 ㉡이 나타내는 값 300의 100배입니다.

답구하기 100배

6 ㉠이 나타내는 값은 ㉡이 나타내는 값의 몇 배입니까?

54894 (㉠ ㉡)

문제 이해하기 ㉠과 ㉡이 나타내는 값을 알아보면

㉠: 4000 ㉡: 4

→ ㉠이 나타내는 값 4000은 ㉡이 나타내는 값 4의 1000배입니다.

답구하기 1000배

정답 확인

19

1 돈이 모두 얼마인지 쓰고 읽어 보시오.

문제 이해하기 금액을 자리별로 알아보면

10000원	1000원	100원	10원
2장	3장	8개	5개

답구하기 쓰기 23850원 읽기 이만삼천팔백오십원

2 돈이 모두 얼마인지 쓰고 읽어 보시오.

문제 이해하기 금액을 자리별로 알아보면

10000원 1개, 1000원 2개, 100원 9개, 10원 2개 → 12920

답구하기 쓰기 12920원 읽기 만이천구백이십원

3 돈이 모두 얼마인지 쓰고 읽어 보시오.

문제 이해하기 금액을 자리별로 알아보면

10000원 3개, 1000원 1개, 100원 3개, 1원 5개 → 31305

답구하기 쓰기 31305원 읽기 삼만천삼백오원

18

재미있는 수학 놀이터

어디에 도착할까요?

개울 앞에 도착한 친구들은 자기가 들고 있는 수의 자릿값을 순서대로 밟으며 돌다리를 건너라는 지시를 받았어요. 이 지시대로 돌다리를 끝까지 건넌 친구는 어디에 도착하게 될까요? 알맞은 것에 ○표 하세요.

20

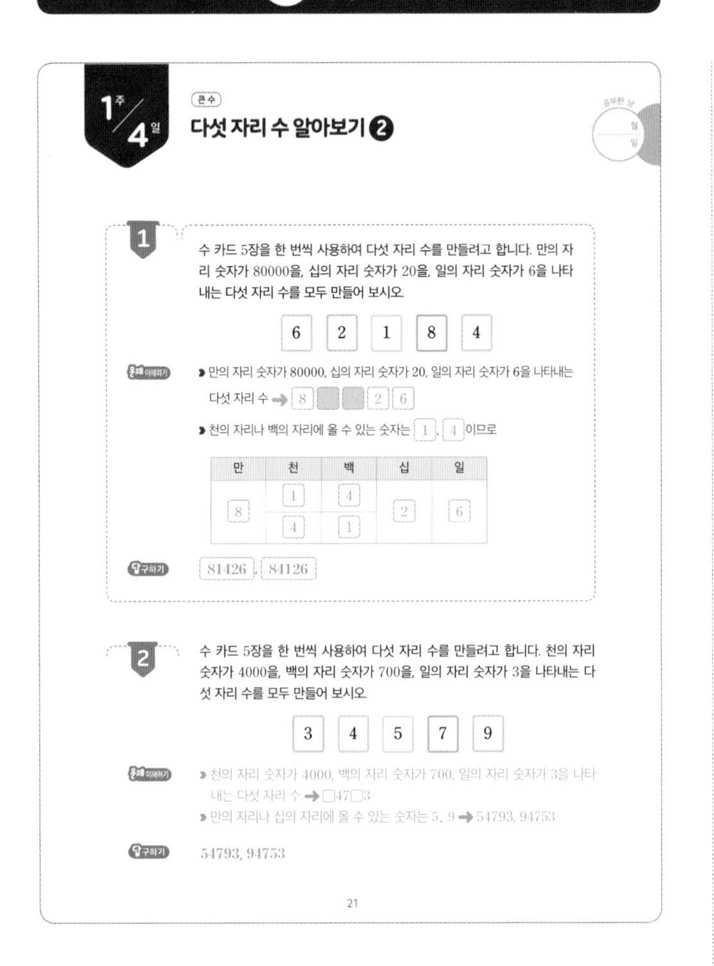
1주 4일

큰 수

다섯 자리 수 알아보기 ❷

1 수 카드 5장을 한 번씩 사용하여 다섯 자리 수를 만들려고 합니다. 만의 자리 숫자가 80000을, 십의 자리 숫자가 20을, 일의 자리 숫자가 6을 나타내는 다섯 자리 수를 모두 만들어 보시오.

6 2 1 8 4

문제 이해하기 ▸ 만의 자리 숫자가 80000, 십의 자리 숫자가 20, 일의 자리 숫자가 6을 나타내는 다섯 자리 수 → 8 ▢ ▢ 2 6

▸ 천의 자리나 백의 자리에 올 수 있는 숫자는 1, 4이므로

만	천	백	십	일
8	1	4	2	6
	4	1		

답 구하기 81426, 84126

2 수 카드 5장을 한 번씩 사용하여 다섯 자리 수를 만들려고 합니다. 천의 자리 숫자가 4000을, 백의 자리 숫자가 700을, 일의 자리 숫자가 3을 나타내는 다섯 자리 수를 모두 만들어 보시오.

3 4 5 7 9

문제 이해하기 ▸ 천의 자리 숫자가 4000, 백의 자리 숫자가 700, 일의 자리 숫자가 3을 나타내는 다섯 자리 수 → ▢47▢3

▸ 만의 자리나 십의 자리에 올 수 있는 숫자는 5, 9 → 54793, 94753

답 구하기 54793, 94753

21

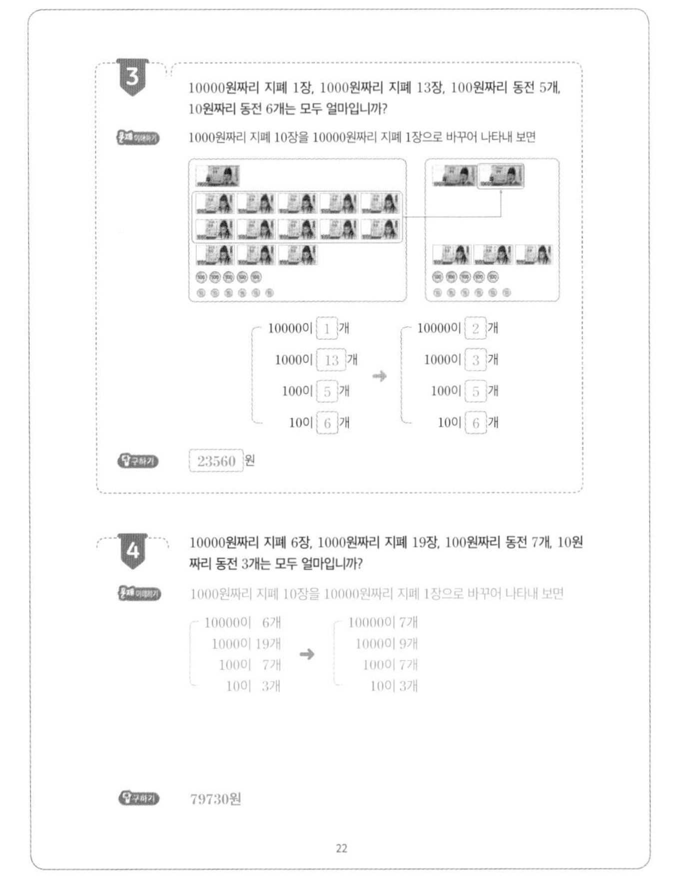
3 10000원짜리 지폐 1장, 1000원짜리 지폐 13장, 100원짜리 동전 5개, 10원짜리 동전 6개는 모두 얼마입니까?

문제 이해하기 1000원짜리 지폐 10장을 10000원짜리 지폐 1장으로 바꾸어 나타내 보면

10000이 1개, 1000이 13개, 100이 5개, 10이 6개 → 10000이 2개, 1000이 3개, 100이 5개, 10이 6개

답 구하기 23560원

4 10000원짜리 지폐 6장, 1000원짜리 지폐 19장, 100원짜리 동전 7개, 10원짜리 동전 3개는 모두 얼마입니까?

문제 이해하기 1000원짜리 지폐 10장을 10000원짜리 지폐 1장으로 바꾸어 나타내 보면

10000이 6개, 1000이 19개, 100이 7개, 10이 3개 → 10000이 7개, 1000이 9개, 100이 7개, 10이 3개

답 구하기 79730원

22

5 지폐 5장 중 4장을 사용하여 나타낼 수 있는 다섯 자리 수를 모두 쓰시오.

문제 이해하기 지폐 4장을 골라 다섯 자리 수를 만들어 보면

10000이 2개, 5000이 2개 → 10000이 3개

10000이 1개, 5000이 3개 → 10000이 2개, 5000이 1개

답 구하기 30000, 25000

5000원 2장의 값은 10000원과 같아.

6 지폐 5장 중 4장을 사용하여 나타낼 수 있는 다섯 자리 수를 모두 쓰시오.

문제 이해하기 지폐 4장을 골라 다섯 자리 수를 만들어 보면

50000이 1개, 10000이 1개, 5000이 2개 → 10000이 7개

50000이 1개, 5000이 3개 → 10000이 6개, 5000이 1개

10000이 1개, 5000이 3개 → 10000이 2개, 5000이 1개

답 구하기 70000, 65000, 25000

정답 확인

23

재미있는 수학 놀이터

초콜릿을 먹은 사람은 누구?

윤정이는 친구들과 이야기를 하다가 엄마의 전화를 받고 왔어요. 그런데 윤정이 앞에 있던 초콜릿이 감쪽같이 사라지고 없었어요. 밑줄 친 숫자가 나타내는 수를 찾아 암호를 이어서 윤정이의 초콜릿을 먹은 사람에게 ○표 하세요.

35241		27863		46895		59762		14574	
30000	네	60000	희	80000	는	90000	먹	40000	님
3000	윤	6000	인	8000	가	9000	모	4000	음
300	잘	600	진	800	람	900	아	400	다
30	가	60	사	80	이	90	없	40	진
3	소	6	은	8	은	9	범	4	두

24

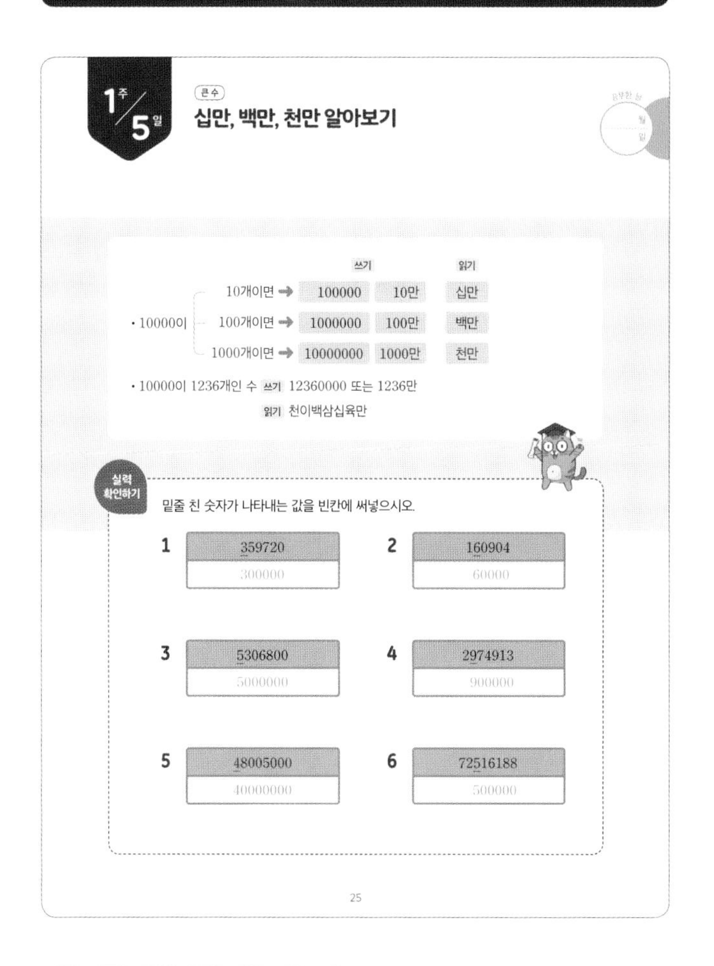

1주/5일

큰 수

십만, 백만, 천만 알아보기

		쓰기		읽기
• 10000이	10개이면 →	100000	10만	십만
	100개이면 →	1000000	100만	백만
	1000개이면 →	10000000	1000만	천만

• 10000이 1236개인 수 쓰기 12360000 또는 1236만

읽기 천이백삼십육만

실력 확인하기

밑줄 친 숫자가 나타내는 값을 빈칸에 써넣으시오.

1. 359720 → 300000
2. 160904 → 60000
3. 5306800 → 5000000
4. 2974913 → 900000
5. 48005000 → 40000000
6. 72516188 → 500000

25

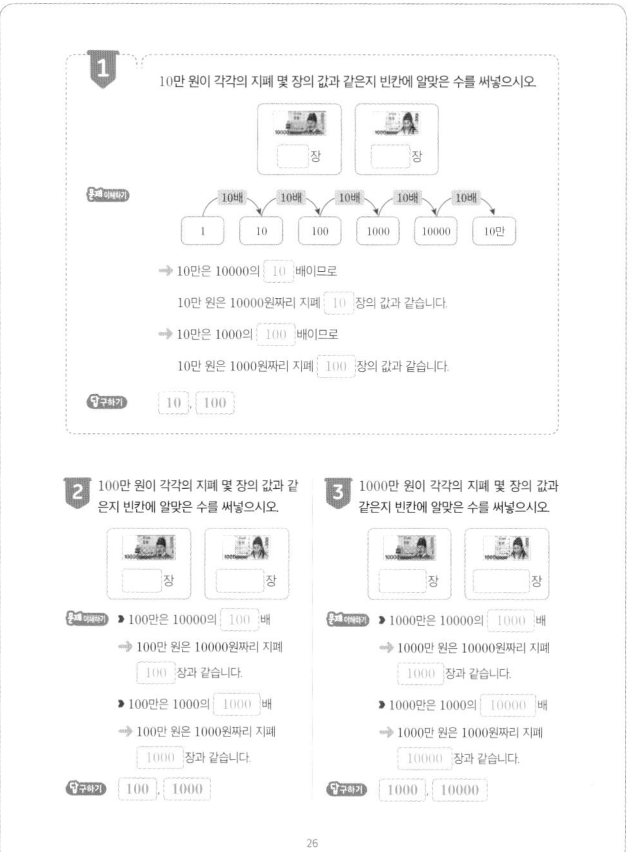

1. 10만 원이 각각의 지폐 몇 장의 값과 같은지 빈칸에 알맞은 수를 써넣으시오.

문제 이해하기

1 →(10배) 10 →(10배) 100 →(10배) 1000 →(10배) 10000 →(10배) 10만

→ 10만은 10000의 10 배이므로 10만 원은 10000원짜리 지폐 10 장의 값과 같습니다.

→ 10만은 1000의 100 배이므로 10만 원은 1000원짜리 지폐 100 장의 값과 같습니다.

답구하기 10, 100

2. 100만 원이 각각의 지폐 몇 장의 값과 같은지 빈칸에 알맞은 수를 써넣으시오.

문제 이해하기 ▸ 100만은 10000의 100 배 → 100만 원은 10000원짜리 지폐 100 장과 같습니다.

▸ 100만은 1000의 1000 배 → 100만 원은 1000원짜리 지폐 1000 장과 같습니다.

답구하기 100, 1000

3. 1000만 원이 각각의 지폐 몇 장의 값과 같은지 빈칸에 알맞은 수를 써넣으시오.

문제 이해하기 ▸ 1000만은 10000의 1000 배 → 1000만 원은 10000원짜리 지폐 1000 장과 같습니다.

▸ 1000만은 1000의 10000 배 → 1000만 원은 1000원짜리 지폐 10000 장과 같습니다.

답구하기 1000, 10000

26

4. 수 카드를 모두 한 번씩 사용하여 가장 큰 수를 만들고 읽어 보시오.

0 2 3 4 5 7 8

문제 이해하기 ▸ 가장 큰 수를 만들려면 (큰 수, 작은 수)부터 높은 자리에 차례로 놓습니다.

▸ 수의 크기를 비교해 보면 8 > 7 > 5 > 4 > 3 > 2 > 0

→ 만들 수 있는 가장 큰 수: 8754320

답구하기 쓰기 8754320 읽기 팔백칠십오만 사천삼백이십

5. 수 카드를 모두 한 번씩 사용하여 가장 큰 수를 만들고 읽어 보시오.

7 6 3 4 1 9 2 8

문제 이해하기 가장 큰 수를 만들려면 (큰 수, 작은 수)부터 높은 자리에 차례로 놓습니다.

→ 만들 수 있는 가장 큰 수: 98764321

답구하기 쓰기 98764321 읽기 구천팔백칠십육만 사천삼백이십일

6. 수 카드를 모두 한 번씩 사용하여 가장 작은 수를 만들고 읽어 보시오.

6 5 3 2 8 9 1

문제 이해하기 가장 작은 수를 만들려면 (큰 수, 작은 수)부터 높은 자리에 차례로 놓습니다.

→ 만들 수 있는 가장 작은 수: 1235689

답구하기 쓰기 1235689 읽기 백이십삼만 오천육백팔십구

27

재미있는 수학 놀이터

숨겨진 메시지를 읽어요

윤수와 주원이는 도서관에서 함께 공부를 하고 있었어요. 그런데 주원이는 윤수에게 쪽지 한 장을 남기고 집으로 갔어요. 주원이의 쪽지에 적힌 대로 하면 숨겨진 메시지를 읽을 수 있어요. 주원이가 남긴 메시지는 무엇이었는지 써 보세요.

윤수야, 내가 왜 집에 가는지 궁금하지?
다음을 순서대로 따라하면 내가 왜 집에 갔는지 알 수 있을 거야.
그럼 내일 보자.
1. 책꽂이에 꽂힌 책들의 번호를 이용하여 십만의 자리 숫자가 2인 가장 큰 수를 만든다.
2. 책 제목의 첫 글자만 순서대로 놓는다.
아하, 이제 알겠어. 주원이가 하고 싶은 말은 바로
오 늘 의 수 학 공 부 끝 이었어.
윤수

76254310
오늘의수학공부끝

28

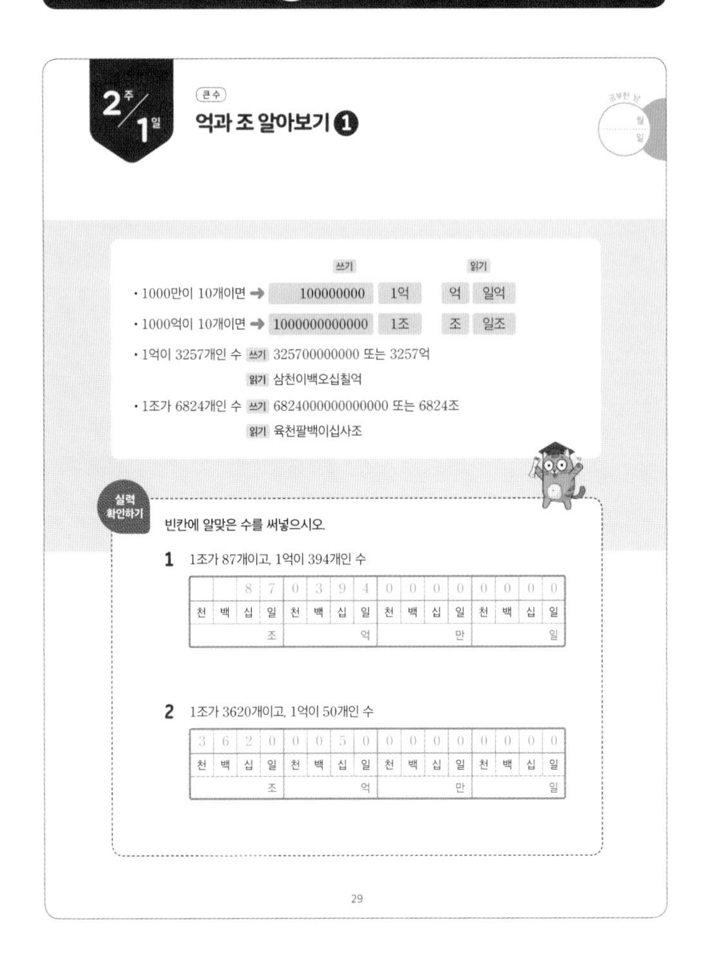

2주 1일

큰 수

억과 조 알아보기 ❶

	쓰기		읽기	
• 1000만이 10개이면 →	100000000	1억	억	일억
• 1000억이 10개이면 →	1000000000000	1조	조	일조

• 1억이 3257개인 수 쓰기 325700000000 또는 3257억
읽기 삼천이백오십칠억

• 1조가 6824개인 수 쓰기 6824000000000000 또는 6824조
읽기 육천팔백이십사조

실력 확인하기 빈칸에 알맞은 수를 써넣으시오.

1 1조가 87개이고, 1억이 394개인 수

		8	7	0	3	9	4	0	0	0	0	0	0	0	0
천	백	십	일	천	백	십	일	천	백	십	일	천	백	십	일
			조				억				만				일

2 1조가 3620개이고, 1억이 50개인 수

3	6	2	0	0	0	5	0	0	0	0	0	0	0	0	0
천	백	십	일	천	백	십	일	천	백	십	일	천	백	십	일
			조				억				만				일

29

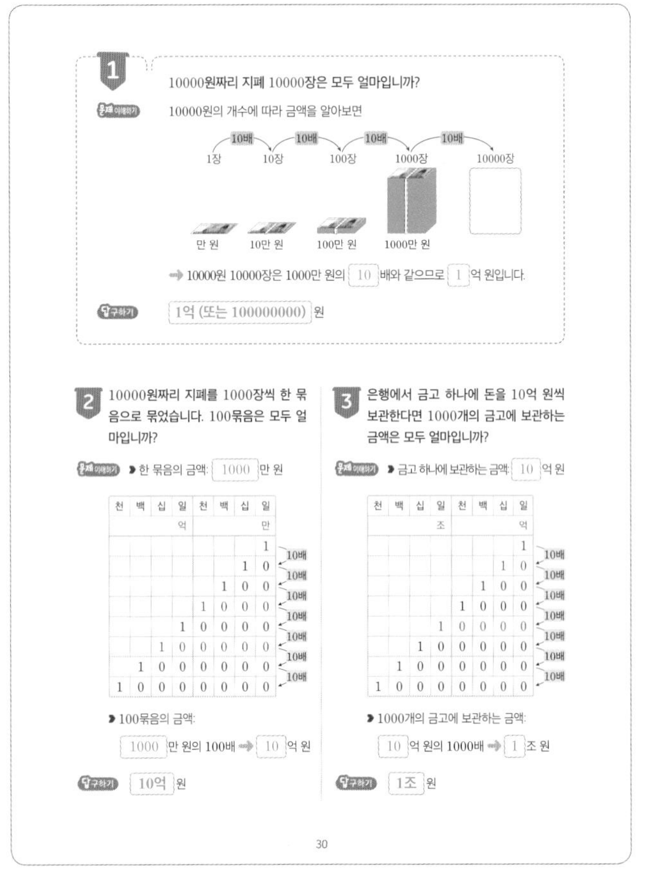

1 10000원짜리 지폐 10000장은 모두 얼마입니까?

문제 이해하기 10000원의 개수에 따라 금액을 알아보면

1장 →(10배) 10장 →(10배) 100장 →(10배) 1000장 →(10배) 10000장

만 원, 10만 원, 100만 원, 1000만 원

→ 10000원 10000장은 1000만 원의 10 배와 같으므로 1 억 원입니다.

답 구하기 1억 (또는 100000000) 원

2 10000원짜리 지폐를 1000장씩 한 묶음으로 묶었습니다. 100묶음은 모두 얼마입니까?

문제 이해하기 ▸ 한 묶음의 금액: 1000 만 원

천	백	십	일	천	백	십	일
			억				만
							1
						1	0
					1	0	0
				1	0	0	0
			1	0	0	0	0
		1	0	0	0	0	0
	1	0	0	0	0	0	0
1	0	0	0	0	0	0	0

(각 단계 10배)

▸ 100묶음의 금액: 1000 만 원의 100배 → 10 억 원

답 구하기 10억 원

3 은행에서 금고 하나에 돈을 10억 원씩 보관한다면 1000개의 금고에 보관하는 금액은 모두 얼마입니까?

문제 이해하기 ▸ 금고 하나에 보관하는 금액: 10 억 원

천	백	십	일	천	백	십	일
			조				억
							1
						1	0
					1	0	0
				1	0	0	0
			1	0	0	0	0
		1	0	0	0	0	0
	1	0	0	0	0	0	0
1	0	0	0	0	0	0	0

(각 단계 10배)

▸ 1000개의 금고에 보관하는 금액: 10 억 원의 1000배 → 1 조 원

답 구하기 1조 원

30

4 ㉠이 나타내는 값은 ㉡이 나타내는 값의 몇 배입니까?

8235891967400000 (㉠, ㉡)

문제 이해하기 각 자리의 수를 알아보면

8	2	3	5	8	9	1	9	6	7	4	0	0	0	0	0
천	백	십	일	천	백	십	일	천	백	십	일	천	백	십	일
			조				억				만				일

→ ㉠이 나타내는 값: 8000 조는
㉡이 나타내는 값: 8000 억의 10000 배입니다.

답 구하기 10000 배

5 ㉠이 나타내는 값은 ㉡이 나타내는 값의 몇 배입니까?

3192283927536415 (㉠, ㉡)

문제 이해하기 ㉠과 ㉡이 나타내는 값을 알아보면

3	1	9	2	2	8	3	9	2	7	5	3	6	4	1	5
			조				억				만				일

㉠: 90 조 ㉡: 9 억
→ ㉠이 나타내는 값: 90 조는
㉡이 나타내는 값: 9 억의 100000 배입니다.

답 구하기 100000 배

6 ㉠이 나타내는 값은 ㉡이 나타내는 값의 몇 배입니까?

6304370601935890 (㉠, ㉡)

문제 이해하기 ㉠과 ㉡이 나타내는 값을 알아보면

6	3	0	4	3	7	0	6	0	1	9	3	5	8	9	0
			조				억				만				일

㉠: 300 조 ㉡: 3000 억
→ ㉠이 나타내는 값: 300 조는
㉡이 나타내는 값: 3000 억의 1000 배입니다.

답 구하기 1000 배

정답 확인 오늘 나의 실력은? 부모님 확인

31

재미있는 수학 놀이터

즐거운 우주여행

토리는 가족과 함께 우주여행을 하고 있어요. 각 별마다 몇 명이 살고 있는지 인구수가 적혀 있네요. 토리네 가족은 백억의 자리 숫자가 큰 별부터 차례대로 여행하기로 했어요. 토리네 가족이 세 번째로 여행한 별은 어디인지 찾아 ○표 하세요.

32

2주/2일

큰 수

억과 조 알아보기 ❷

공부한 날 월 일

1 설명하는 수를 써 보시오.

1조가 40개, 1000억이 20개, 100억이 50개, 10억이 70개인 수

문제 이해하기

(1조가 40개)=(10 조가 4개)=(40 조)

(1000억이 20개)=(1 조가 2개)=(2 조)

(100억이 50개)=(1000 억이 5개)=(5000 억)

(10억이 70개)=(100 억이 7개)=(700 억)

		4	2	5	7	0	0	0	0	0	0	0	0	0	0
천	백	십	일	천	백	십	일	천	백	십	일	천	백	십	일
			조				억				만				일

답 구하기 42 조 5700 억

2 설명하는 수를 써 보시오.

1조가 800개, 1000억이 600개, 100억이 300개, 10억이 900개인 수

문제 이해하기

(1조가 800개)=(100조가 8개)=(800조)

(1000억이 600개)=(10조가 6개)=(60조)

(100억이 300개)=(1조가 3개)=(3조)

(10억이 900개)=(1000억이 9개)=(9000억)

답 구하기 863조 9000억

33

3 숫자로 나타낼 때 0의 개수가 가장 많은 수를 찾아 기호를 쓰시오.

㉠ 천오백억 육백이십구만 칠천

㉡ 팔십이억 삼천만 구십이

㉢ 사백삼억 육만 오백

문제 이해하기 읽은 수를 숫자로 나타내어 0의 개수를 세어 보면

㉠

1	5	0	0	0	6	2	9	7	0	0	0
천	백	십	일	천	백	십	일	천	백	십	일
			억				만				일

➔ 0이 6 개

㉡

	8	2	3	0	0	0	0	0	0	9	2
천	백	십	일	천	백	십	일	천	백	십	일
			억				만				일

➔ 0이 5 개

㉢

	4	0	3	0	0	6	0	0	5	0	0
천	백	십	일	천	백	십	일	천	백	십	일
			억				만				일

➔ 0이 7 개

답 구하기 ㉢

4 숫자로 나타낼 때 0의 개수가 가장 많은 수를 찾아 기호를 쓰시오.

㉠ 삼백팔십조 천사억 육십만

㉡ 육천칠조 오천억 삼백사십만

㉢ 구백조 이십칠억 오천삼십만

문제 이해하기 읽은 수를 숫자로 나타내어 0의 개수를 세어 보면

㉠ 삼백팔십조 천사억 육십만: 380100400600000 ➔ 0이 10개

㉡ 육천칠조 오천억 삼백사십만: 6007500003400000 ➔ 0이 11개

㉢ 구백조 이십칠억 오천삼십만: 900002750300000 ➔ 0이 10개

답 구하기 ㉡

34

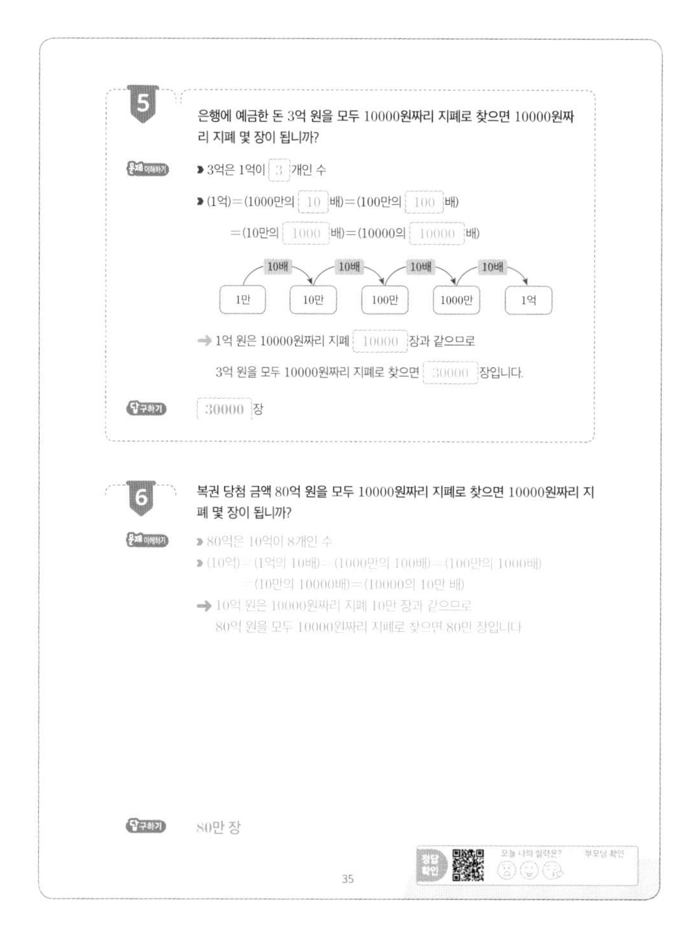

5 은행에 예금한 돈 3억 원을 모두 10000원짜리 지폐로 찾으면 10000원짜리 지폐 몇 장이 됩니까?

문제 이해하기

› 3억은 1억이 3 개인 수

› (1억)=(1000만의 10 배)=(100만의 100 배)

=(10만의 1000 배)=(10000의 10000 배)

➔ 1억 원은 10000원짜리 지폐 10000 장과 같으므로

3억 원을 모두 10000원짜리 지폐로 찾으면 30000 장입니다.

답 구하기 30000 장

6 복권 당첨 금액 80억 원을 모두 10000원짜리 지폐로 찾으면 10000원짜리 지폐 몇 장이 됩니까?

문제 이해하기

› 80억은 10억이 8개인 수

› (10억)=(1억의 10배)=(1000만의 100배)=(100만의 1000배)

=(10만의 10000배)=(10000의 10만 배)

➔ 10억 원은 10000원짜리 지폐 10만 장과 같으므로

80억 원을 모두 10000원짜리 지폐로 찾으면 80만 장입니다.

답 구하기 80만 장

35

정답 확인 오늘 나의 실력은? 부모님 확인

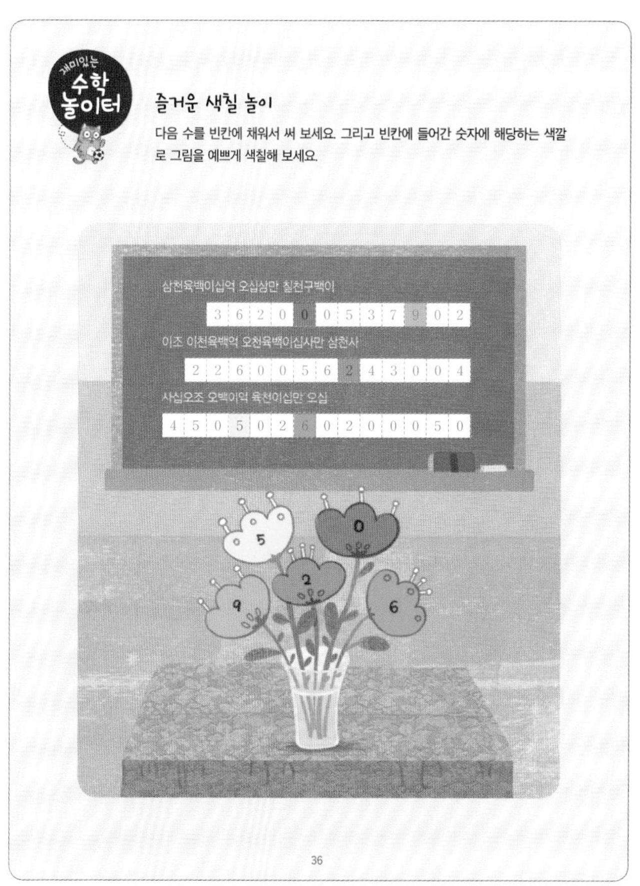

재미있는 수학 놀이터

즐거운 색칠 놀이

다음 수를 빈칸에 채워서 써 보세요. 그리고 빈칸에 들어간 숫자에 해당하는 색깔로 그림을 예쁘게 색칠해 보세요.

36

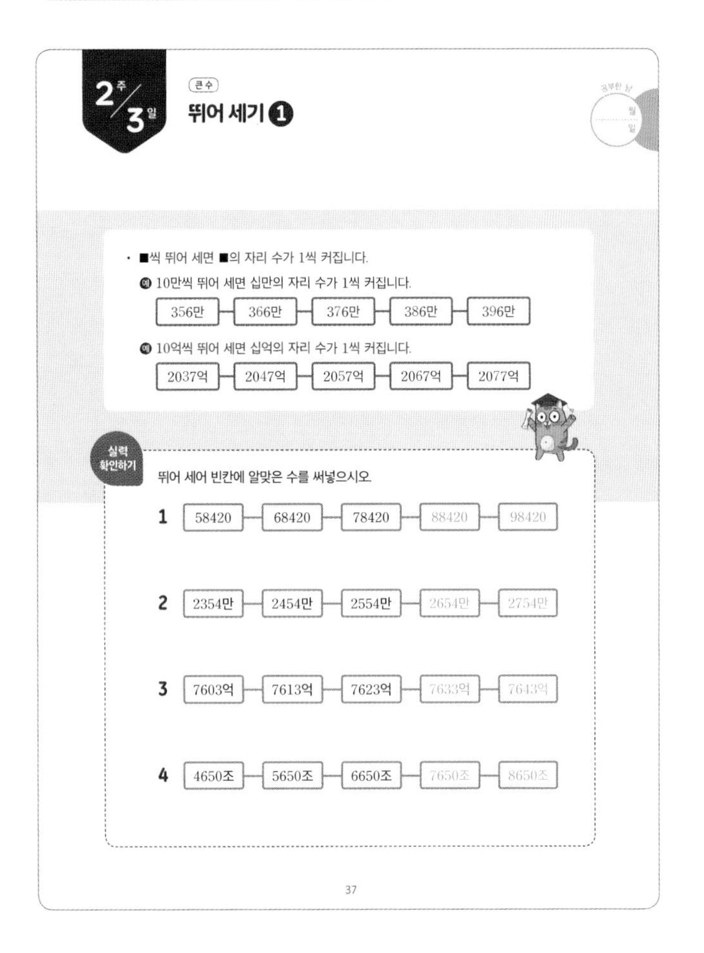

2주 3일

큰 수

뛰어 세기 ❶

• ■씩 뛰어 세면 ■의 자리 수가 1씩 커집니다.

예 10만씩 뛰어 세면 십만의 자리 수가 1씩 커집니다.

356만 — 366만 — 376만 — 386만 — 396만

예 10억씩 뛰어 세면 십억의 자리 수가 1씩 커집니다.

2037억 — 2047억 — 2057억 — 2067억 — 2077억

실력 확인하기

뛰어 세어 빈칸에 알맞은 수를 써넣으시오.

1 58420 — 68420 — 78420 — 88420 — 98420

2 2354만 — 2454만 — 2554만 — 2654만 — 2754만

3 7603억 — 7613억 — 7623억 — 7633억 — 7643억

4 4650조 — 5650조 — 6650조 — 7650조 — 8650조

37

1 ㉠에 알맞은 수를 구하시오.

76560 — 77560 — 78560 — □ — □ — ㉠

문제 이해하기 76560, 77560, 78560으로 천의 자리 수가 1씩 커지므로 1000씩 뛰어 센 것입니다.

→ ㉠은 78560부터 1000씩 3번 뛰어 센 수

78560 — 79560 — 80560 — 81560

답 구하기 81560

2 ㉠에 알맞은 수를 구하시오.

5351억 — 5451억 — 5551억 — □ — □ — ㉠

문제 이해하기 5351억, 5451억, 5551억으로 백억의 자리 수가 1씩 커지므로 100억씩 뛰어 센 것입니다.

→ ㉠은 5551억부터 100억씩 3번 뛰어 센 수

5551억 — 5651억 — 5751억 — 5851억

답 구하기 5851억

3 ㉠에 알맞은 수를 구하시오.

1728조 — 1748조 — 1768조 — □ — ㉠

문제 이해하기 1728조, 1748조, 1768조로 십조의 자리 수가 2씩 커지므로 20조씩 뛰어 센 것입니다.

→ ㉠은 1768조부터 20조씩 2번 뛰어 센 수

1768조 — 1788조 — 1808조

답 구하기 1808조

38

4 다음 수부터 10만씩 몇 번 뛰어 세었더니 525만이 되었습니다. 몇 번 뛰어 세었습니까?

485만

문제 이해하기 10만씩 뛰어 세면 십만의 자리 수가 1씩 커집니다.

525만이 될 때까지 485만부터 10만씩 뛰어 세면

485만 — 495만 — 505만 — 515만 — 525만

→ 4번 뛰어 세었습니다.

답 구하기 4번

5 다음 수부터 100조씩 몇 번 뛰어 세었더니 9160조가 되었습니다. 몇 번 뛰어 세었습니까?

8860조

문제 이해하기 100조씩 뛰어 세면 백조의 자리 수가 1씩 커집니다.

9160조가 될 때까지 8860조부터 100조씩 뛰어 세면

8860조 — 8960조 — 9060조 — 9160조

→ 3번 뛰어 세었습니다.

답 구하기 3번

6 다음 수부터 30억씩 몇 번 뛰어 세었더니 5149억이 되었습니다. 몇 번 뛰어 세었습니까?

5029억

문제 이해하기 30억씩 뛰어 세면 십억의 자리 수가 3씩 커집니다.

5149억이 될 때까지 5029억부터 30억씩 뛰어 세면

5029억 — 5059억 — 5089억 — 5119억 — 5149억

→ 4번 뛰어 세었습니다.

답 구하기 4번

39

재미있는 수학 놀이터

얼마를 기부했을까요?

희망 복지 단체에 올해도 많은 기부금이 모였어요. 기부금 현황을 파악하기 위해 규칙에 따라 기부금 벽돌을 쌓아올리고 있어요. 규칙을 찾아 뛰어 세기를 하여 빈 벽돌에 기부금을 써넣으세요. 또 '나봉사' 씨의 기부금을 찾아 ○표 하세요.

햇 살 일 보

나봉사(42세) 씨는 매년 희망 복지 단체에 많은 돈을 기부하는 사람이다. 올해도 나봉사 씨는 상당한 금액을 기부했다. 그는 자신의 돈이 꼭 필요한 곳에 쓰이면 좋겠다고 말하며 앞으로도 어려운 사람들을 도우면서 살아가겠다는 다짐을 밝혀 주변 사람들의 마음을 따뜻하게 만들었다.

40

2주 4일

큰 수

뜌어 세기 ❷

1 재경이가 뛰어 센 것입니다. 같은 방법으로 3719억부터 4번 뛰어 세면 얼마가 됩니까?

5294억 — 5394억 — 5494억 — 5594억 — 5694억

문제 이해하기 5294억, 5394억, 5494억으로 백억의 자리 수가 1씩 커지므로 100억씩 뛰어 센 것입니다.

→ 3719억부터 100억씩 4번 뛰어 세면

3719억 — 3819억 — 3919억 — 4019억 — 4119억

답구하기 4119억

2 승호가 뛰어 센 것입니다. 같은 방법으로 582640부터 5번 뛰어 세면 얼마가 됩니까?

648301 — 658301 — 668301 — 678301 — 688301

문제 이해하기 648301, 658301, 668301로 만의 자리 수가 1씩 커지므로 10000씩 뛰어 센 것입니다.

→ 582640부터 10000씩 5번 뛰어 세면

582640 — 592640 — 602640 — 612640 — 622640 — 632640

답구하기 632640

41

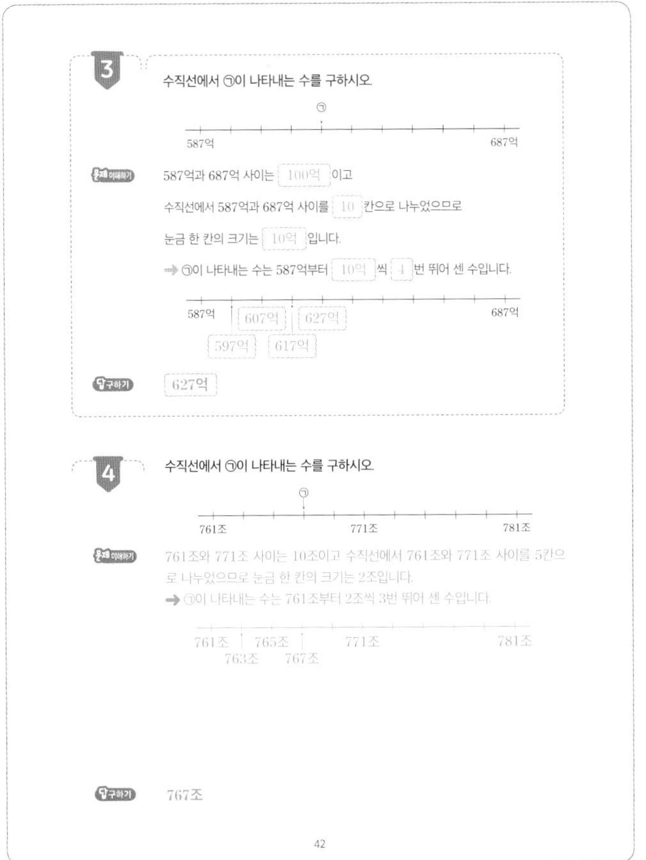
3 수직선에서 ㉠이 나타내는 수를 구하시오.

587억 ㉠ 687억

문제 이해하기 587억과 687억 사이는 100억이고

수직선에서 587억과 687억 사이를 10칸으로 나누었으므로

눈금 한 칸의 크기는 10억입니다.

→ ㉠이 나타내는 수는 587억부터 10억씩 4번 뛰어 센 수입니다.

587억 597억 607억 617억 627억 687억

답구하기 627억

4 수직선에서 ㉠이 나타내는 수를 구하시오.

761조 ㉠ 771조 781조

문제 이해하기 761조와 771조 사이는 10조이고 수직선에서 761조와 771조 사이를 5칸으로 나누었으므로 눈금 한 칸의 크기는 2조입니다.

→ ㉠이 나타내는 수는 761조부터 2조씩 3번 뛰어 센 수입니다.

761조 763조 765조 767조 771조 781조

답구하기 767조

42

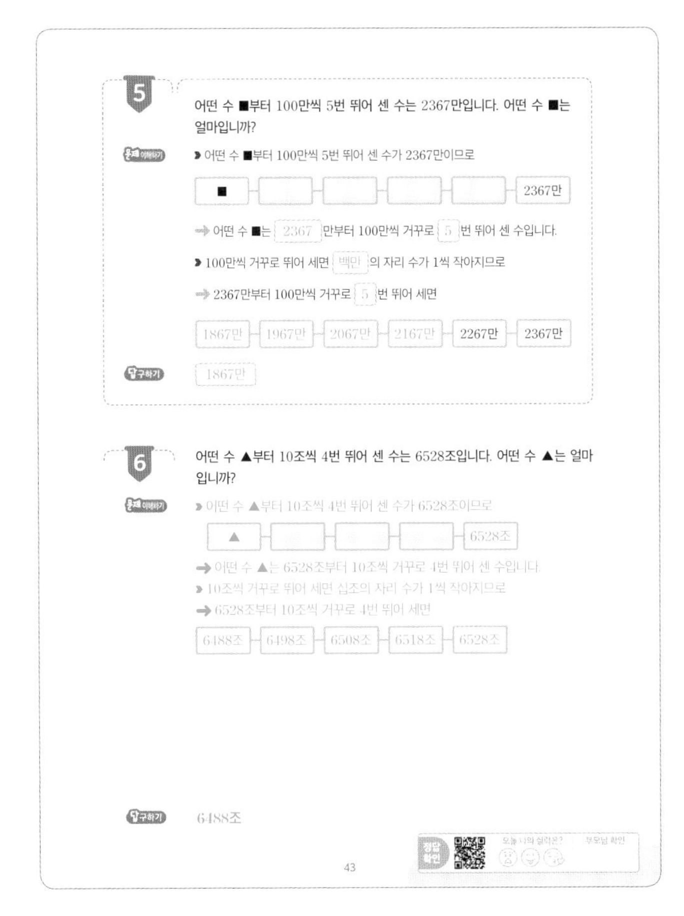
5 어떤 수 ■부터 100만씩 5번 뛰어 센 수는 2367만입니다. 어떤 수 ■는 얼마입니까?

문제 이해하기 ▶ 어떤 수 ■부터 100만씩 5번 뛰어 센 수가 2367만이므로

■ — □ — □ — □ — □ — 2367만

→ 어떤 수 ■는 2367만부터 100만씩 거꾸로 5번 뛰어 센 수입니다.

▶ 100만씩 거꾸로 뛰어 세면 백만의 자리 수가 1씩 작아지므로

→ 2367만부터 100만씩 거꾸로 5번 뛰어 세면

1867만 — 1967만 — 2067만 — 2167만 — 2267만 — 2367만

답구하기 1867만

6 어떤 수 ▲부터 10조씩 4번 뛰어 센 수는 6528조입니다. 어떤 수 ▲는 얼마입니까?

문제 이해하기 ▶ 어떤 수 ▲부터 10조씩 4번 뛰어 센 수가 6528조이므로

▲ — □ — □ — □ — 6528조

→ 어떤 수 ▲는 6528조부터 10조씩 거꾸로 4번 뛰어 센 수입니다.

▶ 10조씩 거꾸로 뛰어 세면 십조의 자리 수가 1씩 작아지므로

→ 6528조부터 10조씩 거꾸로 4번 뛰어 세면

6488조 — 6498조 — 6508조 — 6518조 — 6528조

답구하기 6488조

43

재미있는 수학 놀이터

즐거운 보드게임

미래가 친구들과 함께 보드게임을 시작했어요. 주사위 두 개를 한꺼번에 던져 나온 눈의 수를 합한 만큼 말을 움직였어요. 다음 대화를 보고, 세 친구들의 말이 놓인 칸을 찾아 이름을 쓰세요.

게임 설명
– 게임에 참여하는 사람은 모두 똑같이 3조 9930억 원을 가지고 시작합니다.
– 한 칸씩 이동할 때마다 재산이 10억 원씩 늘어납니다.

3조 9930억부터 10억씩 7번 뛰어 센 수
나는 3조 9980억 원이 됐어.
나는 4조 원이 됐어.
나는 4조 30억 원이 됐어.
3조 9930억부터 10억씩 5번 뛰어 센 수
3조 9930억부터 10억씩 10번 뛰어 센 수
대한
미래
선우
미래
선우
대한
출발

44

2주 / 5일

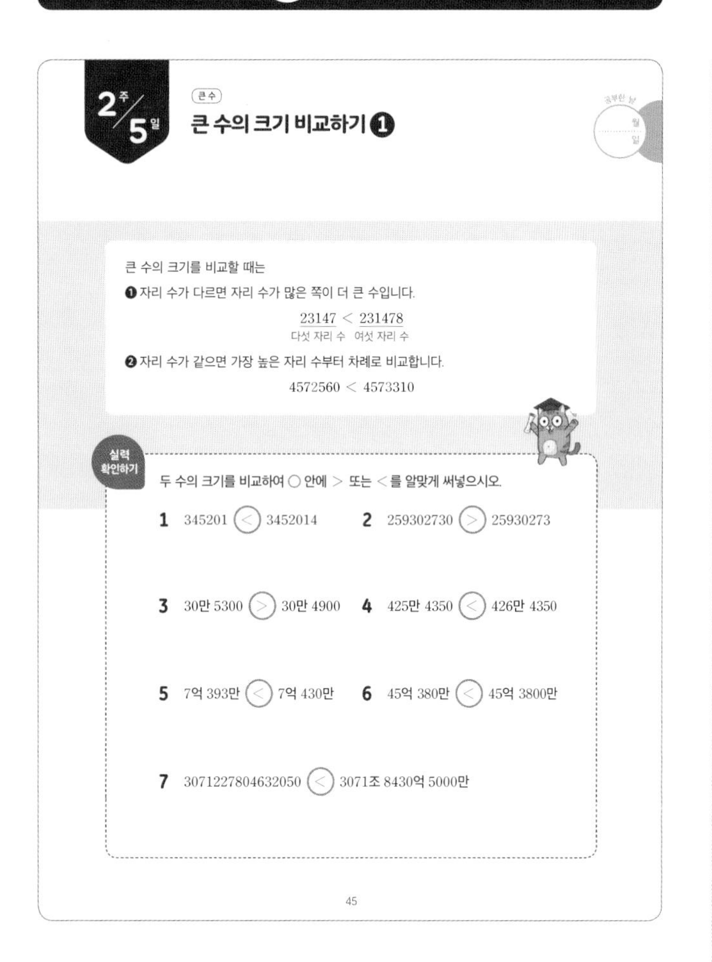

2주 5일

큰 수

큰 수의 크기 비교하기 ❶

공부한 날 월 일

큰 수의 크기를 비교할 때는

❶ 자리 수가 다르면 자리 수가 많은 쪽이 더 큰 수입니다.

23147 < 231478
다섯 자리 수 여섯 자리 수

❷ 자리 수가 같으면 가장 높은 자리 수부터 차례로 비교합니다.

4572560 < 4573310

실력 확인하기

두 수의 크기를 비교하여 ○ 안에 > 또는 <를 알맞게 써넣으시오.

1 345201 (<) 3452014　　2 259302730 (>) 25930273

3 30만 5300 (>) 30만 4900　　4 425만 4350 (<) 426만 4350

5 7억 393만 (<) 7억 430만　　6 45억 380만 (<) 45억 3800만

7 3071227804632050 (<) 3071조 8430억 5000만

45

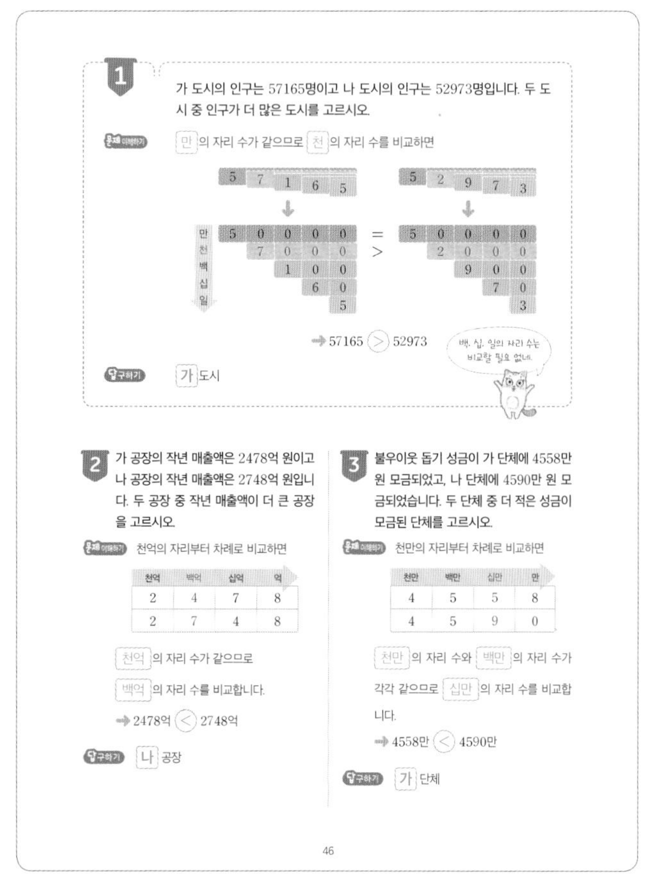

1 가 도시의 인구는 57165명이고 나 도시의 인구는 52973명입니다. 두 도시 중 인구가 더 많은 도시를 고르시오.

문제 이해하기 [만]의 자리 수가 같으므로 [천]의 자리 수를 비교하면

	가		나
만	5 0 0 0 0	=	5 0 0 0 0
천	7 0 0 0	>	2 0 0 0
백	1 0 0		9 0 0
십	6 0		7 0
일	5		3

→ 57165 (>) 52973

백, 십, 일의 자리 수는 비교할 필요 없네.

답 구하기 [가] 도시

2 가 공장의 작년 매출액은 2478억 원이고 나 공장의 작년 매출액은 2748억 원입니다. 두 공장 중 작년 매출액이 더 큰 공장을 고르시오.

문제 이해하기 천억의 자리부터 차례로 비교하면

천억	백억	십억	억
2	4	7	8
2	7	4	8

[천억]의 자리 수가 같으므로 [백억]의 자리 수를 비교합니다.

→ 2478억 (<) 2748억

답 구하기 [나] 공장

3 불우이웃 돕기 성금이 가 단체에 4558만 원 모금되었고, 나 단체에 4590만 원 모금되었습니다. 두 단체 중 더 적은 성금이 모금된 단체를 고르시오.

문제 이해하기 천만의 자리부터 차례로 비교하면

천만	백만	십만	만
4	5	5	8
4	5	9	0

[천만]의 자리 수와 [백만]의 자리 수가 각각 같으므로 [십만]의 자리 수를 비교합니다.

→ 4558만 (<) 4590만

답 구하기 [가] 단체

46

4 큰 수부터 차례로 기호를 쓰시오.

㉠ 100500060000　㉡ 958억 3000만　㉢ 천사십억 팔십만

문제 이해하기

	천억	백억	십억	억	천만	백만	십만	만
㉠	1	0	0	5	0	0	0	6
㉡		9	5	8	3	0	0	0
㉢	1	0	4	0	0	0	8	0

› 자리 수가 가장 적은 수는 [㉡]이므로 가장 작은 수는 [㉡]입니다.

› 나머지 두 수의 천억의 자리 수와 백억의 자리 수가 각각 같으므로 [십억]의 자리 수를 비교하면 → 1005억 6만 (<) [1040억 80만]

자리 수가 적을수록 작은 수야.

답 구하기 [㉢], [㉠], [㉡]

5 큰 수부터 차례로 기호를 쓰시오.

㉠ 70830000000
㉡ 사천이백구십사억 육천만
㉢ 695억 2000만

문제 이해하기

	천억	백억	십억	억	천만
㉠		7	0	8	3
㉡	4	2	9	4	6
㉢		6	9	5	2

› 자리 수가 가장 많은 수는 [㉡]이므로 가장 큰 수는 [㉡]입니다.

› 나머지 두 수를 비교하면 708억 3000만 (>) 695억 2000만

답 구하기 [㉡], [㉠], [㉢]

6 큰 수부터 차례로 기호를 쓰시오.

㉠ 430840000000000
㉡ 287조 500억
㉢ 구십조 오천억

문제 이해하기

	백조	십조	조	천억	백억
㉠	4	3	0	8	4
㉡	2	8	7	0	5
㉢		9	0	5	0

› 자리 수가 가장 적은 수는 [㉢]이므로 가장 작은 수는 [㉢]입니다.

› 나머지 두 수를 비교하면 430조 8400억 (>) 287조 500억

답 구하기 [㉠], [㉡], [㉢]

정답 확인　오늘 나의 실력은?　부모님 확인

47

재미있는 수학 놀이터

가장 강한 마법약을 찾아라!

미미가 가장 강한 마법약을 구하려고 길을 떠나요. 마법약은 약병에 적혀 있는 수의 크기만큼 강해요. 미미는 자기가 가지고 있는 약과 비교하여 더 강한 것만 들고 갈 수 있답니다. 집으로 돌아온 미미는 어떤 색의 마법약을 들고 있을지 ○표 하세요.

나는 더 강한 마법약을 구할 거야. 출발해 볼까?
250조 22억
1236730000000000
250조 22억 < 1236조 7300억
천이십이조 구천칠백억
1236조 7300억 > 1022조 9700억
220690003260000
1236조 7300억 > 220조 6900억 326만
390조 9900억 20만
1236조 7300억 > 390조 9900억 20만

48

③주 / 1일

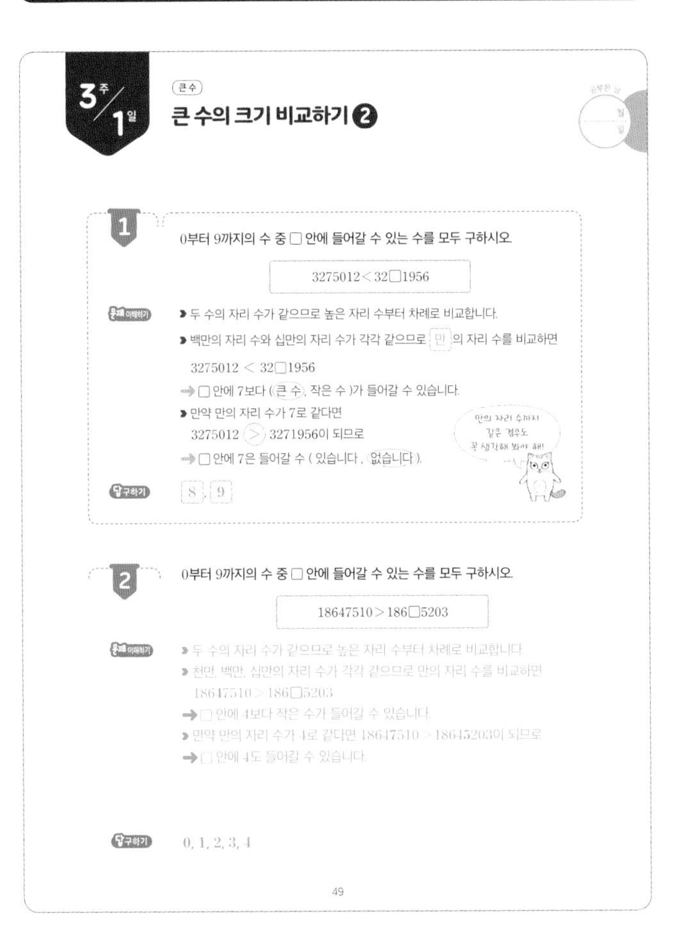

3주/1일

(큰 수)

큰 수의 크기 비교하기 ②

1 0부터 9까지의 수 중 □ 안에 들어갈 수 있는 수를 모두 구하시오.

3275012 < 32□1956

문제 이해하기

- 두 수의 자리 수가 같으므로 높은 자리 수부터 차례로 비교합니다.
- 백만의 자리 수와 십만의 자리 수가 각각 같으므로 [만]의 자리 수를 비교하면
  3275012 < 32□1956
  → □ 안에 7보다 (큰 수, 작은 수)가 들어갈 수 있습니다.
- 만약 만의 자리 수가 7로 같다면
  3275012 (>) 3271956이 되므로
  → □ 안에 7은 들어갈 수 (있습니다, 없습니다).

답 구하기 [8], [9]

2 0부터 9까지의 수 중 □ 안에 들어갈 수 있는 수를 모두 구하시오.

18647510 > 186□5203

문제 이해하기

- 두 수의 자리 수가 같으므로 높은 자리 수부터 차례로 비교합니다.
- 천만, 백만, 십만의 자리 수가 각각 같으므로 만의 자리 수를 비교하면
  18647510 > 186□5203
  → □ 안에 4보다 작은 수가 들어갈 수 있습니다.
- 만약 만의 자리 수가 4로 같다면 18647510 > 18645203이 되므로
  → □ 안에 4도 들어갈 수 있습니다.

답 구하기 0, 1, 2, 3, 4

49

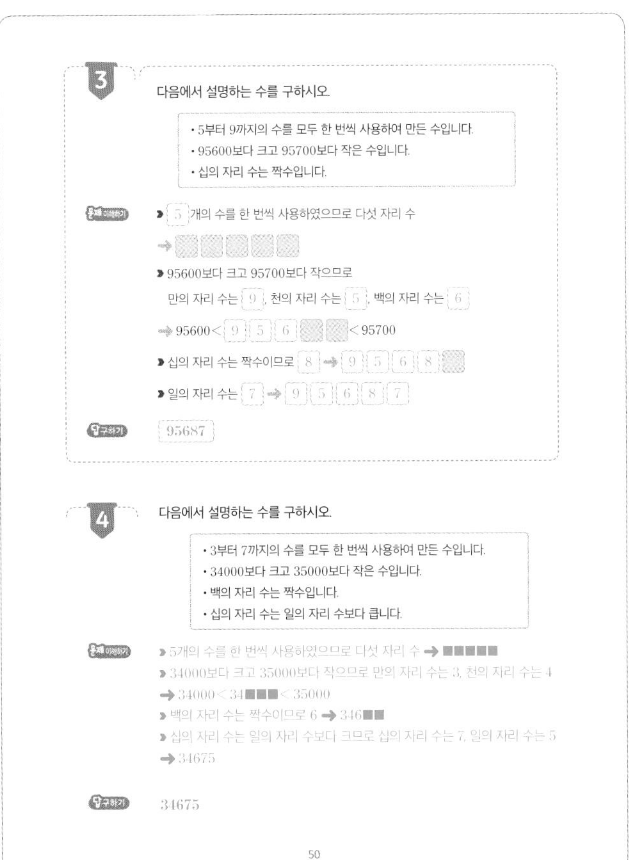

3 다음에서 설명하는 수를 구하시오.

- 5부터 9까지의 수를 모두 한 번씩 사용하여 만든 수입니다.
- 95600보다 크고 95700보다 작은 수입니다.
- 십의 자리 수는 짝수입니다.

문제 이해하기

- [5]개의 수를 한 번씩 사용하였으므로 다섯 자리 수
  → ■■■■■
- 95600보다 크고 95700보다 작으므로
  만의 자리 수는 [9], 천의 자리 수는 [5], 백의 자리 수는 [6]
  → 95600 < [9][5][6]■■ < 95700
- 십의 자리 수는 짝수이므로 [8] → [9][5][6][8]■
- 일의 자리 수는 [7] → [9][5][6][8][7]

답 구하기 [95687]

4 다음에서 설명하는 수를 구하시오.

- 3부터 7까지의 수를 모두 한 번씩 사용하여 만든 수입니다.
- 34000보다 크고 35000보다 작은 수입니다.
- 백의 자리 수는 짝수입니다.
- 십의 자리 수는 일의 자리 수보다 큽니다.

문제 이해하기

- 5개의 수를 한 번씩 사용하였으므로 다섯 자리 수 → ■■■■■
- 34000보다 크고 35000보다 작으므로 만의 자리 수는 3, 천의 자리 수는 4
  → 34000 < 34■■■ < 35000
- 백의 자리 수는 짝수이므로 6 → 346■■
- 십의 자리 수는 일의 자리 수보다 크므로 십의 자리 수는 7, 일의 자리 수는 5
  → 34675

답 구하기 34675

50

5 ㉠과 ㉡을 각각 수직선에 나타내고 둘 중 52500과 더 가까운 수를 찾아 기호를 쓰시오.

㉠ 50500 ㉡ 55500

문제 이해하기

- 50000과 51000 사이는 [1000]이고 수직선에서 50000과 51000 사이를 [2]칸으로 나누었으므로 눈금 한 칸의 크기는 [500]입니다.
- 50500과 55500을 각각 수직선에 나타내 보면

→ 둘 중 52500과 더 가까운 수는 [50500]입니다.

답 구하기 [㉠]

6 ㉠과 ㉡을 각각 수직선에 나타내고 둘 중 495000과 더 가까운 수를 찾아 기호를 쓰시오.

㉠ 475000 ㉡ 505000

문제 이해하기

- 470000과 480000 사이는 10000이고 수직선에서 470000과 480000 사이를 2칸으로 나누었으므로 눈금 한 칸의 크기는 5000입니다.

→ 둘 중 495000과 더 가까운 수는 505000입니다.

답 구하기 ㉡

정답 확인 / 오늘 나의 실력은? / 부모님 확인

51

재미있는 수학 놀이터

찢어진 휴지를 이어 보아요

강아지 뽀삐가 두루마리 휴지를 굴려서 풀어지게 했어요. 풀어진 휴지 위에서 놀던 뽀삐는 휴지를 찢고 말았어요. 풀어진 휴지는 모두 똑같이 다섯 칸이었고, 모든 휴지에는 열다섯 자리 수가 적혀 있었답니다. 가장 작은 수가 적힌 휴지에 ○표 하세요.

52

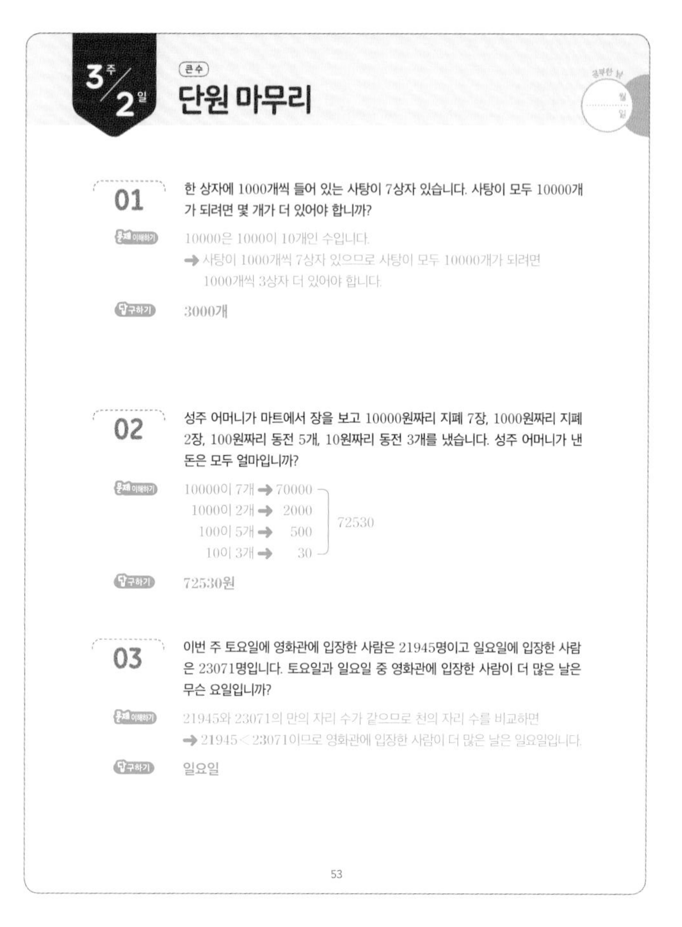

3주/2일

큰 수

단원 마무리

01 한 상자에 1000개씩 들어 있는 사탕이 7상자 있습니다. 사탕이 모두 10000개가 되려면 몇 개가 더 있어야 합니까?

문제 이해하기
10000은 1000이 10개인 수입니다.
➡ 사탕이 1000개씩 7상자 있으므로 사탕이 모두 10000개가 되려면 1000개씩 3상자 더 있어야 합니다.

답 구하기 3000개

02 성주 어머니가 마트에서 장을 보고 10000원짜리 지폐 7장, 1000원짜리 지폐 2장, 100원짜리 동전 5개, 10원짜리 동전 3개를 냈습니다. 성주 어머니가 낸 돈은 모두 얼마입니까?

문제 이해하기
10000이 7개 ➡ 70000
1000이 2개 ➡ 2000
100이 5개 ➡ 500
10이 3개 ➡ 30
→ 72530

답 구하기 72530원

03 이번 주 토요일에 영화관에 입장한 사람은 21945명이고 일요일에 입장한 사람은 23071명입니다. 토요일과 일요일 중 영화관에 입장한 사람이 더 많은 날은 무슨 요일입니까?

문제 이해하기
21945와 23071의 만의 자리 수가 같으므로 천의 자리 수를 비교하면
➡ 21945<23071이므로 영화관에 입장한 사람이 더 많은 날은 일요일입니다.

답 구하기 일요일

53

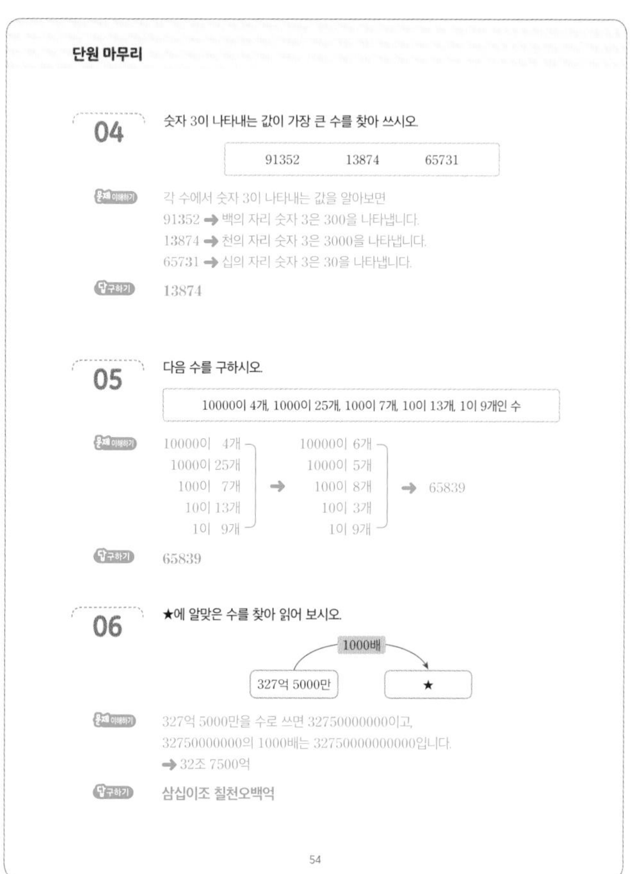

단원 마무리

04 숫자 3이 나타내는 값이 가장 큰 수를 찾아 쓰시오.

91352 13874 65731

문제 이해하기
각 수에서 숫자 3이 나타내는 값을 알아보면
91352 ➡ 백의 자리 숫자 3은 300을 나타냅니다.
13874 ➡ 천의 자리 숫자 3은 3000을 나타냅니다.
65731 ➡ 십의 자리 숫자 3은 30을 나타냅니다.

답 구하기 13874

05 다음 수를 구하시오.

10000이 4개, 1000이 25개, 100이 7개, 10이 13개, 1이 9개인 수

문제 이해하기
10000이 4개, 1000이 25개, 100이 7개, 10이 13개, 1이 9개 ➡ 10000이 6개, 1000이 5개, 100이 8개, 10이 3개, 1이 9개 ➡ 65839

답 구하기 65839

06 ★에 알맞은 수를 찾아 읽어 보시오.

327억 5000만 —1000배→ ★

문제 이해하기
327억 5000만을 수로 쓰면 32750000000이고,
32750000000의 1000배는 32750000000000입니다.
➡ 32조 7500억

답 구하기 삼십이조 칠천오백억

54

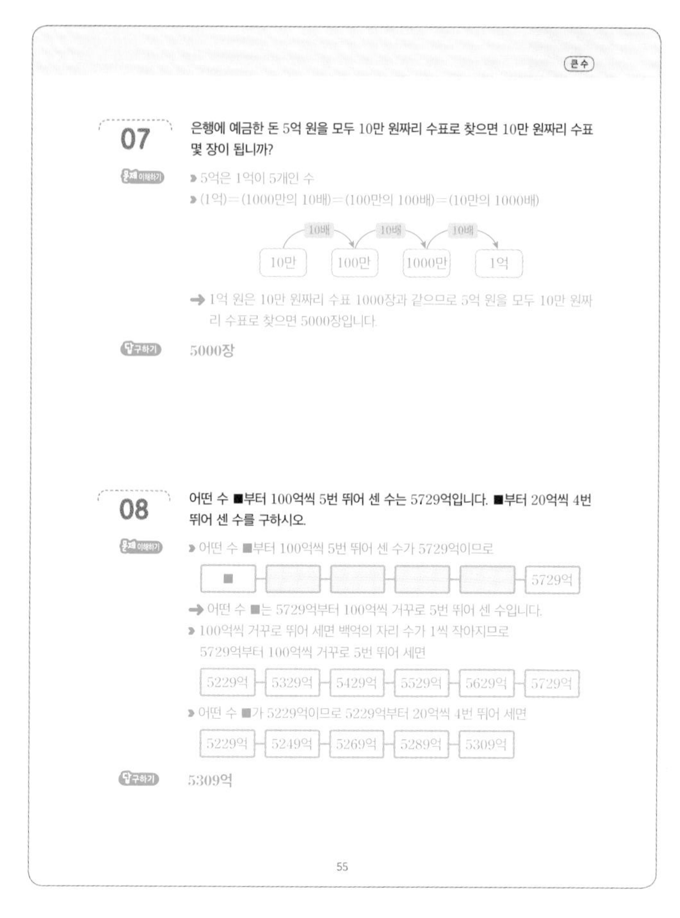

큰 수

07 은행에 예금한 돈 5억 원을 모두 10만 원짜리 수표로 찾으면 10만 원짜리 수표 몇 장이 됩니까?

문제 이해하기
› 5억은 1억이 5개인 수
› (1억)=(1000만의 10배)=(100만의 100배)=(10만의 1000배)

10만 —10배→ 100만 —10배→ 1000만 —10배→ 1억

➡ 1억 원은 10만 원짜리 수표 1000장과 같으므로 5억 원을 모두 10만 원짜리 수표로 찾으면 5000장입니다.

답 구하기 5000장

08 어떤 수 ■부터 100억씩 5번 뛰어 센 수는 5729억입니다. ■부터 20억씩 4번 뛰어 센 수를 구하시오.

문제 이해하기
› 어떤 수 ■부터 100억씩 5번 뛰어 센 수가 5729억이므로

■ - □ - □ - □ - □ - 5729억

➡ 어떤 수 ■는 5729억부터 100억씩 거꾸로 5번 뛰어 센 수입니다.
› 100억씩 거꾸로 뛰어 세면 백억의 자리 수가 1씩 작아지므로 5729억부터 100억씩 거꾸로 5번 뛰어 세면

5229억 - 5329억 - 5429억 - 5529억 - 5629억 - 5729억

› 어떤 수 ■가 5229억이므로 5229억부터 20억씩 4번 뛰어 세면

5229억 - 5249억 - 5269억 - 5289억 - 5309억

답 구하기 5309억

55

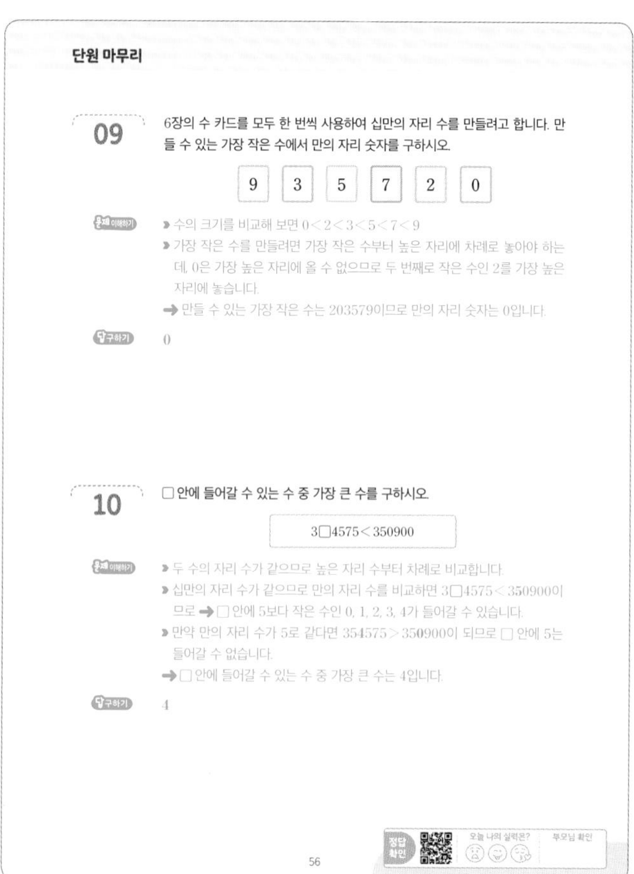

단원 마무리

09 6장의 수 카드를 모두 한 번씩 사용하여 십만의 자리 수를 만들려고 합니다. 만들 수 있는 가장 작은 수에서 만의 자리 숫자를 구하시오.

9 3 5 7 2 0

문제 이해하기
› 수의 크기를 비교해 보면 0<2<3<5<7<9
› 가장 작은 수를 만들려면 가장 작은 수부터 높은 자리에 차례로 놓아야 하는데, 0은 가장 높은 자리에 올 수 없으므로 두 번째로 작은 수인 2를 가장 높은 자리에 놓습니다.
➡ 만들 수 있는 가장 작은 수는 203579이므로 만의 자리 숫자는 0입니다.

답 구하기 0

10 □ 안에 들어갈 수 있는 수 중 가장 큰 수를 구하시오.

3□4575<350900

문제 이해하기
› 두 수의 자리 수가 같으므로 높은 자리 수부터 차례로 비교합니다.
› 십만의 자리 수가 같으므로 만의 자리 수를 비교하면 3□4575<350900이므로 ➡ □ 안에 5보다 작은 수인 0, 1, 2, 3, 4가 들어갈 수 있습니다.
› 만약 만의 자리 수가 5로 같다면 354575>350900이 되므로 □ 안에 5는 들어갈 수 없습니다.
➡ □ 안에 들어갈 수 있는 수 중 가장 큰 수는 4입니다.

답 구하기 4

정답 확인 오늘 나의 실력은? 부모님 확인

56

3주/3일

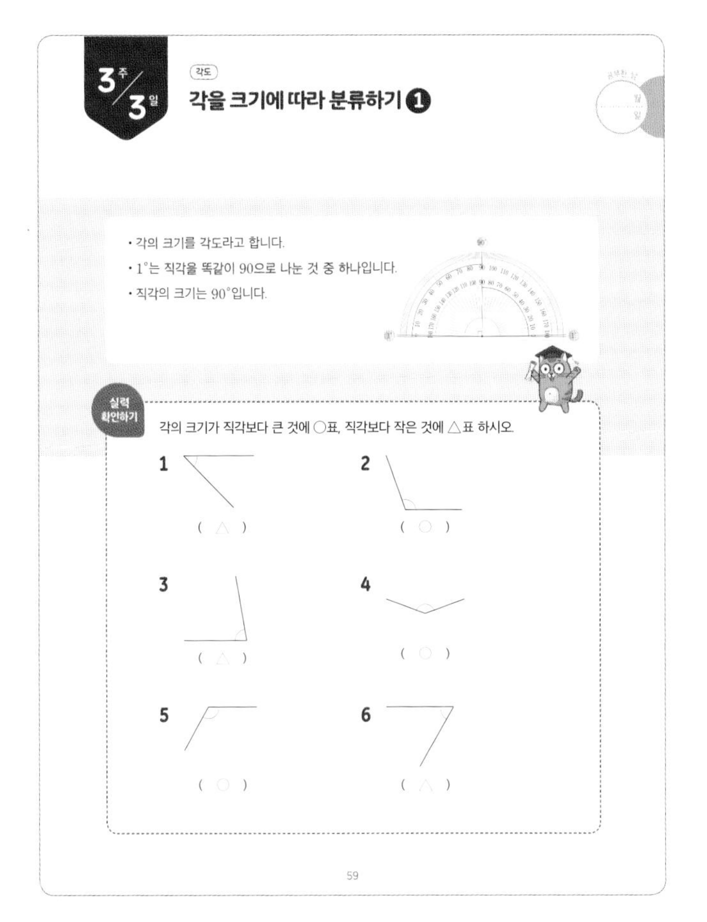

3주 3일
각도
각을 크기에 따라 분류하기 ①
• 각의 크기를 각도라고 합니다.
• 1°는 직각을 똑같이 90으로 나눈 것 중 하나입니다.
• 직각의 크기는 90°입니다.
실력 확인하기
각의 크기가 직각보다 큰 것에 ○표, 직각보다 작은 것에 △표 하시오.
1 (△)
2 (○)
3 (△)
4 (○)
5 (○)
6 (△)
59

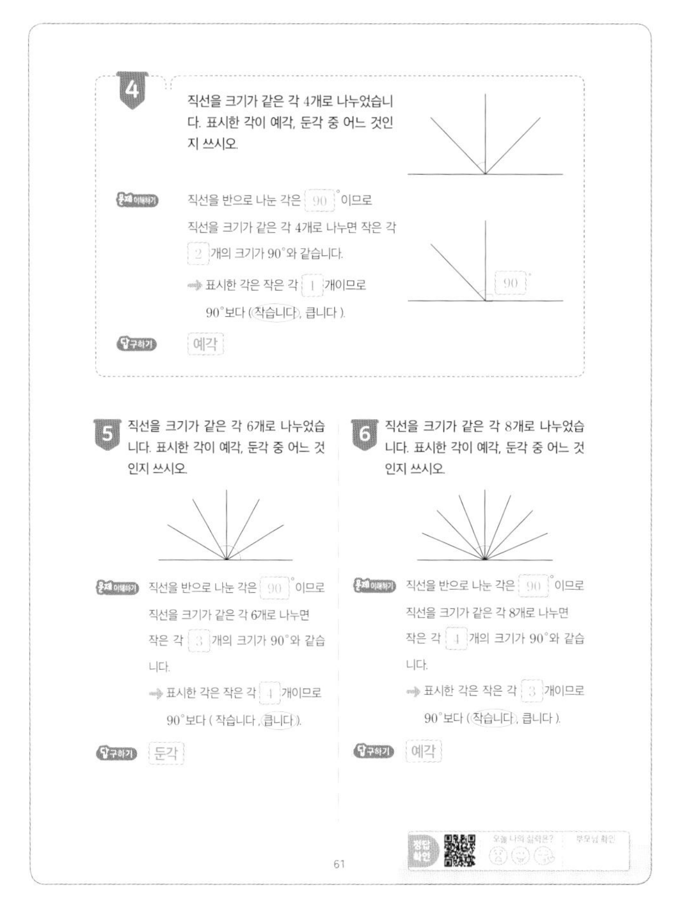

4 직선을 크기가 같은 각 4개로 나누었습니다. 표시한 각이 예각, 둔각 중 어느 것인지 쓰시오.
문제 이해하기 직선을 반으로 나눈 각은 90°이므로
직선을 크기가 같은 각 4개로 나누면 작은 각 2개의 크기가 90°와 같습니다.
→ 표시한 각은 작은 각 1개이므로 90°보다 (작습니다, 큽니다).
답구하기 예각
5 직선을 크기가 같은 각 6개로 나누었습니다. 표시한 각이 예각, 둔각 중 어느 것인지 쓰시오.
문제 이해하기 직선을 반으로 나눈 각은 90°이므로
직선을 크기가 같은 각 6개로 나누면 작은 각 3개의 크기가 90°와 같습니다.
→ 표시한 각은 작은 각 4개이므로 90°보다 (작습니다, 큽니다).
답구하기 둔각
6 직선을 크기가 같은 각 8개로 나누었습니다. 표시한 각이 예각, 둔각 중 어느 것인지 쓰시오.
문제 이해하기 직선을 반으로 나눈 각은 90°이므로
직선을 크기가 같은 각 8개로 나누면 작은 각 4개의 크기가 90°와 같습니다.
→ 표시한 각은 작은 각 3개이므로 90°보다 (작습니다, 큽니다).
답구하기 예각
정답 확인
61

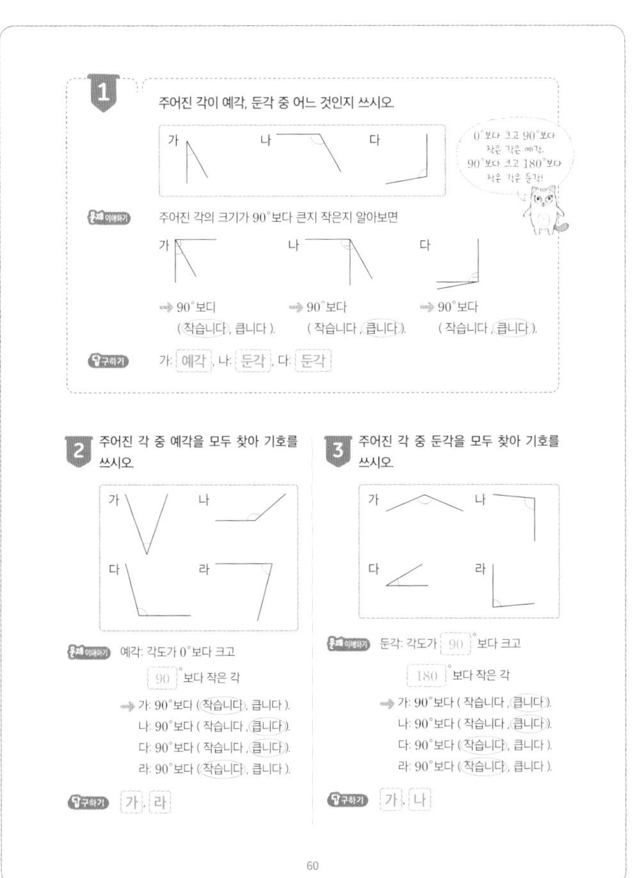

1 주어진 각이 예각, 둔각 중 어느 것인지 쓰시오.
가 나 다
0°보다 크고 90°보다 작은 각은 예각, 90°보다 크고 180°보다 작은 각은 둔각
문제 이해하기 주어진 각의 크기가 90°보다 큰지 작은지 알아보면
→ 90°보다 (작습니다, 큽니다). → 90°보다 (작습니다, 큽니다). → 90°보다 (작습니다, 큽니다).
답구하기 가: 예각, 나: 둔각, 다: 둔각
2 주어진 각 중 예각을 모두 찾아 기호를 쓰시오.
문제 이해하기 예각: 각도가 0°보다 크고 90°보다 작은 각
→ 가: 90°보다 (작습니다, 큽니다).
나: 90°보다 (작습니다, 큽니다).
다: 90°보다 (작습니다, 큽니다).
라: 90°보다 (작습니다, 큽니다).
답구하기 가, 라
3 주어진 각 중 둔각을 모두 찾아 기호를 쓰시오.
문제 이해하기 둔각: 각도가 90°보다 크고 180°보다 작은 각
→ 가: 90°보다 (작습니다, 큽니다).
나: 90°보다 (작습니다, 큽니다).
다: 90°보다 (작습니다, 큽니다).
라: 90°보다 (작습니다, 큽니다).
답구하기 가, 나
60

재미있는 수학 놀이터
둔각을 찾아라
준서는 초록색 색종이를 오려서 삼각형 세 개를 만들고, 효빈이는 노란색 색종이를 오려서 삼각형 세 개를 만들었습니다. 삼각형의 각의 크기 중 둔각의 개수가 더 많은 사람을 찾아 ○표 하세요.
90°보다 크고 180°보다 작은 각을 찾아보자!
준서
직각은 둔각이 아닌 거 알고 있지?
효빈
62

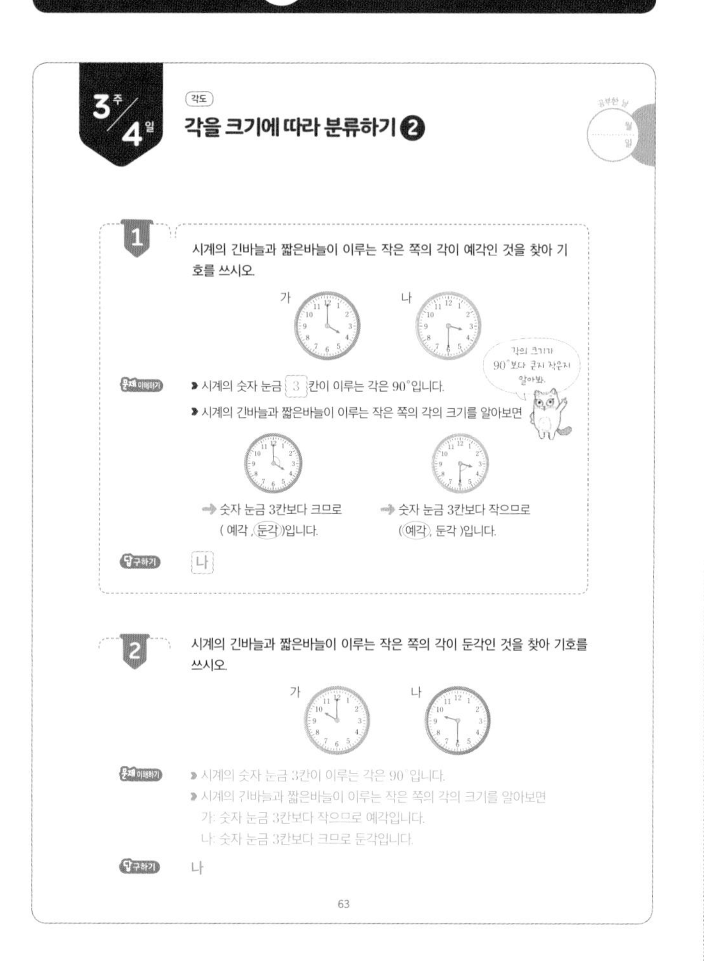

3주/4일

각도

각을 크기에 따라 분류하기 ❷

1 시계의 긴바늘과 짧은바늘이 이루는 작은 쪽의 각이 예각인 것을 찾아 기호를 쓰시오.

가 나

문제 이해하기
- 시계의 숫자 눈금 3칸이 이루는 각은 90°입니다.
- 시계의 긴바늘과 짧은바늘이 이루는 작은 쪽의 각의 크기를 알아보면

→ 숫자 눈금 3칸보다 크므로 (예각 , 둔각)입니다.
→ 숫자 눈금 3칸보다 작으므로 (예각, 둔각)입니다.

답 구하기 나

2 시계의 긴바늘과 짧은바늘이 이루는 작은 쪽의 각이 둔각인 것을 찾아 기호를 쓰시오.

가 나

문제 이해하기
- 시계의 숫자 눈금 3칸이 이루는 각은 90°입니다.
- 시계의 긴바늘과 짧은바늘이 이루는 작은 쪽의 각의 크기를 알아보면

가: 숫자 눈금 3칸보다 작으므로 예각입니다.

나: 숫자 눈금 3칸보다 크므로 둔각입니다.

답 구하기 나

63

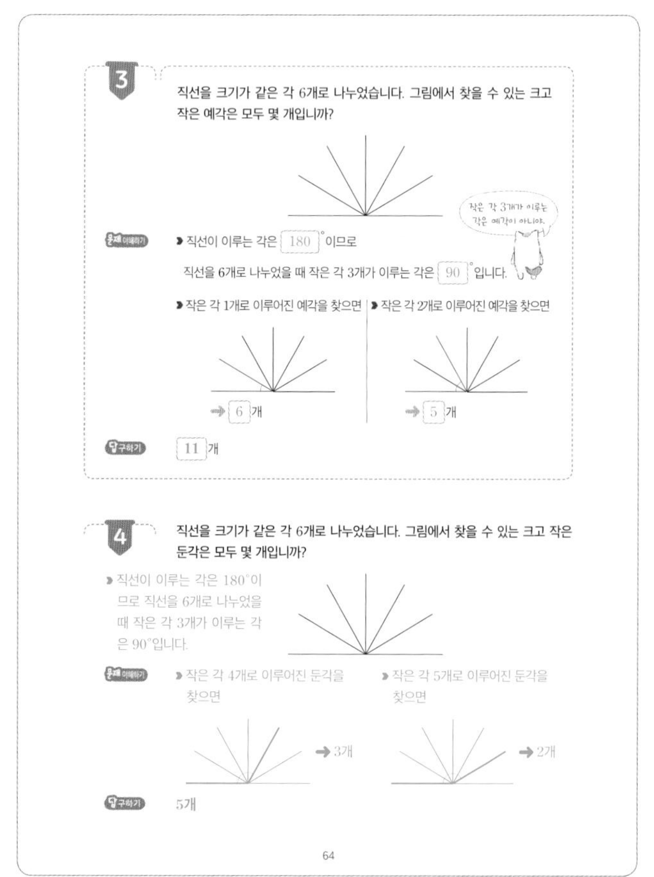

3 직선을 크기가 같은 각 6개로 나누었습니다. 그림에서 찾을 수 있는 크고 작은 예각은 모두 몇 개입니까?

문제 이해하기
- 직선이 이루는 각은 180°이므로 직선을 6개로 나누었을 때 작은 각 3개가 이루는 각은 90°입니다.
- 작은 각 1개로 이루어진 예각을 찾으면 → 6개
- 작은 각 2개로 이루어진 예각을 찾으면 → 5개

답 구하기 11개

4 직선을 크기가 같은 각 6개로 나누었습니다. 그림에서 찾을 수 있는 크고 작은 둔각은 모두 몇 개입니까?

- 직선이 이루는 각은 180°이므로 직선을 6개로 나누었을 때 작은 각 3개가 이루는 각은 90°입니다.

문제 이해하기
- 작은 각 4개로 이루어진 둔각을 찾으면 → 3개
- 작은 각 5개로 이루어진 둔각을 찾으면 → 2개

답 구하기 5개

64

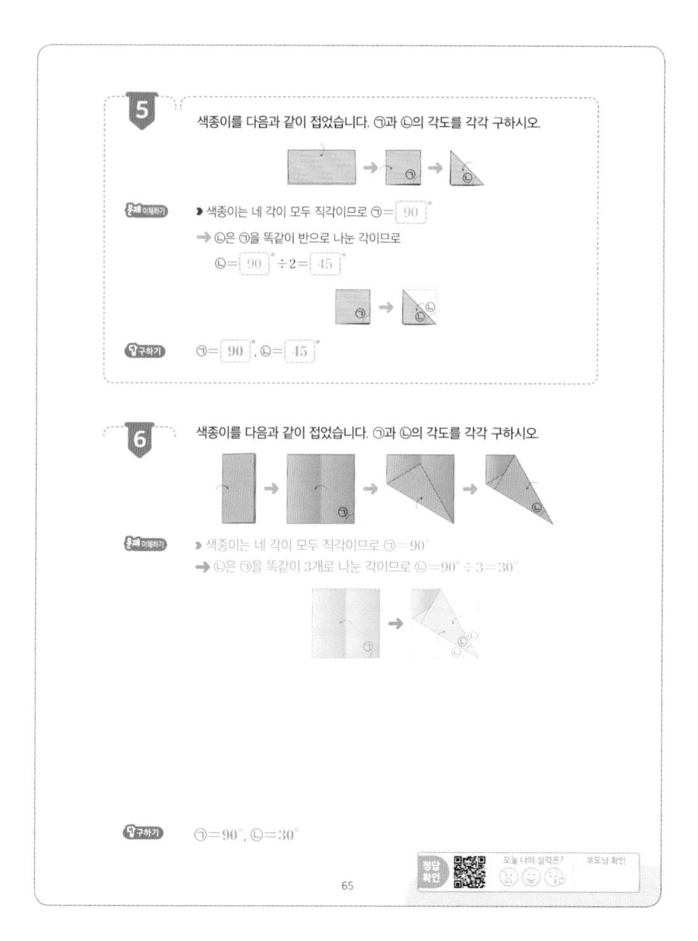

5 색종이를 다음과 같이 접었습니다. ㉠과 ㉡의 각도를 각각 구하시오.

문제 이해하기
- 색종이는 네 각이 모두 직각이므로 ㉠=90°

→ ㉡은 ㉠을 똑같이 반으로 나눈 각이므로 ㉡=90°÷2=45°

답 구하기 ㉠=90°, ㉡=45°

6 색종이를 다음과 같이 접었습니다. ㉠과 ㉡의 각도를 각각 구하시오.

문제 이해하기
- 색종이는 네 각이 모두 직각이므로 ㉠=90°

→ ㉡은 ㉠을 똑같이 3개로 나눈 각이므로 ㉡=90°÷3=30°

답 구하기 ㉠=90°, ㉡=30°

정답 확인 오늘 나의 실력은? 부모님 확인

65

재미있는 수학 놀이터

생쥐들의 치즈 파티

생쥐들이 치즈를 똑같이 8조각으로 나누고 가위바위보를 하여 이긴 생쥐부터 먹고 싶은 만큼 먹기로 했어요. 각각의 생쥐가 먹은 치즈 조각의 각도는 몇 도인지 써 보세요. 그리고 둔각을 찾아 ○표 하세요.

66

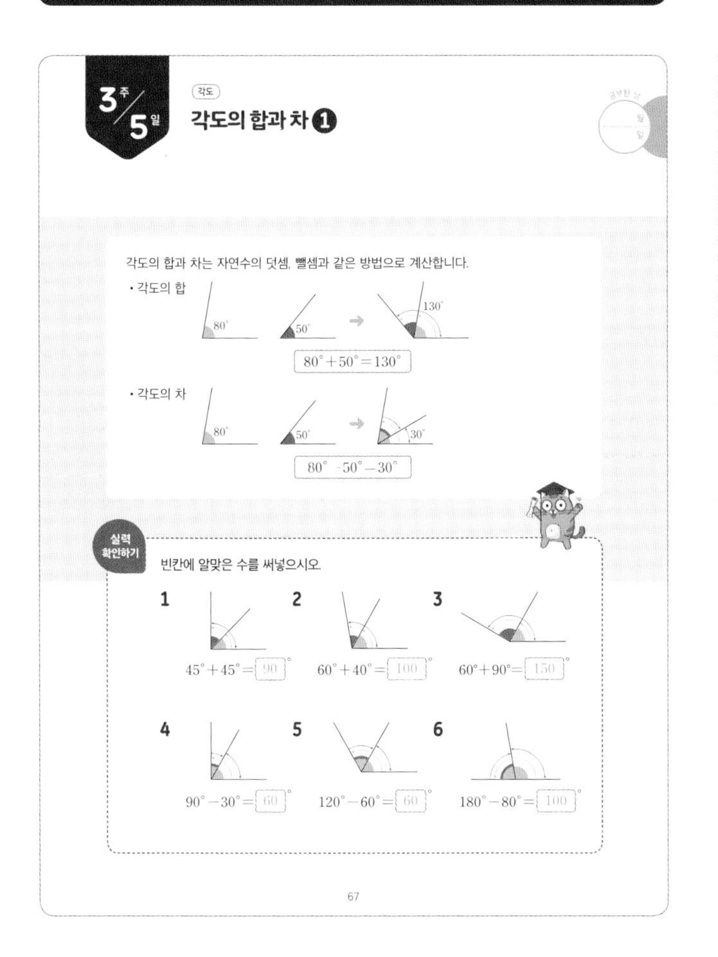
3주 5일

각도

각도의 합과 차 ❶

각도의 합과 차는 자연수의 덧셈, 뺄셈과 같은 방법으로 계산합니다.

• 각도의 합 $80^\circ+50^\circ=130^\circ$

• 각도의 차 $80^\circ-50^\circ=30^\circ$

실력 확인하기 빈칸에 알맞은 수를 써넣으시오.

1 $45^\circ+45^\circ=90^\circ$ 2 $60^\circ+40^\circ=100^\circ$ 3 $60^\circ+90^\circ=150^\circ$

4 $90^\circ-30^\circ=60^\circ$ 5 $120^\circ-60^\circ=60^\circ$ 6 $180^\circ-80^\circ=100^\circ$

67

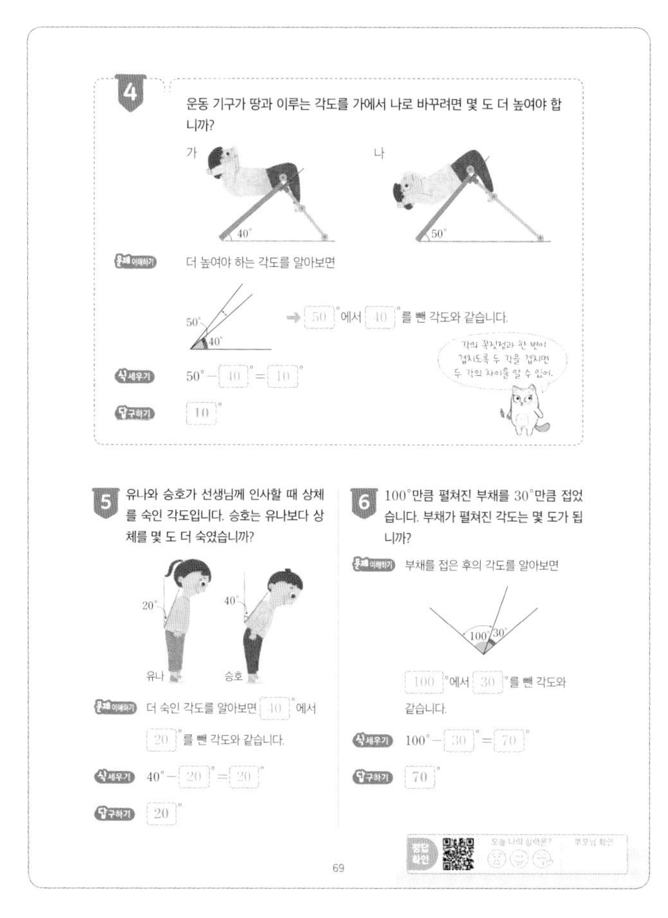
4 운동 기구가 땅과 이루는 각도를 가에서 나로 바꾸려면 몇 도 더 높여야 합니까?

가 40° 나 50°

문제 이해하기 더 높여야 하는 각도를 알아보면

50°에서 40°를 뺀 각도와 같습니다.

각의 꼭짓점과 한 변이 겹치도록 두 각을 겹치면 두 각의 차이를 알 수 있어.

식 세우기 $50^\circ-40^\circ=10^\circ$

답 구하기 10°

5 유나와 승호가 선생님께 인사할 때 상체를 숙인 각도입니다. 승호는 유나보다 상체를 몇 도 더 숙였습니까?

유나 20° 승호 40°

문제 이해하기 더 숙인 각도를 알아보면 40°에서 20°를 뺀 각도와 같습니다.

식 세우기 $40^\circ-20^\circ=20^\circ$

답 구하기 20°

6 100°만큼 펼쳐진 부채를 30°만큼 접었습니다. 부채가 펼쳐진 각도는 몇 도가 됩니까?

문제 이해하기 부채를 접은 후의 각도를 알아보면

100°에서 30°를 뺀 각도와 같습니다.

식 세우기 $100^\circ-30^\circ=70^\circ$

답 구하기 70°

정답 확인 오늘 나의 실력은? 부모님 확인

69

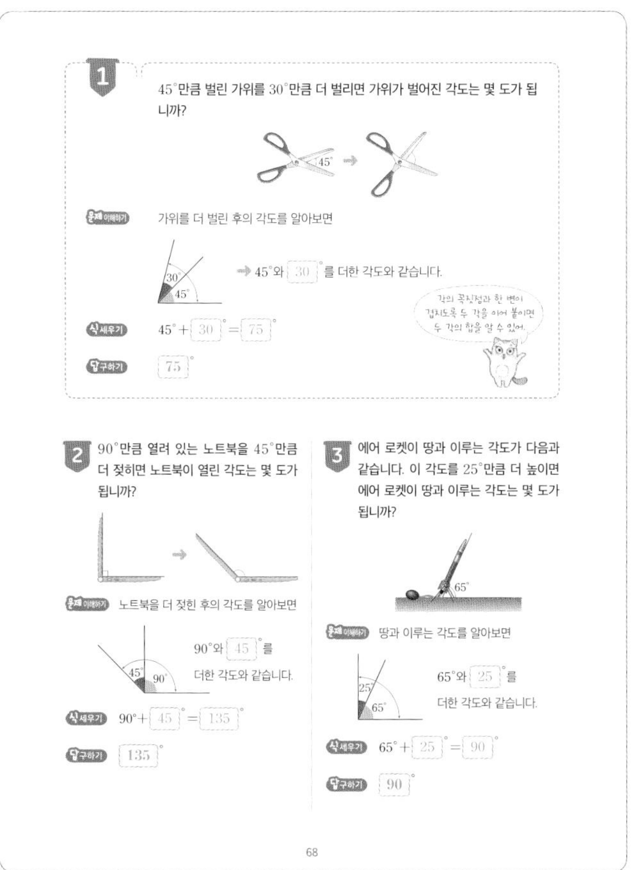
1 45°만큼 벌린 가위를 30°만큼 더 벌리면 가위가 벌어진 각도는 몇 도가 됩니까?

문제 이해하기 가위를 더 벌린 후의 각도를 알아보면

45°와 30°를 더한 각도와 같습니다.

각의 꼭짓점과 한 변이 겹치도록 두 각을 이어 붙이면 두 각의 합을 알 수 있어.

식 세우기 $45^\circ+30^\circ=75^\circ$

답 구하기 75°

2 90°만큼 열려 있는 노트북을 45°만큼 더 젖히면 노트북이 열린 각도는 몇 도가 됩니까?

문제 이해하기 노트북을 더 젖힌 후의 각도를 알아보면

90°와 45°를 더한 각도와 같습니다.

식 세우기 $90^\circ+45^\circ=135^\circ$

답 구하기 135°

3 에어 로켓이 땅과 이루는 각도가 다음과 같습니다. 이 각도를 25°만큼 더 높이면 에어 로켓이 땅과 이루는 각도는 몇 도가 됩니까?

문제 이해하기 땅과 이루는 각도를 알아보면

65°와 25°를 더한 각도와 같습니다.

식 세우기 $65^\circ+25^\circ=90^\circ$

답 구하기 90°

68

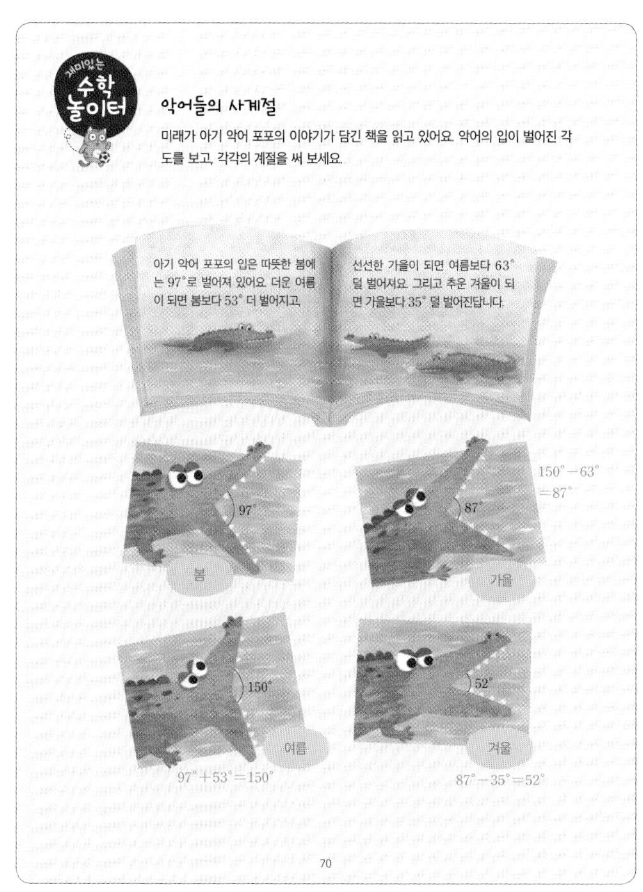
재미있는 수학 놀이터

악어들의 사계절

미래가 아기 악어 포포의 이야기가 담긴 책을 읽고 있어요. 악어의 입이 벌어진 각도를 보고, 각각의 계절을 써 보세요.

아기 악어 포포의 입은 따뜻한 봄에는 97°로 벌어져 있어요. 더운 여름이 되면 봄보다 53° 더 벌어지고,

선선한 가을이 되면 여름보다 63° 덜 벌어져요. 그리고 추운 겨울이 되면 가을보다 35° 덜 벌어진답니다.

97° 봄

87° 가을 $150^\circ-63^\circ=87^\circ$

150° 여름 $97^\circ+53^\circ=150^\circ$

52° 겨울 $87^\circ-35^\circ=52^\circ$

70

4주 1일

각도

각도의 합과 차 ❷

1 ㉠의 각도를 구하시오.

65° ㉠ 40°

문제 이해하기 직선이 이루는 각은 180°이므로 65°와 ㉠과 40°의 합은 180°입니다.

→ 65°+㉠+40°=180°

㉠=180°−65°−40°=75°

답 구하기 75°

2 ㉠의 각도를 구하시오.

55° ㉠

문제 이해하기 직선이 이루는 각은 180°이므로 55°와 ㉠과 90°의 합은 180°입니다.

→ 55°+㉠+90°=180°

㉠=180°−55°−90°=35°

답 구하기 35°

71

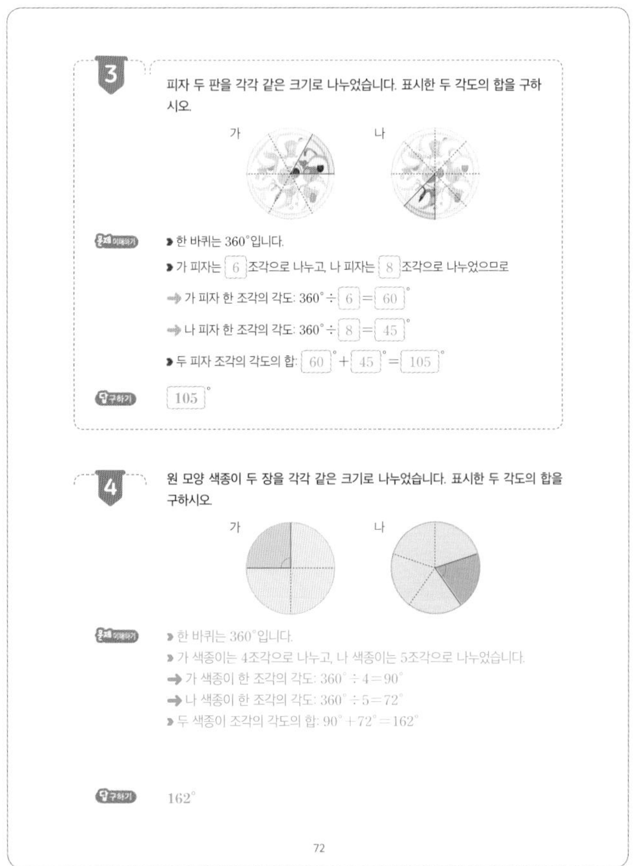

3 피자 두 판을 각각 같은 크기로 나누었습니다. 표시한 두 각도의 합을 구하시오.

가 나

문제 이해하기
- 한 바퀴는 360°입니다.
- 가 피자는 6조각으로 나누고, 나 피자는 8조각으로 나누었으므로

→ 가 피자 한 조각의 각도: 360°÷6=60°

→ 나 피자 한 조각의 각도: 360°÷8=45°

- 두 피자 조각의 각도의 합: 60°+45°=105°

답 구하기 105°

4 원 모양 색종이 두 장을 각각 같은 크기로 나누었습니다. 표시한 두 각도의 합을 구하시오.

가 나

문제 이해하기
- 한 바퀴는 360°입니다.
- 가 색종이는 4조각으로 나누고, 나 색종이는 5조각으로 나누었습니다.

→ 가 색종이 한 조각의 각도: 360°÷4=90°

→ 나 색종이 한 조각의 각도: 360°÷5=72°

- 두 색종이 조각의 각도의 합: 90°+72°=162°

답 구하기 162°

72

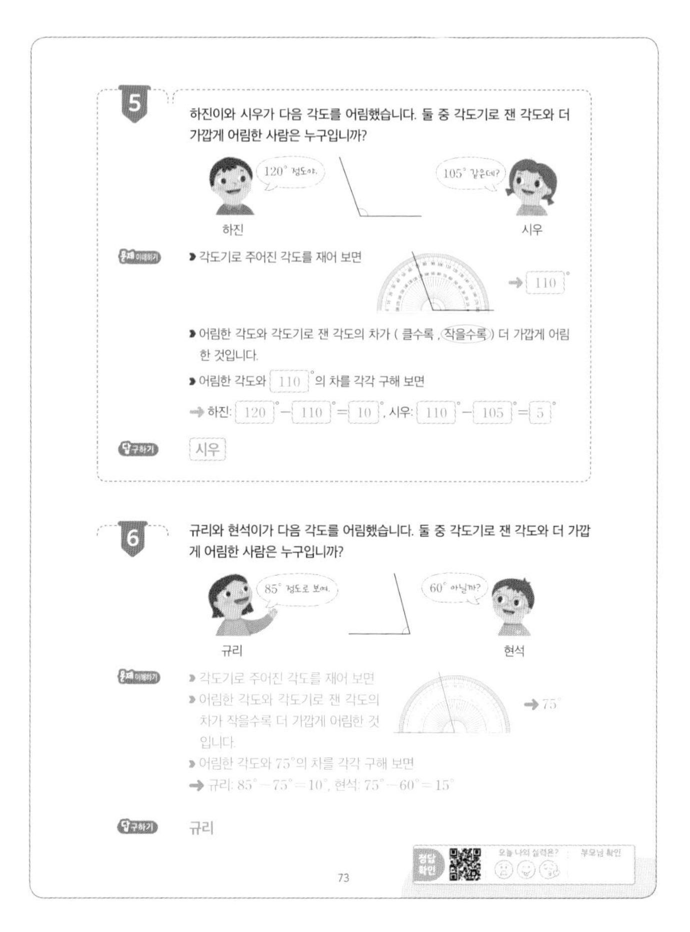

5 하진이와 시우가 다음 각도를 어림했습니다. 둘 중 각도기로 잰 각도와 더 가깝게 어림한 사람은 누구입니까?

120° 정도야. 105° 같은데?

하진 시우

문제 이해하기
- 각도기로 주어진 각도를 재어 보면 → 110°
- 어림한 각도와 각도기로 잰 각도의 차가 (클수록, 작을수록) 더 가깝게 어림한 것입니다.
- 어림한 각도와 110°의 차를 각각 구해 보면

→ 하진: 120°−110°=10°, 시우: 110°−105°=5°

답 구하기 시우

6 규리와 현석이가 다음 각도를 어림했습니다. 둘 중 각도기로 잰 각도와 더 가깝게 어림한 사람은 누구입니까?

85° 정도로 보여. 60° 아닐까?

규리 현석

문제 이해하기
- 각도기로 주어진 각도를 재어 보면 → 75°
- 어림한 각도와 각도기로 잰 각도의 차가 작을수록 더 가깝게 어림한 것입니다.
- 어림한 각도와 75°의 차를 각각 구해 보면

→ 규리: 85°−75°=10°, 현석: 75°−60°=15°

답 구하기 규리

정답 확인 오늘 나의 실력은? 부모님 확인

73

재미있는 수학 놀이터

미술관의 조명

미술관에서 효과적인 작품 감상을 위해 여러 색의 조명을 비추어요. 밤이 되자 조명을 일부만 켜 놓고 있네요. 두 관리인의 말을 잘 듣고, 켜져 있는 조명을 찾아 'ON'에 ○표 하세요.

74

4주/2일

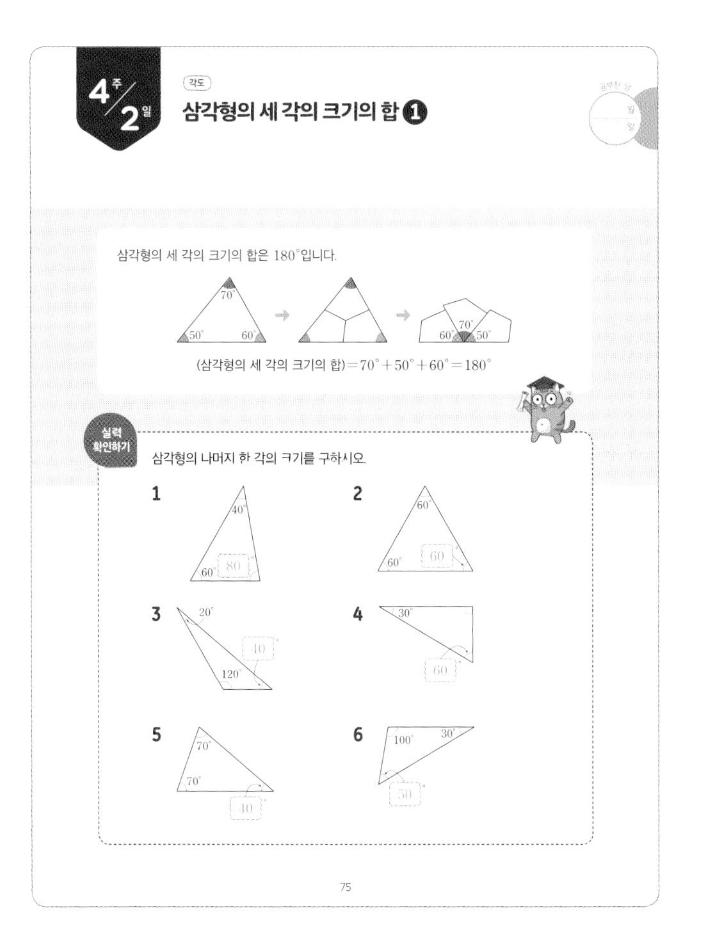

4주 2일
각도
삼각형의 세 각의 크기의 합 1
삼각형의 세 각의 크기의 합은 180°입니다.
(삼각형의 세 각의 크기의 합)=70°+50°+60°=180°
실력 확인하기
삼각형의 나머지 한 각의 크기를 구하시오.

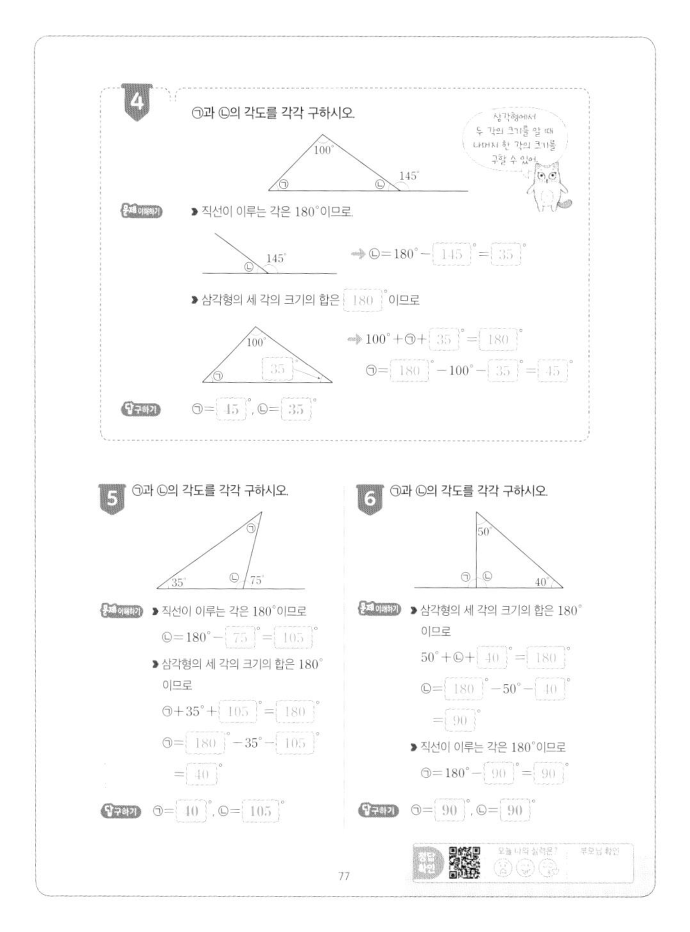

㉠과 ㉡의 각도를 각각 구하시오.
직선이 이루는 각은 180°이므로
㉡=180°−145°=35°
삼각형의 세 각의 크기의 합은 180°이므로
100°+㉠+35°=180°
㉠=180°−100°−35°=45°
㉠=45°, ㉡=35°

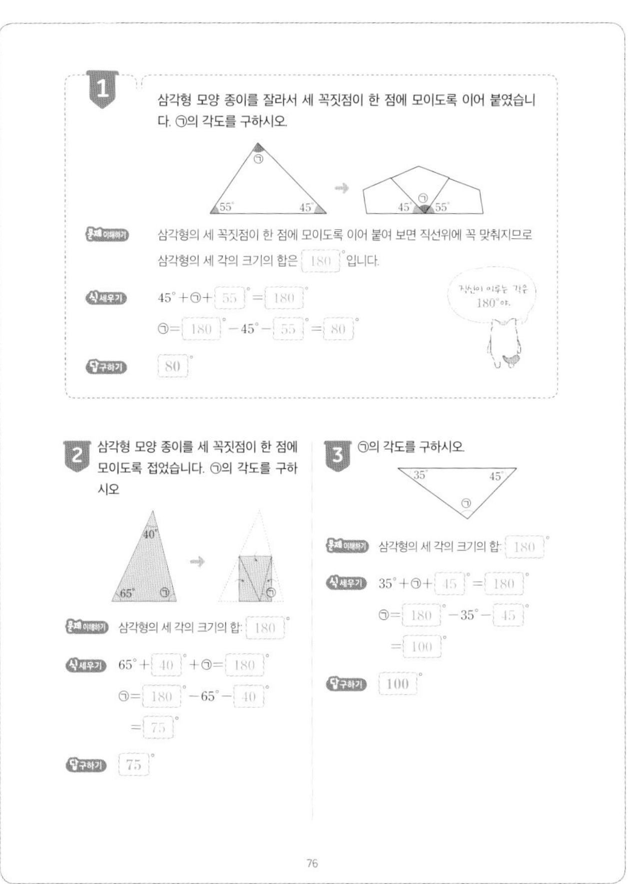

삼각형 모양 종이를 잘라서 세 꼭짓점이 한 점에 모이도록 이어 붙였습니다. ㉠의 각도를 구하시오.
삼각형의 세 꼭짓점이 한 점에 모이도록 이어 붙여 보면 직선위에 꼭 맞춰지므로 삼각형의 세 각의 크기의 합은 180°입니다.
45°+㉠+55°=180°
㉠=180°−45°−55°=80°
80°

재미있는 수학 놀이터
보물 상자를 열어라
해적 조니는 보물 상자의 비밀번호를 알아내려고 섬을 돌면서 같은 색의 말뚝끼리 줄로 잇고 각도를 쟀어요. 그러나 결정적인 곳의 각도를 재지 못해 힘들어하고 있어요. 모르는 각의 크기를 구하여 조니가 보물 상자를 열 수 있는 번호를 써 주세요.
보물 상자의 비밀번호: ㉠+㉡+㉢
㉠: 130°
㉡: 60°
㉢: 52°
130°+60°+52°=242°

4주/3일

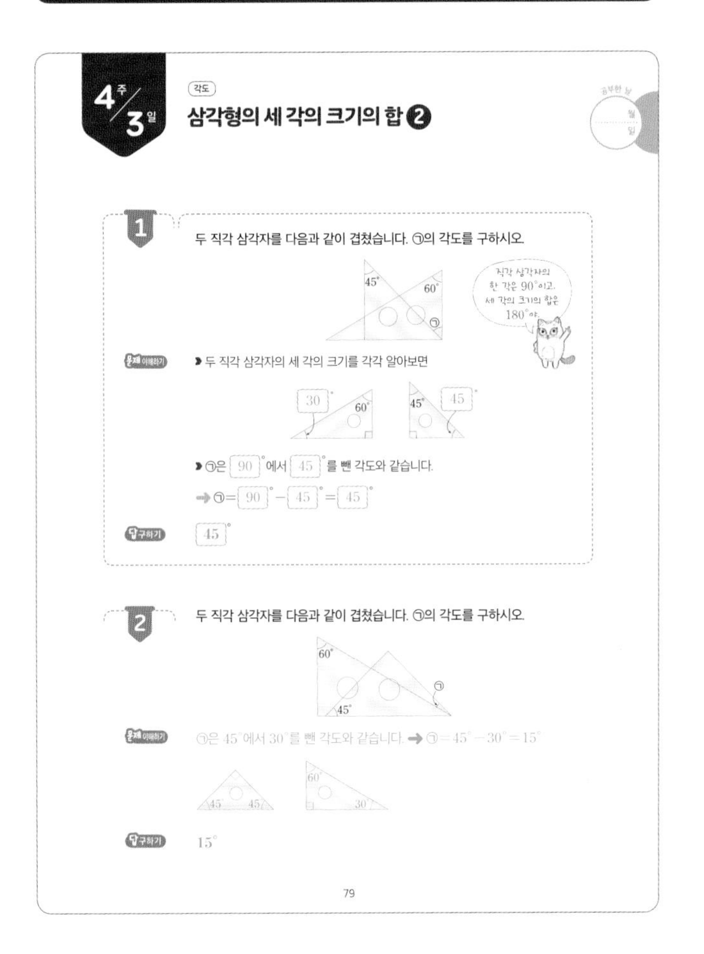

4주 3일

각도

삼각형의 세 각의 크기의 합 ❷

공부한 날 월 일

1 두 직각 삼각자를 다음과 같이 겹쳤습니다. ㉠의 각도를 구하시오.

문제 이해하기 ▸ 두 직각 삼각자의 세 각의 크기를 각각 알아보면

▸ ㉠은 90°에서 45°를 뺀 각도와 같습니다.

→ ㉠=90°−45°=45°

답 구하기 45°

2 두 직각 삼각자를 다음과 같이 겹쳤습니다. ㉠의 각도를 구하시오.

문제 이해하기 ㉠은 45°에서 30°를 뺀 각도와 같습니다. → ㉠=45°−30°=15°

답 구하기 15°

79

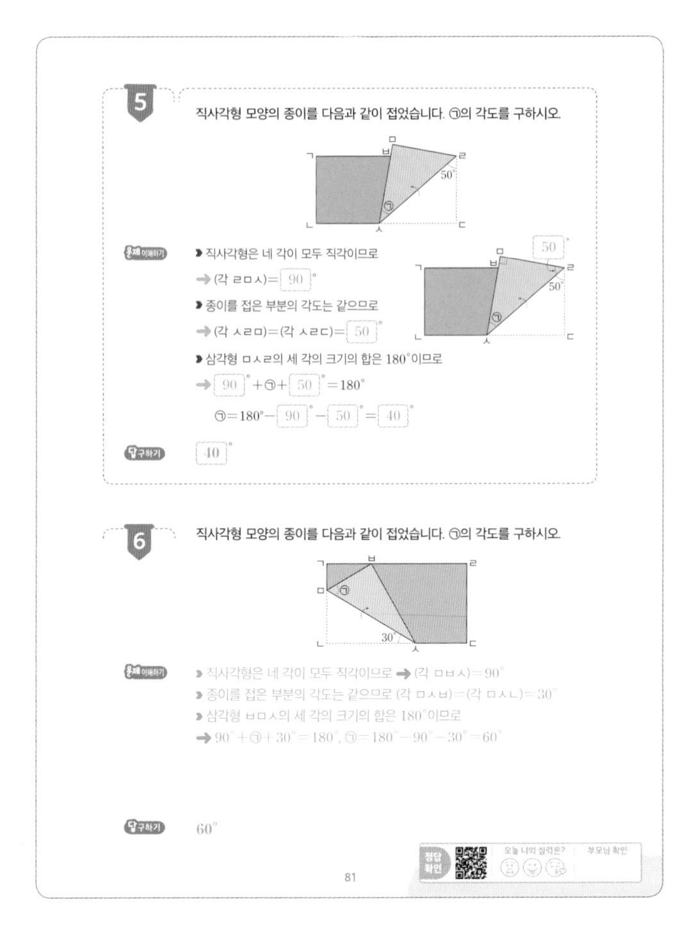

5 직사각형 모양의 종이를 다음과 같이 접었습니다. ㉠의 각도를 구하시오.

문제 이해하기 ▸ 직사각형은 네 각이 모두 직각이므로

→ (각 ㄹㅁㅅ)=90°

▸ 종이를 접은 부분의 각도는 같으므로

→ (각 ㅅㄹㅁ)=(각 ㅅㄹㄷ)=50°

▸ 삼각형 ㅁㅅㄹ의 세 각의 크기의 합은 180°이므로

→ 90°+㉠+50°=180°

㉠=180°−90°−50°=40°

답 구하기 40°

6 직사각형 모양의 종이를 다음과 같이 접었습니다. ㉠의 각도를 구하시오.

문제 이해하기 ▸ 직사각형은 네 각이 모두 직각이므로 → (각 ㅁㅂㅅ)=90°

▸ 종이를 접은 부분의 각도는 같으므로 (각 ㅁㅅㅂ)=(각 ㅁㅅㄴ)=30°

▸ 삼각형 ㅂㅁㅅ의 세 각의 크기의 합은 180°이므로

→ 90°+㉠+30°=180°, ㉠=180°−90°−30°=60°

답 구하기 60°

정답 확인 오늘 나의 실력은? 부모님 확인

81

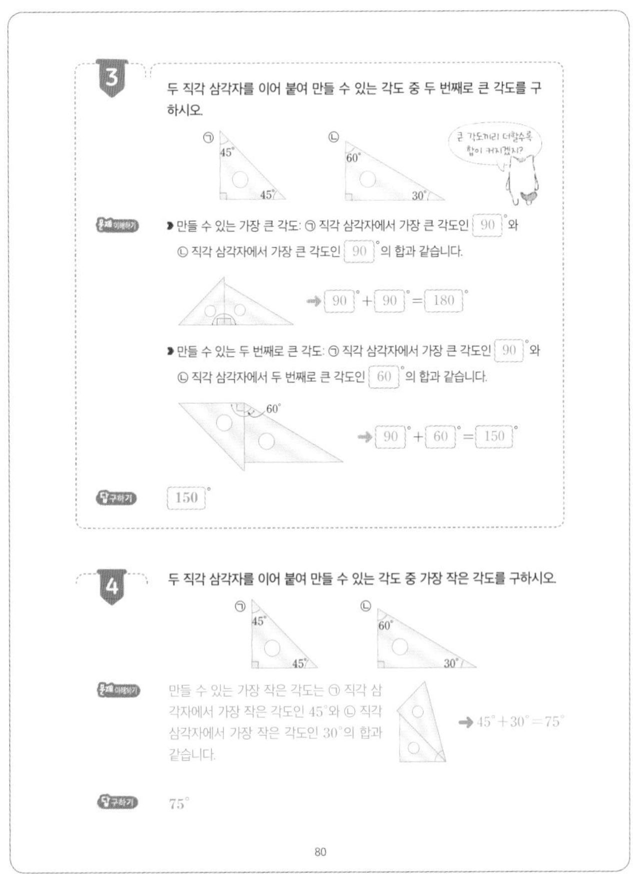

3 두 직각 삼각자를 이어 붙여 만들 수 있는 각도 중 두 번째로 큰 각도를 구하시오.

문제 이해하기 ▸ 만들 수 있는 가장 큰 각도: ㉠ 직각 삼각자에서 가장 큰 각도인 90°와 ㉡ 직각 삼각자에서 가장 큰 각도인 90°의 합과 같습니다.

→ 90°+90°=180°

▸ 만들 수 있는 두 번째로 큰 각도: ㉠ 직각 삼각자에서 가장 큰 각도인 90°와 ㉡ 직각 삼각자에서 두 번째로 큰 각도인 60°의 합과 같습니다.

→ 90°+60°=150°

답 구하기 150°

4 두 직각 삼각자를 이어 붙여 만들 수 있는 각도 중 가장 작은 각도를 구하시오.

문제 이해하기 만들 수 있는 가장 작은 각도는 ㉠ 직각 삼각자에서 가장 작은 각도인 45°와 ㉡ 직각 삼각자에서 가장 작은 각도인 30°의 합과 같습니다.

→ 45°+30°=75°

답 구하기 75°

80

재미있는 수학 놀이터

새총으로 사과를 맞혀요

준환이는 새총으로 사과 맞히는 놀이를 하고 있어요. 새총의 윗부분을 막으면 삼각형 모양이 생기는데, 나머지 한 각의 크기가 써 있는 사과만 맞힐 수 있어요. 어떤 새총으로 어떤 사과를 맞혀야 하는지 선으로 이어 보세요.

82

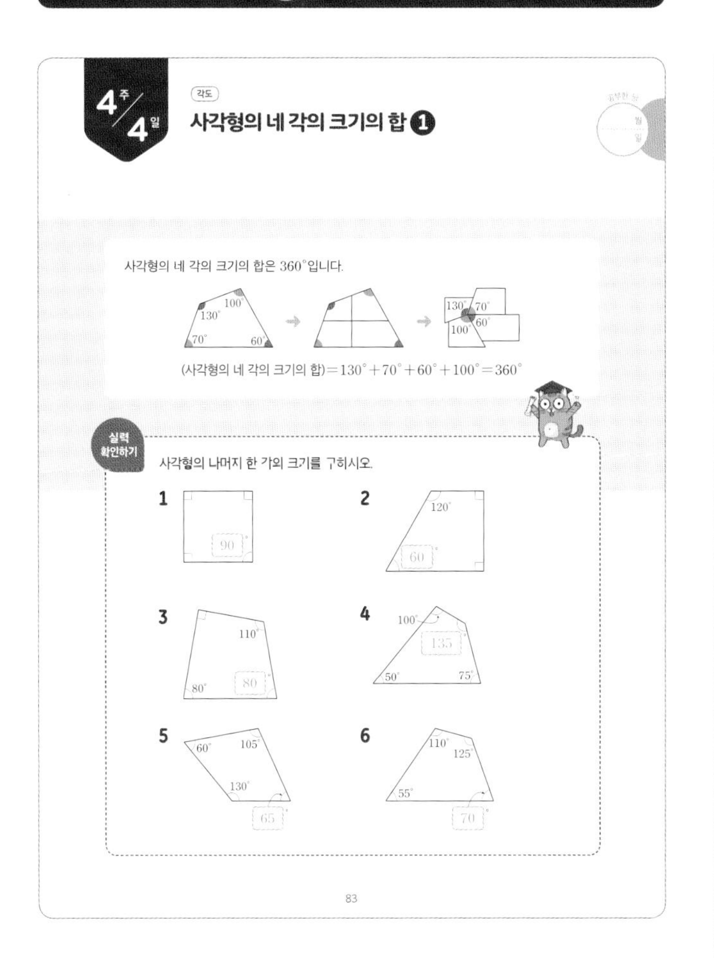

4주 4일

각도

사각형의 네 각의 크기의 합 ❶

사각형의 네 각의 크기의 합은 360°입니다.

(사각형의 네 각의 크기의 합) $=130°+70°+60°+100°=360°$

실력 확인하기

사각형의 나머지 한 각의 크기를 구하시오.

1. 90°
2. 120°, 60°
3. 110°, 80°, 80°
4. 100°, 135°, 50°, 75°
5. 60°, 105°, 130°, 65°
6. 110°, 125°, 55°, 70°

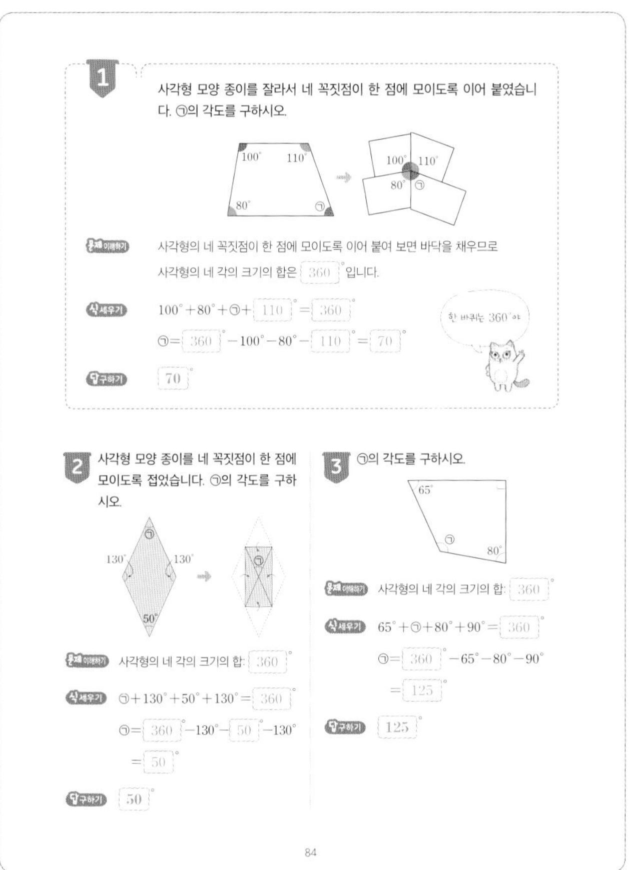

1 사각형 모양 종이를 잘라서 네 꼭짓점이 한 점에 모이도록 이어 붙였습니다. ㉠의 각도를 구하시오.

문제 이해하기 사각형의 네 꼭짓점이 한 점에 모이도록 이어 붙여 보면 바닥을 채우므로 사각형의 네 각의 크기의 합은 360°입니다.

식 세우기 $100°+80°+㉠+110°=360°$

$㉠=360°-100°-80°-110°=70°$

답 구하기 70°

2 사각형 모양 종이를 네 꼭짓점이 한 점에 모이도록 접었습니다. ㉠의 각도를 구하시오.

문제 이해하기 사각형의 네 각의 크기의 합: 360°

식 세우기 $㉠+130°+50°+130°=360°$

$㉠=360°-130°-50°-130°$

$=50°$

답 구하기 50°

3 ㉠의 각도를 구하시오.

문제 이해하기 사각형의 네 각의 크기의 합: 360°

식 세우기 $65°+㉠+80°+90°=360°$

$㉠=360°-65°-80°-90°$

$=125°$

답 구하기 125°

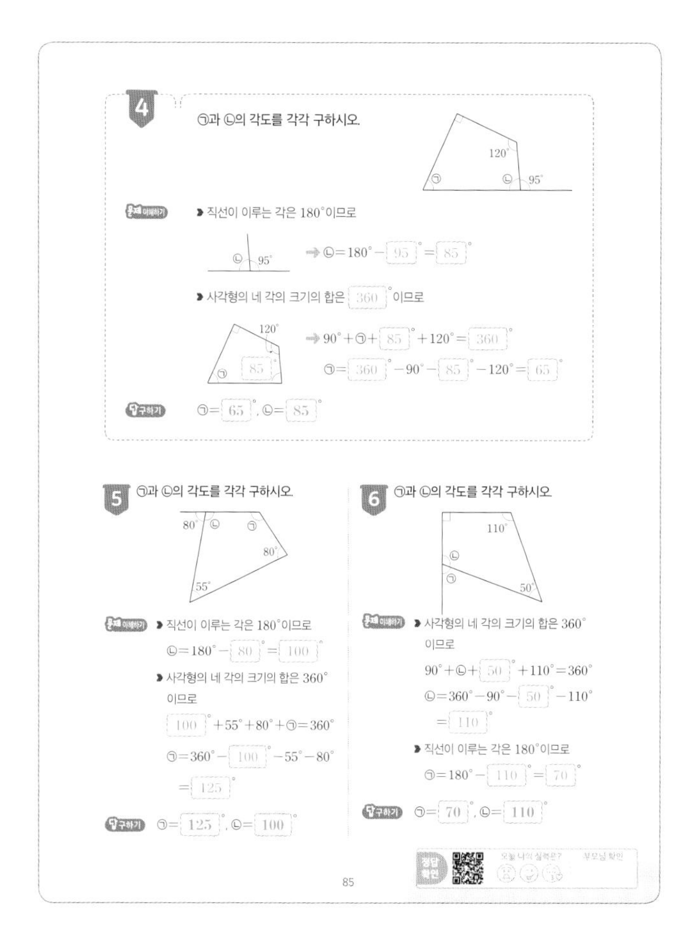

4 ㉠과 ㉡의 각도를 각각 구하시오.

문제 이해하기 ▸ 직선이 이루는 각은 180°이므로

$→ ㉡=180°-95°=85°$

▸ 사각형의 네 각의 크기의 합은 360°이므로

$→ 90°+㉠+85°+120°=360°$

$㉠=360°-90°-85°-120°=65°$

답 구하기 ㉠$=65°$, ㉡$=85°$

5 ㉠과 ㉡의 각도를 각각 구하시오.

문제 이해하기 ▸ 직선이 이루는 각은 180°이므로

$㉡=180°-80°=100°$

▸ 사각형의 네 각의 크기의 합은 360°이므로

$100°+55°+80°+㉠=360°$

$㉠=360°-100°-55°-80°$

$=125°$

답 구하기 ㉠$=125°$, ㉡$=100°$

6 ㉠과 ㉡의 각도를 각각 구하시오.

문제 이해하기 ▸ 사각형의 네 각의 크기의 합은 360°이므로

$90°+㉡+50°+110°=360°$

$㉡=360°-90°-50°-110°$

$=110°$

▸ 직선이 이루는 각은 180°이므로

$㉠=180°-110°=70°$

답 구하기 ㉠$=70°$, ㉡$=110°$

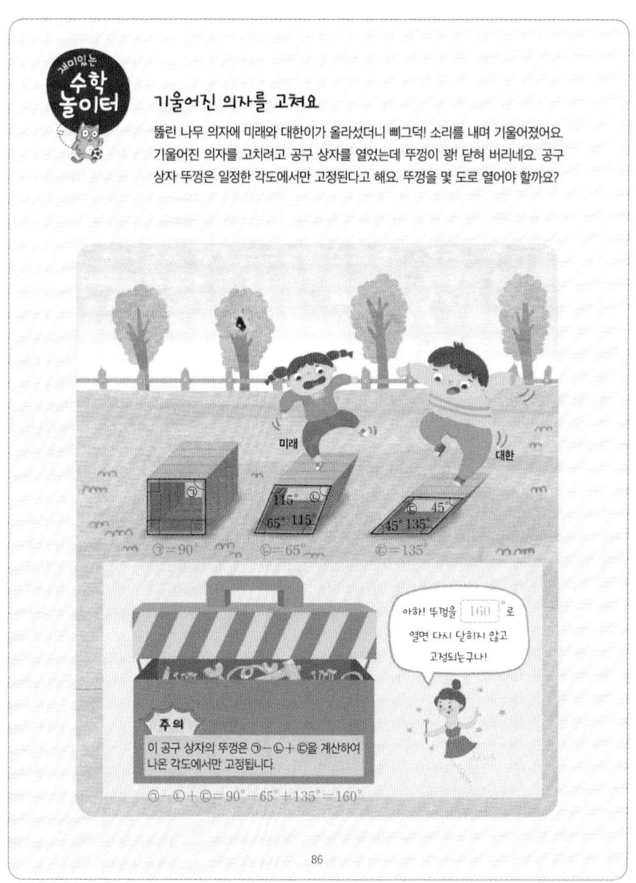

재미있는 수학 놀이터

기울어진 의자를 고쳐요

뚫린 나무 의자에 미래와 대한이가 올라섰더니 삐그덕! 소리를 내며 기울어졌어요. 기울어진 의자를 고치려고 공구 상자를 열었는데 뚜껑이 꽝! 닫혀 버리네요. 공구 상자 뚜껑은 일정한 각도에서만 고정된다고 해요. 뚜껑을 몇 도로 열어야 할까요?

주의

이 공구 상자의 뚜껑은 ㉠−㉡+㉢을 계산하여 나온 각도에서만 고정됩니다.

$㉠-㉡+㉢=90°-65°+135°=160°$

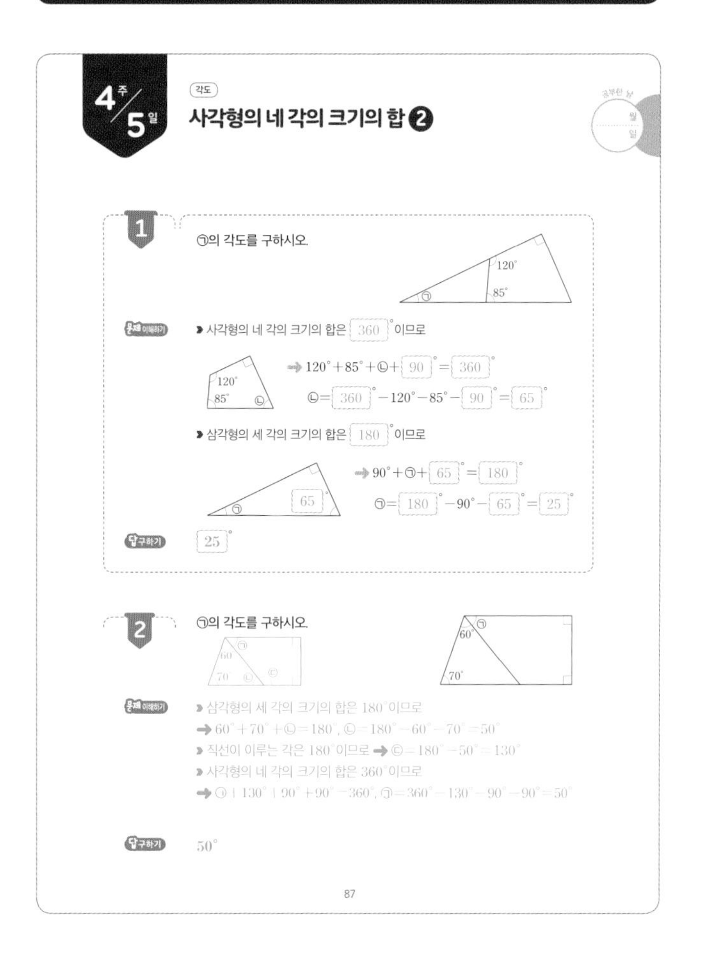

4주 5일

각도

사각형의 네 각의 크기의 합 ❷

1 ㉠의 각도를 구하시오.

문제 이해하기

▸ 사각형의 네 각의 크기의 합은 360°이므로

→ $120°+85°+㉡+90°=360°$

$㉡=360°-120°-85°-90°=65°$

▸ 삼각형의 세 각의 크기의 합은 180°이므로

→ $90°+㉠+65°=180°$

$㉠=180°-90°-65°=25°$

답 구하기 25°

2 ㉠의 각도를 구하시오.

문제 이해하기

▸ 삼각형의 세 각의 크기의 합은 180°이므로

→ $60°+70°+㉡=180°$, $㉡=180°-60°-70°=50°$

▸ 직선이 이루는 각은 180°이므로 → $㉢=180°-50°=130°$

▸ 사각형의 네 각의 크기의 합은 360°이므로

→ $㉠+130°+90°+90°=360°$, $㉠=360°-130°-90°-90°=50°$

답 구하기 50°

87

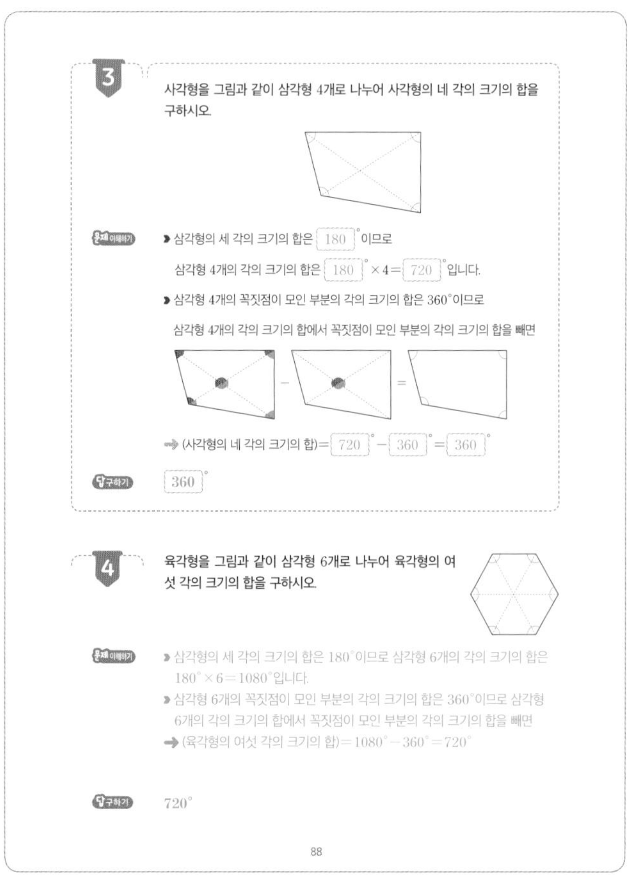

3 사각형을 그림과 같이 삼각형 4개로 나누어 사각형의 네 각의 크기의 합을 구하시오.

문제 이해하기

▸ 삼각형의 세 각의 크기의 합은 180°이므로

삼각형 4개의 각의 크기의 합은 $180°\times4=720°$입니다.

▸ 삼각형 4개의 꼭짓점이 모인 부분의 각의 크기의 합은 360°이므로

삼각형 4개의 각의 크기의 합에서 꼭짓점이 모인 부분의 각의 크기의 합을 빼면

→ (사각형의 네 각의 크기의 합)$=720°-360°=360°$

답 구하기 360°

4 육각형을 그림과 같이 삼각형 6개로 나누어 육각형의 여섯 각의 크기의 합을 구하시오.

문제 이해하기

▸ 삼각형의 세 각의 크기의 합은 180°이므로 삼각형 6개의 각의 크기의 합은 $180°\times6=1080°$입니다.

▸ 삼각형 6개의 꼭짓점이 모인 부분의 각의 크기의 합은 360°이므로 삼각형 6개의 각의 크기의 합에서 꼭짓점이 모인 부분의 각의 크기의 합을 빼면

→ (육각형의 여섯 각의 크기의 합)$=1080°-360°=720°$

답 구하기 720°

88

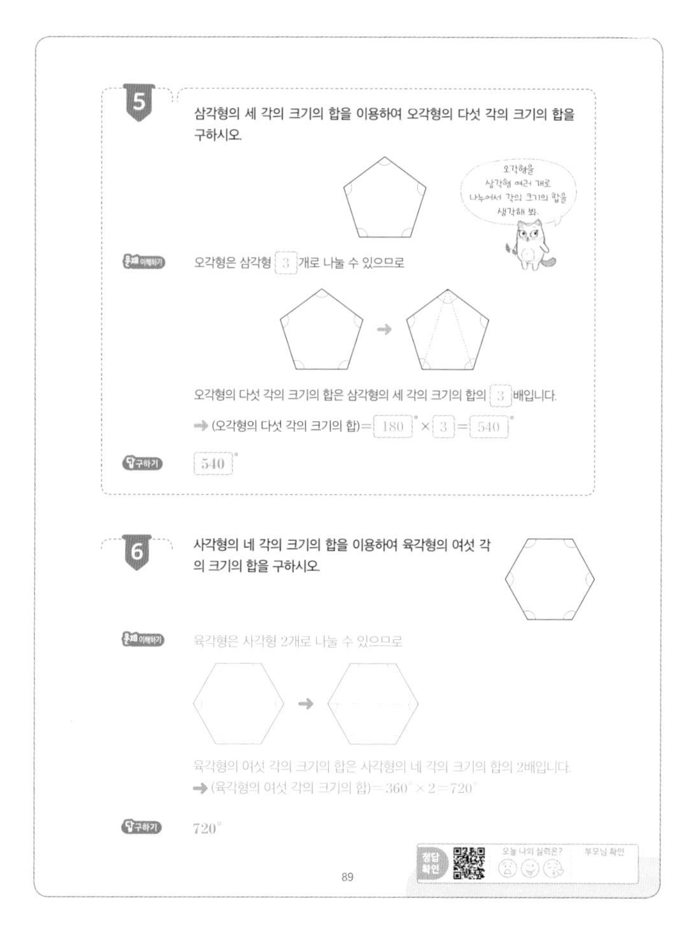

5 삼각형의 세 각의 크기의 합을 이용하여 오각형의 다섯 각의 크기의 합을 구하시오.

오각형을 삼각형 여러 개로 나누어서 각의 크기의 합을 생각해 봐.

문제 이해하기

오각형은 삼각형 3개로 나눌 수 있으므로

오각형의 다섯 각의 크기의 합은 삼각형의 세 각의 크기의 합의 3배입니다.

→ (오각형의 다섯 각의 크기의 합)$=180°\times3=540°$

답 구하기 540°

6 사각형의 네 각의 크기의 합을 이용하여 육각형의 여섯 각의 크기의 합을 구하시오.

문제 이해하기

육각형은 사각형 2개로 나눌 수 있으므로

육각형의 여섯 각의 크기의 합은 사각형의 네 각의 크기의 합의 2배입니다.

→ (육각형의 여섯 각의 크기의 합)$=360°\times2=720°$

답 구하기 720°

정답 확인 오늘 나의 실력은? 부모님 확인

89

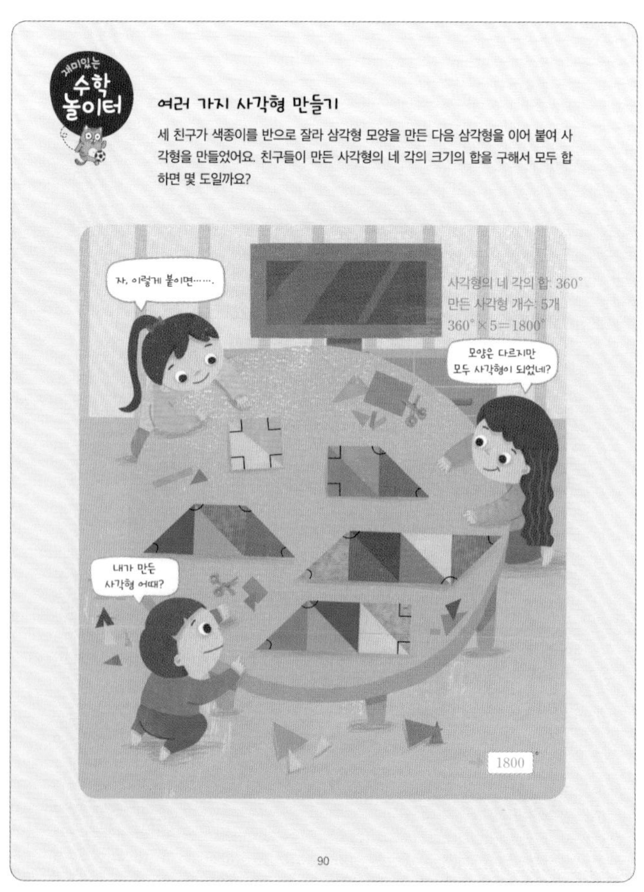

재미있는 수학 놀이터

여러 가지 사각형 만들기

세 친구가 색종이를 반으로 잘라 삼각형 모양을 만든 다음 삼각형을 이어 붙여 사각형을 만들었어요. 친구들이 만든 사각형의 네 각의 크기의 합을 구해서 모두 합하면 몇 도일까요?

자, 이렇게 붙이면…….
사각형의 네 각의 합: 360°
만든 사각형 개수: 5개
360°×5=1800°
모양은 다르지만 모두 사각형이 되었네?
내가 만든 사각형 어때?
1800°

90

5주 / 1일

5주/1일 (각도)

단원 마무리

01 도형에서 둔각은 모두 몇 개입니까?

문제 이해하기: 둔각은 90°보다 크고 180°보다 작은 각입니다.

답 구하기: 3개

02 직선을 크기가 같은 각 10개로 나누었습니다. 표시한 각이 예각, 둔각 중 어느 것인지 쓰시오.

» 직선을 반으로 나눈 각의 크기는 90°이므로 직선을 10개로 나누면 작은 각 5개의 크기가 90°와 같습니다.

문제 이해하기: » 표시한 각은 작은 각 4개이므로 90°보다 작습니다. → 예각

답 구하기: 예각

03 ㉠의 각도를 구하시오.

문제 이해하기: 직선이 이루는 각은 180°이므로 45°와 85°와 ㉠의 합은 180°입니다.
→ 45° + 85° + ㉠ = 180°, ㉠ = 180° − 45° − 85° = 50°

답 구하기: 50°

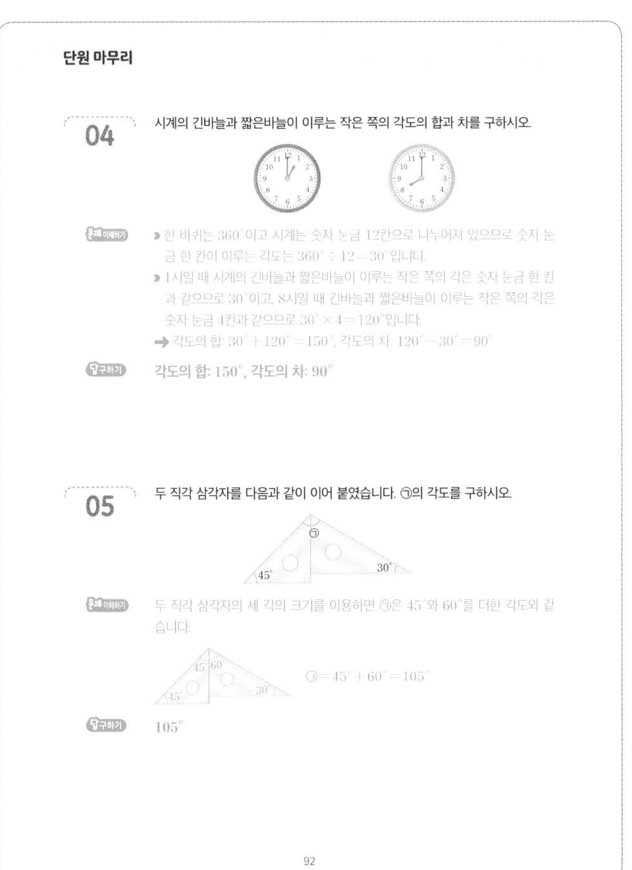

단원 마무리

04 시계의 긴바늘과 짧은바늘이 이루는 작은 쪽의 각도의 합과 차를 구하시오.

문제 이해하기: » 한 바퀴는 360°이고 시계는 숫자 눈금 12칸으로 나누어져 있으므로 숫자 눈금 한 칸이 이루는 각도는 360° ÷ 12 = 30°입니다.
» 1시일 때 시계의 긴바늘과 짧은바늘이 이루는 작은 쪽의 각은 숫자 눈금 한 칸과 같으므로 30°이고, 8시일 때 긴바늘과 짧은바늘이 이루는 작은 쪽의 각은 숫자 눈금 4칸과 같으므로 30° × 4 = 120°입니다.
→ 각도의 합: 30° + 120° = 150°, 각도의 차: 120° − 30° = 90°

답 구하기: 각도의 합: 150°, 각도의 차: 90°

05 두 직각 삼각자를 다음과 같이 이어 붙였습니다. ㉠의 각도를 구하시오.

문제 이해하기: 두 직각 삼각자의 세 각의 크기를 이용하면 ㉠은 45°와 60°를 더한 각도와 같습니다.

㉠ = 45° + 60° = 105°

답 구하기: 105°

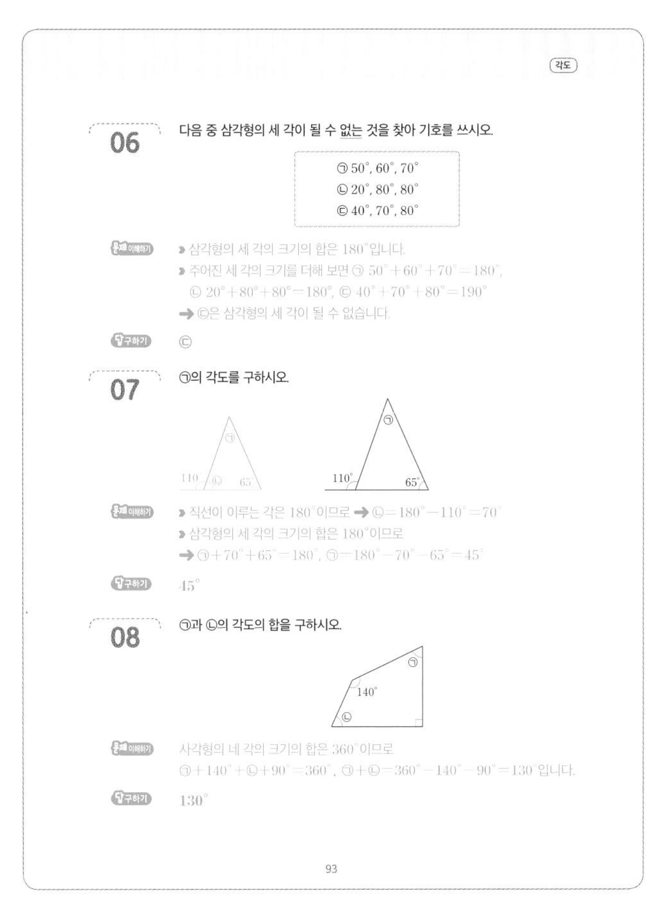

(각도)

06 다음 중 삼각형의 세 각이 될 수 없는 것을 찾아 기호를 쓰시오.

㉠ 50°, 60°, 70°
㉡ 20°, 80°, 80°
㉢ 40°, 70°, 80°

문제 이해하기: » 삼각형의 세 각의 크기의 합은 180°입니다.
» 주어진 세 각의 크기를 더해 보면 ㉠ 50° + 60° + 70° = 180°, ㉡ 20° + 80° + 80° = 180°, ㉢ 40° + 70° + 80° = 190°
→ ㉢은 삼각형의 세 각이 될 수 없습니다.

답 구하기: ㉢

07 ㉠의 각도를 구하시오.

문제 이해하기: » 직선이 이루는 각은 180°이므로 → ㉡ = 180° − 110° = 70°
» 삼각형의 세 각의 크기의 합은 180°이므로
→ ㉠ + 70° + 65° = 180°, ㉠ = 180° − 70° − 65° = 45°

답 구하기: 45°

08 ㉠과 ㉡의 각도의 합을 구하시오.

문제 이해하기: 사각형의 네 각의 크기의 합은 360°이므로
㉠ + 140° + ㉡ + 90° = 360°, ㉠ + ㉡ = 360° − 140° − 90° = 130°입니다.

답 구하기: 130°

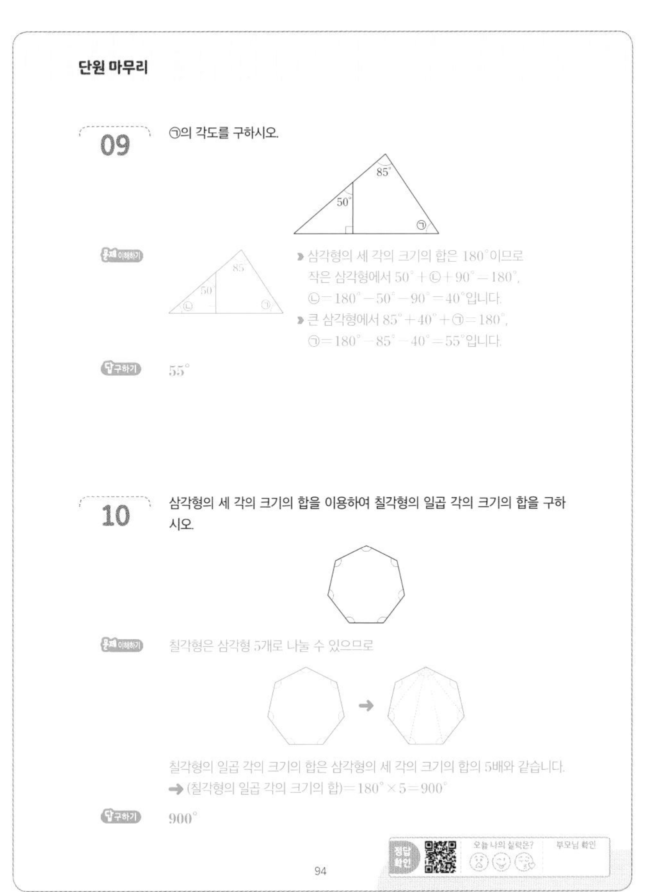

단원 마무리

09 ㉠의 각도를 구하시오.

문제 이해하기: » 삼각형의 세 각의 크기의 합은 180°이므로 작은 삼각형에서 50° + ㉡ + 90° = 180°, ㉡ = 180° − 50° − 90° = 40°입니다.
» 큰 삼각형에서 85° + 40° + ㉠ = 180°, ㉠ = 180° − 85° − 40° = 55°입니다.

답 구하기: 55°

10 삼각형의 세 각의 크기의 합을 이용하여 칠각형의 일곱 각의 크기의 합을 구하시오.

문제 이해하기: 칠각형은 삼각형 5개로 나눌 수 있으므로

칠각형의 일곱 각의 크기의 합은 삼각형의 세 각의 크기의 합의 5배와 같습니다.
→ (칠각형의 일곱 각의 크기의 합) = 180° × 5 = 900°

답 구하기: 900°

정답 확인 | 오늘 나의 실력은? | 부모님 확인

5주/2일

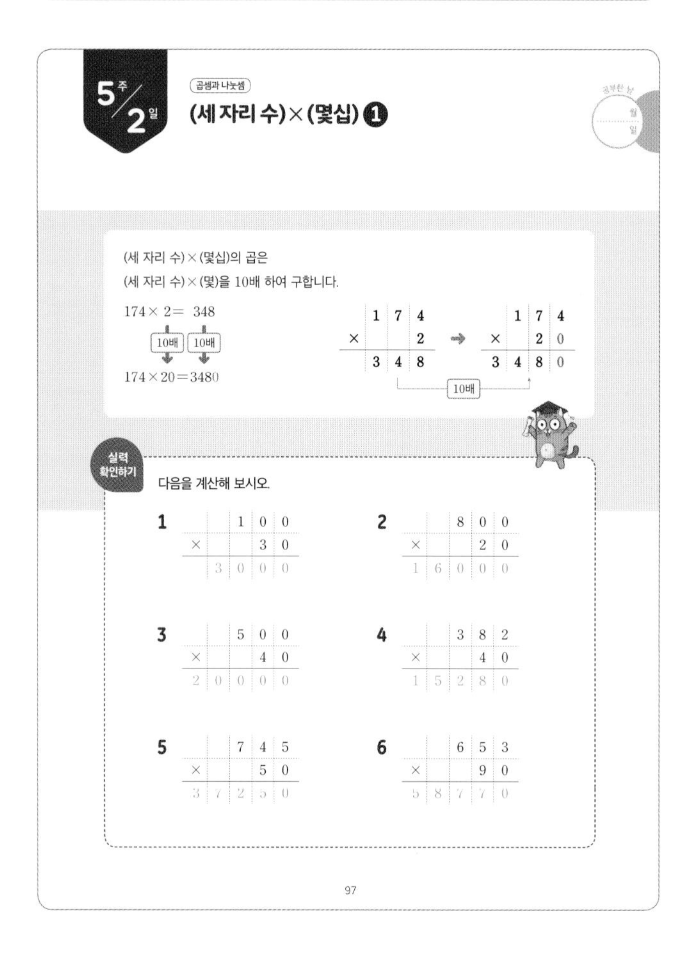

5주/2일

곱셈과 나눗셈

(세 자리 수)×(몇십) ❶

공부한 날 월 일

(세 자리 수)×(몇십)의 곱은
(세 자리 수)×(몇)을 10배 하여 구합니다.

174×2= 348
10배 10배
174×20=3480

	1	7	4
×			2
	3	4	8

→

	1	7	4
×		2	0
3	4	8	0

10배

실력 확인하기

다음을 계산해 보시오.

1. 100 × 30 = 3000
2. 800 × 20 = 16000
3. 500 × 40 = 20000
4. 382 × 40 = 15280
5. 745 × 50 = 37250
6. 653 × 90 = 58770

97

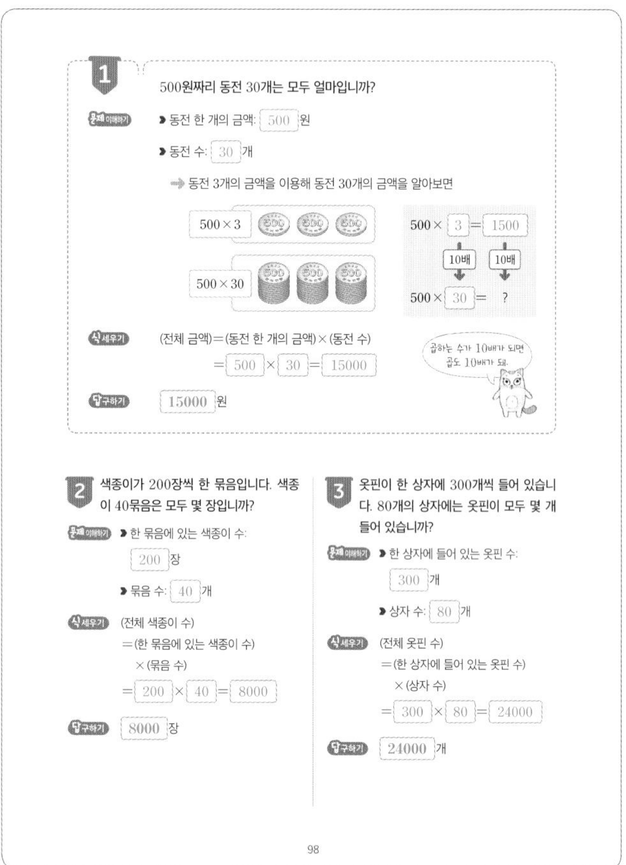

1 500원짜리 동전 30개는 모두 얼마입니까?

문제 이해하기
- 동전 한 개의 금액: 500 원
- 동전 수: 30 개

→ 동전 3개의 금액을 이용해 동전 30개의 금액을 알아보면

500×3
500×30

500×3=1500
10배 10배
500×30= ?

식 세우기 (전체 금액)=(동전 한 개의 금액)×(동전 수)
=500×30=15000

곱하는 수가 10배가 되면 곱도 10배가 돼.

답 구하기 15000 원

2 색종이가 200장씩 한 묶음입니다. 색종이 40묶음은 모두 몇 장입니까?

문제 이해하기
- 한 묶음에 있는 색종이 수: 200 장
- 묶음 수: 40 개

식 세우기 (전체 색종이 수)
=(한 묶음에 있는 색종이 수)×(묶음 수)
=200×40=8000

답 구하기 8000 장

3 옷핀이 한 상자에 300개씩 들어 있습니다. 80개의 상자에는 옷핀이 모두 몇 개 들어 있습니까?

문제 이해하기
- 한 상자에 들어 있는 옷핀 수: 300 개
- 상자 수: 80 개

식 세우기 (전체 옷핀 수)
=(한 상자에 들어 있는 옷핀 수)×(상자 수)
=300×80=24000

답 구하기 24000 개

98

4 민준이는 하루에 우유를 215 mL씩 마십니다. 20일 동안 마신 우유는 모두 몇 mL입니까?

문제 이해하기
- 하루에 마신 우유 양: 215 mL
- 마신 날수: 20 일

→ 2일 동안 마신 양을 이용해 20일 동안 마신 양을 알아보면

식 세우기 (전체 양)=(하루에 마신 양)×(마신 날수)
=215×20=4300

답 구하기 4300 mL

5 은호가 하루에 570원씩 모았습니다. 은호가 40일 동안 모은 돈은 모두 얼마입니까?

문제 이해하기
- 하루에 모은 금액: 570 원
- 모은 날수: 40 일

식 세우기 (모은 금액)
=(하루에 모은 금액)×(모은 날수)
=570×40=22800

답 구하기 22800 원

6 수아가 찰흙을 323 g씩 한 덩어리로 뭉쳤습니다. 이 찰흙 덩어리 50개의 무게는 모두 몇 g입니까?

문제 이해하기
- 한 덩어리의 무게: 323 g
- 덩어리 수: 50 개

식 세우기 (전체 무게)
=(한 덩어리의 무게)×(덩어리 수)
=323×50=16150

답 구하기 16150 g

정답 확인 오늘 나의 실력은? 부모님 확인

99

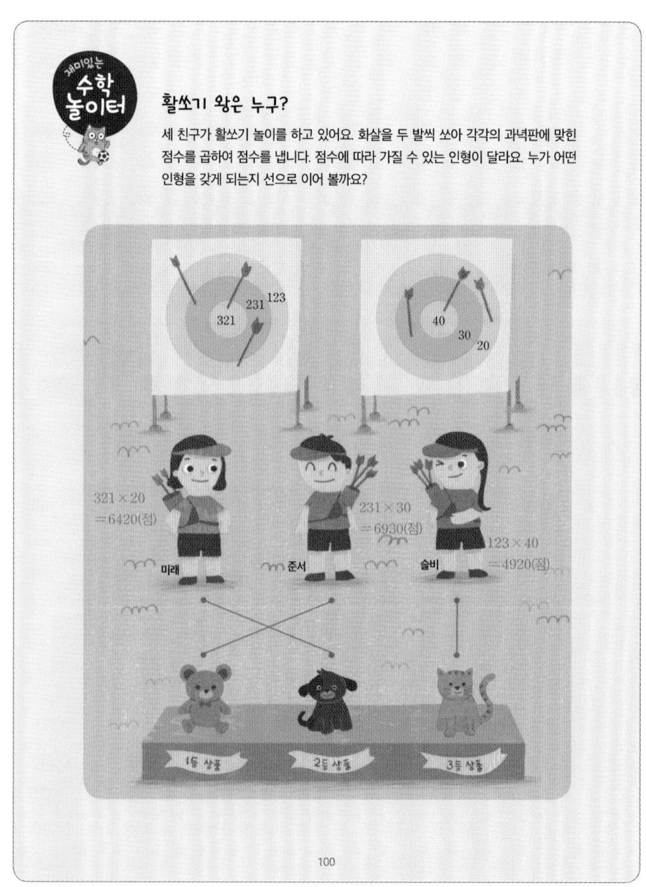

재미있는 수학 놀이터

활쏘기 왕은 누구?

세 친구가 활쏘기 놀이를 하고 있어요. 화살을 두 발씩 쏘아 각각의 과녁판에 맞힌 점수를 곱하여 점수를 냅니다. 점수에 따라 가질 수 있는 인형이 달라요. 누가 어떤 인형을 갖게 되는지 선으로 이어 볼까요?

100

5주 / 3일

5주/3일

곱셈과 나눗셈

(세 자리 수)×(몇십) 2

1 400×40을 이용하여 각자 주어진 곱을 어림하려고 합니다. 두 사람 중 곱을 바르게 어림한 사람을 고르시오.

- 효연: 420×40은 16000보다 클 거야.
- 진욱: 389×40은 16000보다 클 거야.

문제 이해하기
- 420×40의 곱 어림하기
  420은 400보다 (크므로, 작으므로)
  420×40의 곱은 $400\times40=$ 16000 보다 (큽니다, 작습니다).
- 389×40의 곱 어림하기
  389는 400보다 (크므로, 작으므로)
  389×40의 곱은 $400\times40=$ 16000 보다 (큽니다, 작습니다).

답 구하기 효연

2 600×70을 이용하여 각자 주어진 곱을 어림하려고 합니다. 두 사람 중 곱을 바르게 어림한 사람을 고르시오.

- 영소: 570×70는 42000보다 작을 거야.
- 동건: 614×70은 42000보다 작을 거야.

문제 이해하기
- 570×70의 곱 어림하기
  570은 600보다 작으므로
  570×70의 곱은 $600\times70=42000$보다 작습니다.
- 614×70의 곱 어림하기
  614는 600보다 크므로
  614×70의 곱은 $600\times70=42000$보다 큽니다.

답 구하기 영소

101

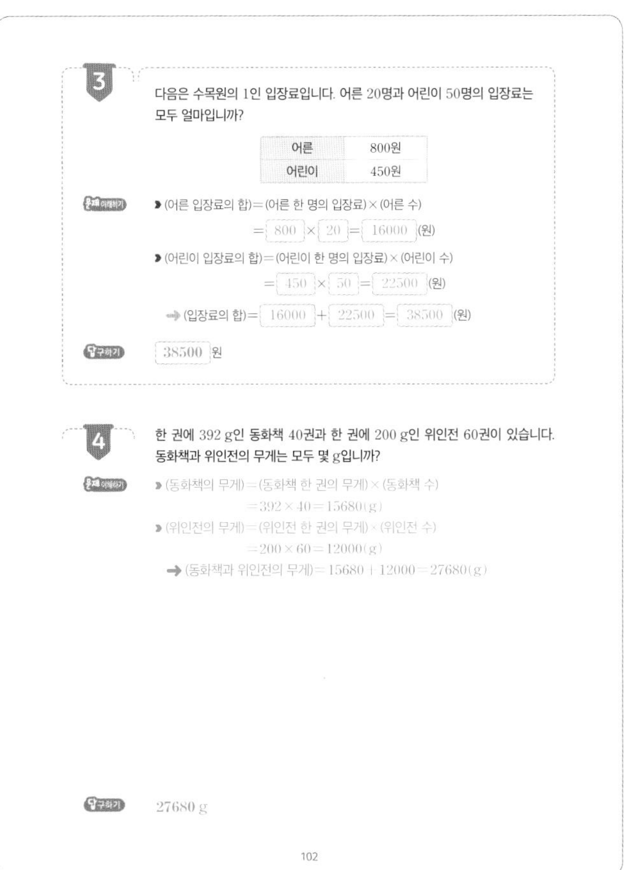

3 다음은 수목원의 1인 입장료입니다. 어른 20명과 어린이 50명의 입장료는 모두 얼마입니까?

어른	800원
어린이	450원

문제 이해하기
- (어른 입장료의 합)=(어른 한 명의 입장료)×(어른 수)
  $=800\times20=16000$(원)
- (어린이 입장료의 합)=(어린이 한 명의 입장료)×(어린이 수)
  $=450\times50=22500$(원)

→ (입장료의 합)$=16000+22500=38500$(원)

답 구하기 38500 원

4 한 권에 392 g인 동화책 40권과 한 권에 200 g인 위인전 60권이 있습니다. 동화책과 위인전의 무게는 모두 몇 g입니까?

문제 이해하기
- (동화책의 무게)=(동화책 한 권의 무게)×(동화책 수)
  $=392\times40=15680$(g)
- (위인전의 무게)=(위인전 한 권의 무게)×(위인전 수)
  $=200\times60=12000$(g)

→ (동화책과 위인전의 무게)$=15680+12000=27680$(g)

답 구하기 27680 g

102

5 빨간색 수 카드 중 3장을 골라 세 자리 수를 만들고, 초록색 수 카드 중 2장을 골라 두 자리 수를 만들어 곱하려고 합니다. 계산 결과가 가장 작게 되는 곱셈식을 쓰고 답을 구하시오.

3 9 4 8 5 6 0 7

문제 이해하기
- 곱이 가장 작게 되려면 (큰 수끼리, 작은 수끼리) 곱해야 합니다.
- 가장 작은 세 자리 수: 수의 크기를 비교하면 $3<4<8<9$이므로
  가장 작은 수부터 백, 십, 일의 자리에 차례로 놓으면 348
- 가장 작은 두 자리 수: 수의 크기를 비교하면 $0<5<6<7$이므로
  십의 자리에 0이 아닌 가장 작은 수를 놓고, 일의 자리에 0을 놓으면 50

식 세우기 $348\times50=17400$

답 구하기 17400

6 보라색 수 카드 중 3장을 골라 세 자리 수를 만들고, 노란색 수 카드 중 2장을 골라 두 자리 수를 만들어 곱하려고 합니다. 계산 결과가 가장 작게 되는 곱셈식을 쓰고 답을 구하시오.

7 9 1 3 9 6 8 0

문제 이해하기
- 곱이 가장 작게 되려면 작은 수끼리 곱해야 합니다.
- 가장 작은 세 자리 수: 수의 크기를 비교하면 $1<3<7<9$이므로 가장 작은 수부터 백, 십, 일의 자리에 차례로 놓으면 137
- 가장 작은 두 자리 수: 수의 크기를 비교하면 $0<6<8<9$이므로 십의 자리에 0이 아닌 가장 작은 수를 놓고, 일의 자리에 0을 놓으면 60

식 세우기 $137\times60=8220$

답 구하기 8220

정답 확인 오늘 나의 실력은? 부모님 확인

103

재미있는 수학 놀이터

퍼즐 조각을 맞춰요

여러 가지 모양의 퍼즐이 있어요. 한 사람당 두 조각씩 골라 짝을 지은 다음, 두 수의 곱이 가장 큰 사람에게 사탕 바구니를 주기로 했어요. 세 친구가 고른 퍼즐의 모양을 잘 살펴 숫자를 써 넣고, 사탕을 받는 사람에게 ○표 하세요.

104

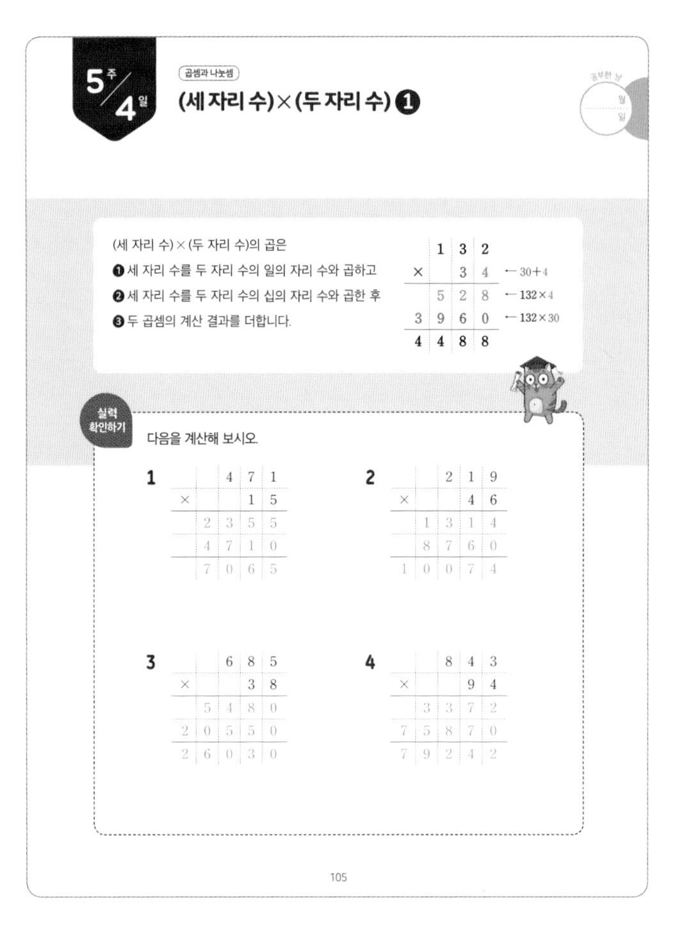
5주 4일

곱셈과 나눗셈

(세 자리 수)×(두 자리 수) ❶

(세 자리 수)×(두 자리 수)의 곱은
❶ 세 자리 수를 두 자리 수의 일의 자리 수와 곱하고
❷ 세 자리 수를 두 자리 수의 십의 자리 수와 곱한 후
❸ 두 곱셈의 계산 결과를 더합니다.

	1	3	2	
×		3	4	← 30+4
	5	2	8	← 132×4
3	9	6	0	← 132×30
4	4	8	8	

실력 확인하기 다음을 계산해 보시오.

1. 471×15: 2355, 4710, 7065
2. 219×46: 1314, 8760, 10074
3. 685×38: 5480, 20550, 26030
4. 843×94: 3372, 75870, 79242

105

1 서점에 160쪽짜리 책이 15권 있습니다. 책은 모두 몇 쪽입니까?

문제 이해하기
- 책 한 권의 쪽수: 160 쪽
- 책 수: 15 권

➜ 10권의 쪽수와 5권의 쪽수의 합을 이용해 15권의 쪽수를 알아보면

	1	6	0	
×		1	5	← 10+5
	8	0	0	← 160×5
1	6	0	0	← 160×10
2	4	0	0	

식 세우기 (전체 쪽수)=(책 한 권의 쪽수)×(책 수)= 160 × 15 = 2400

답 구하기 2400 쪽

2 규호가 450원짜리 아이스크림을 27개 샀습니다. 규호는 모두 얼마를 내야 합니까?

문제 이해하기
- 아이스크림 한 개의 가격: 450 원
- 산 아이스크림 수: 27 개

식 세우기 (전체 가격)
=(아이스크림 한 개의 가격)×(산 아이스크림 수)
= 450 × 27 = 12150

답 구하기 12150 원

3 은서는 하루에 282 L의 물을 사용한다고 합니다. 은서가 8월 한 달 동안 사용한 물은 모두 몇 L입니까?

문제 이해하기
- 하루에 사용하는 물의 양: 282 L
- 사용한 날수: 8월의 날수는 31 일

식 세우기 (8월 한 달 동안 사용한 물의 양)
=(하루에 사용하는 물의 양)×(날수)
= 282 × 31 = 8742

답 구하기 8742 L

106

4 다음 곱셈식을 이용하여 527×44의 곱을 구하시오.

527×4=2108

문제 이해하기 44= 40 +4이므로
527×44는 527× 40 과 527×4의 합으로 구할 수 있습니다.

527× 4 = 2108 (10배, 10배) 527× 40 = 21080

➜ 527×44=527× 40 +527×4
= 21080 + 2108
= 23188

답 구하기 23188

5 다음 곱셈식을 이용하여 894×33의 곱을 구하시오.

894×3=2682

문제 이해하기 894× 3 = 2682 (10배, 10배) 894× 30 = 26820

➜ 894×33
=894× 30 +894×3
= 26820 + 2682
= 29502

답 구하기 29502

6 다음 곱셈식을 이용하여 421×99의 곱을 구하시오.

421×9=3789

문제 이해하기 421× 9 = 3789 (10배, 10배) 421× 90 = 37890

➜ 421×99
=421× 90 +421×9
= 37890 + 3789
= 41679

답 구하기 41679

정답 확인 오늘 나의 실력은? 부모님 확인

107

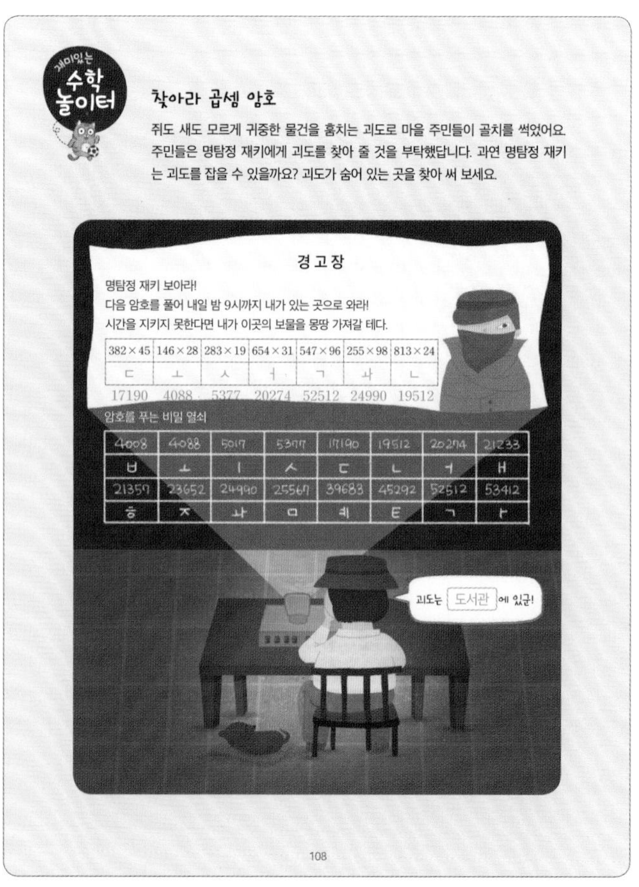
재미있는 수학 놀이터

찾아라 곱셈 암호

쥐도 새도 모르게 귀중한 물건을 훔치는 괴도로 마을 주민들이 골치를 썩었어요. 주민들은 명탐정 재키에게 괴도를 찾아 줄 것을 부탁했답니다. 과연 명탐정 재키는 괴도를 잡을 수 있을까요? 괴도가 숨어 있는 곳을 찾아 써 보세요.

경고장

명탐정 재키 보아라!
다음 암호를 풀어 내일 밤 9시까지 내가 있는 곳으로 와라!
시간을 지키지 못한다면 내가 이곳의 보물을 몽땅 가져갈 테다.

382×45	146×28	283×19	654×31	547×96	255×98	813×24
ㄷ	ㅗ	ㅅ	ㅓ	ㄱ	ㅘ	ㄴ
17190	4088	5377	20274	52512	24990	19512

암호를 푸는 비밀 열쇠

4008	4088	5017	5377	17190	19512	20274	21233
ㅂ	ㅗ	ㅣ	ㅅ	ㄷ	ㄴ	ㅓ	ㅐ
21359	23652	24990	25567	39683	45292	52512	53412
ㅎ	ㅈ	ㅘ	ㅁ	ㅔ	ㅌ	ㄱ	ㅏ

108

5주 5일

곱셈과 나눗셈

(세 자리 수)×(두 자리 수) ❷

1 500×70을 이용하여 각자 주어진 곱을 어림하려고 합니다. 두 사람 중 곱을 바르게 어림한 사람을 고르시오.

- 다솜: 520×73은 35000보다 작을 거야.
- 재원: 494×65는 35000보다 작을 거야.

문제 이해하기
- 520×73의 곱 어림하기
  520은 500보다 (크고, 작고), 73은 70보다 (크므로, 작으므로)
  520×73의 곱은 500×70= 35000 보다 (큽니다, 작습니다).
- 494×65의 곱 어림하기
  494는 500보다 (크고, 작고), 65는 70보다 (크므로, 작으므로)
  494×65의 곱은 500×70= 35000 보다 (큽니다, 작습니다).

답 구하기 재원

2 800×90을 이용하여 각자 주어진 곱을 어림하려고 합니다. 두 사람 중 곱을 바르게 어림한 사람을 고르시오.

- 준석: 790×85는 72000보다 클 거야.
- 해진: 806×92는 72000보다 클 거야.

문제 이해하기
- 790×85의 곱 어림하기
  790은 800보다 작고, 85는 90보다 작으므로
  790×85의 곱은 800×90=72000보다 작습니다.
- 806×92의 곱 어림하기
  806은 800보다 크고, 92는 90보다 크므로
  806×92의 곱은 800×90=72000보다 큽니다.

답 구하기 해진

109

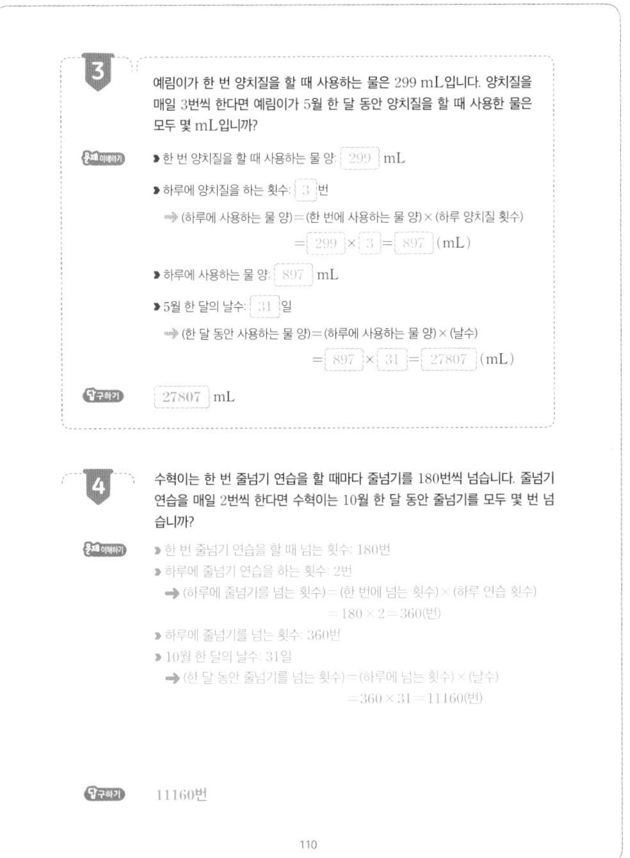

3 예림이가 한 번 양치질을 할 때 사용하는 물은 299 mL입니다. 양치질을 매일 3번씩 한다면 예림이가 5월 한 달 동안 양치질을 할 때 사용한 물은 모두 몇 mL입니까?

문제 이해하기
- 한 번 양치질을 할 때 사용하는 물 양: 299 mL
- 하루에 양치질을 하는 횟수: 3 번
  → (하루에 사용하는 물 양)=(한 번에 사용하는 물 양)×(하루 양치질 횟수)
  = 299 × 3 = 897 (mL)
- 하루에 사용하는 물 양: 897 mL
- 5월 한 달의 날수: 31 일
  → (한 달 동안 사용하는 물 양)=(하루에 사용하는 물 양)×(날수)
  = 897 × 31 = 27807 (mL)

답 구하기 27807 mL

4 수혁이는 한 번 줄넘기 연습을 할 때마다 줄넘기를 180번씩 넘습니다. 줄넘기 연습을 매일 2번씩 한다면 수혁이는 10월 한 달 동안 줄넘기를 모두 몇 번 넘습니까?

문제 이해하기
- 한 번 줄넘기 연습을 할 때 넘는 횟수: 180번
- 하루에 줄넘기 연습을 하는 횟수: 2번
  → (하루에 줄넘기를 넘는 횟수)=(한 번에 넘는 횟수)×(하루 연습 횟수)
  $=180 \times 2=360$(번)
- 하루에 줄넘기를 넘는 횟수: 360번
- 10월 한 달의 날수: 31일
  → (한 달 동안 줄넘기를 넘는 횟수)=(하루에 넘는 횟수)×(날수)
  $=360 \times 31=11160$(번)

답 구하기 11160번

110

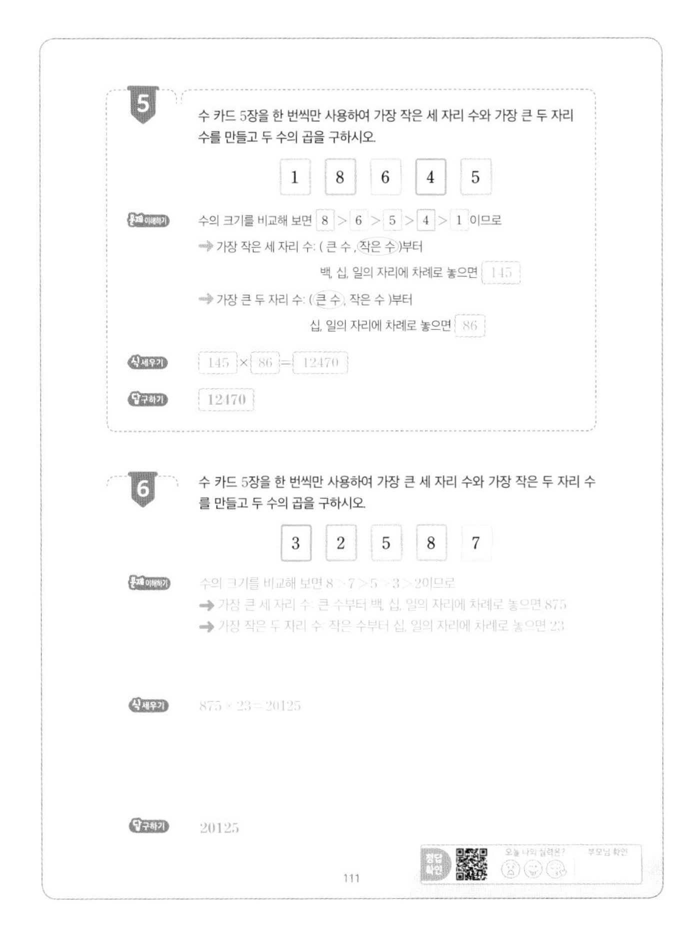

5 수 카드 5장을 한 번씩만 사용하여 가장 작은 세 자리 수와 가장 큰 두 자리 수를 만들고 두 수의 곱을 구하시오.

1 8 6 4 5

문제 이해하기 수의 크기를 비교해 보면 8 > 6 > 5 > 4 > 1 이므로
→ 가장 작은 세 자리 수: (큰 수, 작은 수)부터
  백, 십, 일의 자리에 차례로 놓으면 145
→ 가장 큰 두 자리 수: (큰 수, 작은 수)부터
  십, 일의 자리에 차례로 놓으면 86

식 세우기 145 × 86 = 12470

답 구하기 12470

6 수 카드 5장을 한 번씩만 사용하여 가장 큰 세 자리 수와 가장 작은 두 자리 수를 만들고 두 수의 곱을 구하시오.

3 2 5 8 7

문제 이해하기 수의 크기를 비교해 보면 8>7>5>3>2이므로
→ 가장 큰 세 자리 수: 큰 수부터 백, 십, 일의 자리에 차례로 놓으면 875
→ 가장 작은 두 자리 수: 작은 수부터 십, 일의 자리에 차례로 놓으면 23

식 세우기 $875 \times 23=20125$

답 구하기 20125

정답 확인

111

재미있는 수학 놀이터

신기한 항아리

무엇이든 넣으면 ■시간 후에 처음에 넣은 양의 ■배가 되는 신기한 항아리가 있어요. 미래와 친구들은 초코볼을 넣고 일정 시간이 지난 후에 꺼내기로 했어요. 꺼낸 초코볼의 수가 가장 많은 친구에게 ○표 하세요.

$334 \times 24=8016$(개)
나는 초코볼 334개를 넣고 하루 뒤에 꺼낼 거야.
$245 \times 48=11760$(개)
나는 초코볼 245개를 넣고 이틀 뒤에 꺼낼 거야.
나는 초코볼 455개를 넣고 12시간 뒤에 꺼낼 거야.
$455 \times 12=5460$(개)

112

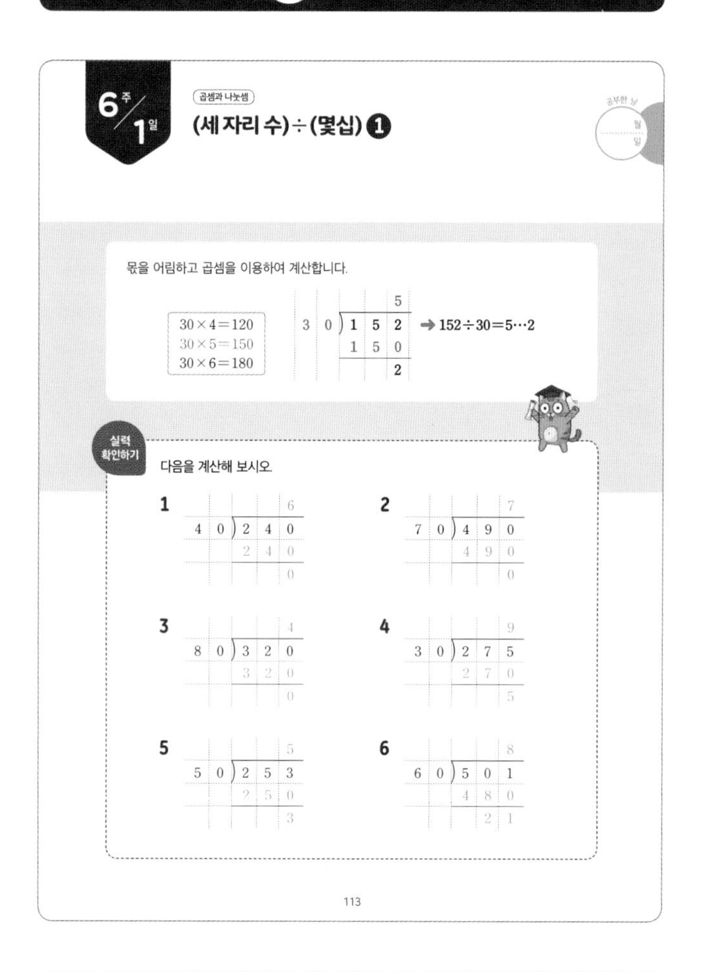

6주 1일

곱셈과 나눗셈

(세 자리 수)÷(몇십) ①

공부한 날 월 일

몫을 어림하고 곱셈을 이용하여 계산합니다.

30×4=120
30×5=150
30×6=180

152÷30=5⋯2

실력 확인하기

다음을 계산해 보시오.

1. 240÷40=6
2. 490÷70=7
3. 320÷80=4
4. 275÷30=9⋯5
5. 253÷50=5⋯3
6. 501÷60=8⋯21

4 달걀 135개를 한 사람에게 20개씩 나누어 주려고 합니다. 몇 명에게 나누어 줄 수 있고, 남는 달걀은 몇 개입니까?

문제 이해하기 ▶ 전체 달걀 수: 135개

▶ 한 사람에게 주는 달걀 수: 20개

→ 달걀을 20개씩 묶어 보면

식 세우기 (전체 달걀 수)÷(한 사람에게 주는 달걀 수)
=135÷20=6⋯15

답 구하기 사람 수: 6명, 남는 달걀 수: 15개

5 식빵 한 개를 만드는 데 우유 90 mL가 필요합니다. 우유 648 mL로 식빵을 몇 개 만들 수 있고, 남는 우유는 몇 mL입니까?

문제 이해하기 ▶ 전체 우유 양: 648 mL

▶ 식빵 한 개를 만드는 데 필요한 우유 양: 90 mL

식 세우기 (전체 우유 양)÷(식빵 한 개를 만드는 데 필요한 우유 양)
=648÷90=7⋯18

답 구하기 만들 수 있는 식빵 수: 7개

남는 우유 양: 18 mL

6 구슬 363개를 60개의 봉지에 나누어 담으려고 합니다. 한 봉지에 몇 개씩 담을 수 있고, 남는 구슬은 몇 개입니까?

문제 이해하기 ▶ 전체 구슬 수: 363개

▶ 봉지 수: 60개

식 세우기 (전체 구슬 수)÷(봉지 수)
=363÷60=6⋯3

답 구하기 한 봉지에 담는 구슬 수: 6개

남는 구슬 수: 3개

정답 확인 오늘 나의 실력은? 부모님 확인

1 색종이 120장을 한 사람에게 30장씩 나누어 주려고 합니다. 색종이를 몇 명에게 나누어 줄 수 있습니까?

문제 이해하기 ▶ 전체 색종이 수: 120장

▶ 한 사람에게 주는 색종이 수: 30장

→ 12장을 3장씩 나눈 묶음 이용해 120장을 30장씩 나눈 묶음 알아보면

12÷3
120÷30

12 ÷ 3 = 4
10배 10배
120 ÷ 30 = ?

식 세우기 (사람 수)=(전체 색종이 수)÷(한 사람에게 주는 색종이 수)
=120÷30=4

답 구하기 4명

2 귤 320개를 한 상자에 40개씩 담으려고 합니다. 상자는 몇 개 필요합니까?

문제 이해하기 ▶ 전체 귤 수: 320개

▶ 한 상자에 담는 귤 수: 40개

식 세우기 (상자 수)
=(전체 귤 수)÷(한 상자에 담는 귤 수)
=320÷40=8

답 구하기 8개

3 철사 250 cm를 50명에게 나누어 주려고 합니다. 한 사람에게 몇 cm씩 나누어 주어야 합니까?

문제 이해하기 ▶ 전체 철사 길이: 250 cm

▶ 사람 수: 50명

식 세우기 (한 사람에게 나누어 주는 길이)
=(전체 철사 길이)÷(사람 수)
=250÷50=5

답 구하기 5 cm

재미있는 수학 놀이터

산타클로스의 선물 주머니

날씨가 서늘해지자 산타클로스는 미리미리 크리스마스를 준비하기 시작했어요. 각자가 배달해야 하는 선물들을 커다란 주머니에 넣었지요. 흰 수염 산타와 노란 수염 산타가 배달해야 하는 선물 주머니 수만큼 썰매에 ○로 표시해 보세요.

6주 2일

곱셈과 나눗셈

(세 자리 수)÷(몇십) ❷

1 다음은 나눗셈을 하다 멈춘 것입니다. 몫이 바른 것을 찾아 기호를 쓰시오.

㉠ $279 \div 40$, 몫 7 ㉡ $627 \div 80$, 몫 7

문제 이해하기
㉠ → $40\times7=$ 280 이 되어 나누어지는 수 279 보다 (크므로, 작으므로) 279÷40의 몫은 7보다 (커야, 작아야) 합니다.
㉡ → 나머지가 67 이 되어 나누는 수 80 으로 더 나눌 수 (있으므로, 없으므로) 627÷80의 몫은 7 입니다.

답 구하기 ㉡

2 다음은 나눗셈을 하다 멈춘 것입니다. 몫이 바른 것을 찾아 기호를 쓰시오.

㉠ $535 \div 60$, 몫 8 ㉡ $438 \div 50$, 몫 9

문제 이해하기
㉠ $60\times8=480$으로 나머지가 55가 되어 나누는 수 60으로 더 나눌 수 없으므로 535÷60의 몫은 8입니다.
㉡ $50\times9=450$이 되어 나누어지는 수 438보다 크므로 438÷50의 몫은 9보다 작아야 합니다.

답 구하기 ㉠

117

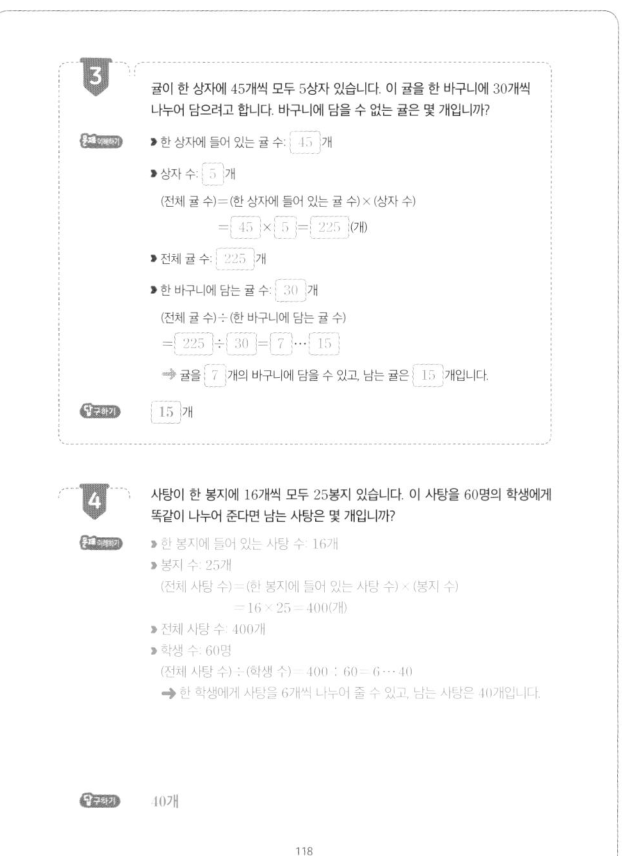

3 귤이 한 상자에 45개씩 모두 5상자 있습니다. 이 귤을 한 바구니에 30개씩 나누어 담으려고 합니다. 바구니에 담을 수 없는 귤은 몇 개입니까?

문제 이해하기
- 한 상자에 들어 있는 귤 수: 45 개
- 상자 수: 5 개
(전체 귤 수)=(한 상자에 들어 있는 귤 수)×(상자 수)
=45×5=225(개)
- 전체 귤 수: 225 개
- 한 바구니에 담는 귤 수: 30 개
(전체 귤 수)÷(한 바구니에 담는 귤 수)
=225÷30=7…15
→ 귤을 7 개의 바구니에 담을 수 있고, 남는 귤은 15 개입니다.

답 구하기 15 개

4 사탕이 한 봉지에 16개씩 모두 25봉지 있습니다. 이 사탕을 60명의 학생에게 똑같이 나누어 준다면 남는 사탕은 몇 개입니까?

문제 이해하기
- 한 봉지에 들어 있는 사탕 수: 16개
- 봉지 수: 25개
(전체 사탕 수)=(한 봉지에 들어 있는 사탕 수)×(봉지 수)
=16×25=400(개)
- 전체 사탕 수: 400개
- 학생 수: 60명
(전체 사탕 수)÷(학생 수)=400÷60=6…40
→ 한 학생에게 사탕을 6개씩 나누어 줄 수 있고, 남는 사탕은 40개입니다.

답 구하기 40개

118

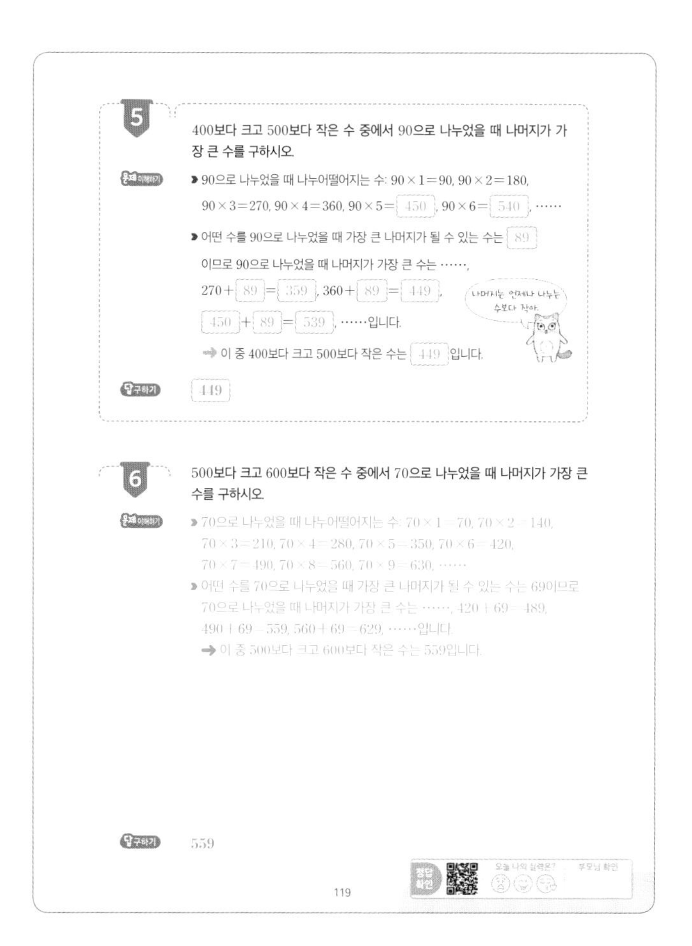

5 400보다 크고 500보다 작은 수 중에서 90으로 나누었을 때 나머지가 가장 큰 수를 구하시오.

문제 이해하기
- 90으로 나누었을 때 나누어떨어지는 수: $90\times1=90$, $90\times2=180$, $90\times3=270$, $90\times4=360$, $90\times5=$ 450 , $90\times6=$ 540 , ……
- 어떤 수를 90으로 나누었을 때 가장 큰 나머지가 될 수 있는 수는 89 이므로 90으로 나누었을 때 나머지가 가장 큰 수는 ……, 270+89=359 , 360+89=449 , 450+89=539 , ……입니다.
→ 이 중 400보다 크고 500보다 작은 수는 449 입니다.

답 구하기 449

6 500보다 크고 600보다 작은 수 중에서 70으로 나누었을 때 나머지가 가장 큰 수를 구하시오.

문제 이해하기
- 70으로 나누었을 때 나누어떨어지는 수: $70\times1=70$, $70\times2=140$, $70\times3=210$, $70\times4=280$, $70\times5=350$, $70\times6=420$, $70\times7=490$, $70\times8=560$, $70\times9=630$, ……
- 어떤 수를 70으로 나누었을 때 가장 큰 나머지가 될 수 있는 수는 69이므로 70으로 나누었을 때 나머지가 가장 큰 수는 ……, 420+69=489, 490+69=559, 560+69=629, ……입니다.
→ 이 중 500보다 크고 600보다 작은 수는 559입니다.

답 구하기 559

정답 확인

119

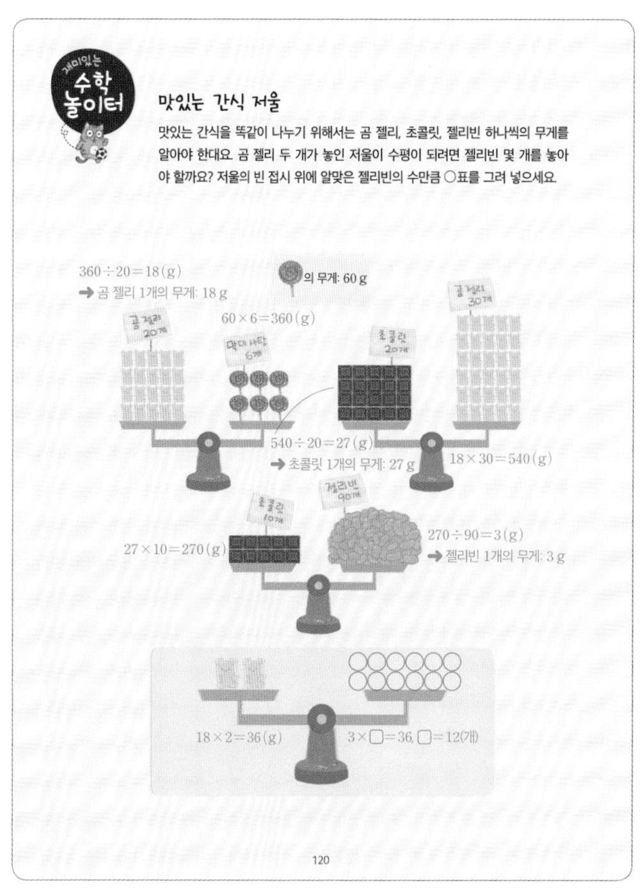

재미있는 수학 놀이터

맛있는 간식 저울

맛있는 간식을 똑같이 나누기 위해서는 곰 젤리, 초콜릿, 젤리빈 하나씩의 무게를 알아야 한대요. 곰 젤리 두 개가 놓인 저울이 수평이 되려면 젤리빈 몇 개를 놓아야 할까요? 저울의 빈 접시 위에 알맞은 젤리빈의 수만큼 ○표를 그려 넣으세요.

120

6주/3일

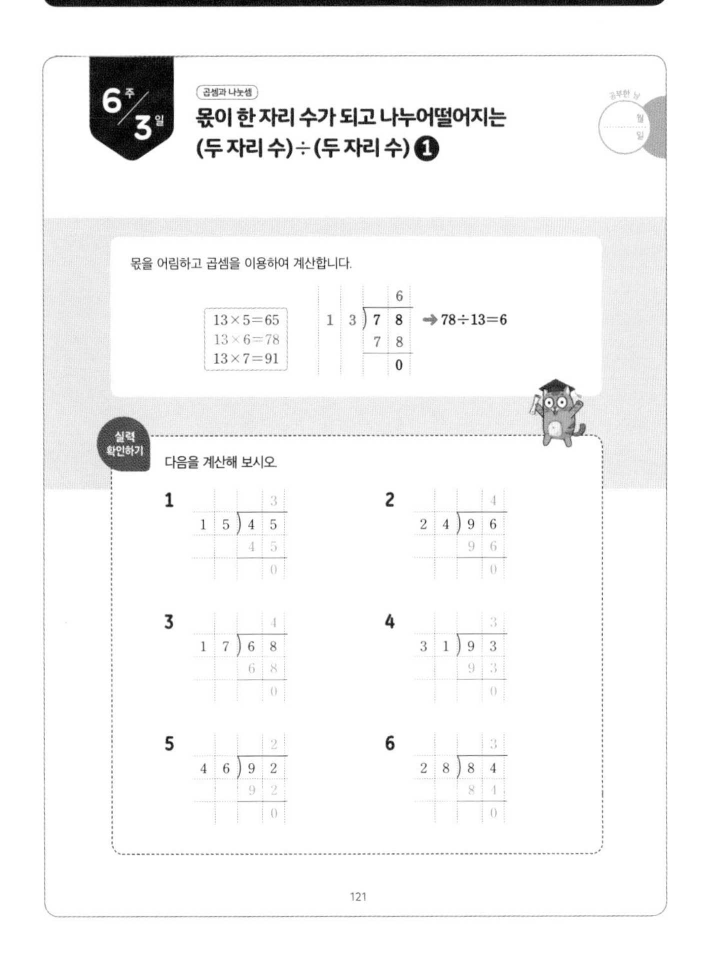

6주 3일

곱셈과 나눗셈

몫이 한 자리 수가 되고 나누어떨어지는 (두 자리 수)÷(두 자리 수) ❶

공부한 날 월 일

몫을 어림하고 곱셈을 이용하여 계산합니다.

$13\times5=65$
$13\times6=78$
$13\times7=91$

$$\begin{array}{r} 6 \\ 13\overline{)78} \\ 78 \\ \hline 0 \end{array}$$

→ $78\div13=6$

실력 확인하기

다음을 계산해 보시오.

1 $15\overline{)45}$ → 몫 3, 45, 0

2 $24\overline{)96}$ → 몫 4, 96, 0

3 $17\overline{)68}$ → 몫 4, 68, 0

4 $31\overline{)93}$ → 몫 3, 93, 0

5 $46\overline{)92}$ → 몫 2, 92, 0

6 $28\overline{)84}$ → 몫 3, 84, 0

121

4 도토리 84개를 12개의 주머니에 똑같이 나누어 담으려고 합니다. 한 주머니에 몇 개씩 담아야 합니까?

문제 이해하기
- 전체 도토리 수: 84 개
- 주머니 수: 12 개
- → 도토리를 12 개의 주머니에 나누어 담아 보면

식 세우기 (한 주머니에 담아야 하는 도토리 수)
=(전체 도토리 수)÷(주머니 수)
=84÷12=7

답 구하기 7 개

5 90 L의 물을 15개의 어항에 똑같이 나누어 담으려고 합니다. 어항 하나에 물을 몇 L씩 담게 됩니까?

문제 이해하기
- 전체 물 양: 90 L
- 어항 수: 15 개

식 세우기 (어항 하나에 담는 물 양)
=(전체 물 양)÷(어항 수)
=90÷15=6

답 구하기 6 L

6 70쪽인 책을 2주 동안 다 읽으려고 합니다. 하루에 몇 쪽씩 읽어야 합니까?

문제 이해하기
- 전체 쪽수: 70 쪽
- 날수: 2주는 14 일

식 세우기 (하루에 읽어야 하는 쪽수)
=(전체 쪽수)÷(날수)
=70÷14=5

답 구하기 5 쪽

정답 확인 / 오늘 나의 실력은? / 부모님 확인

123

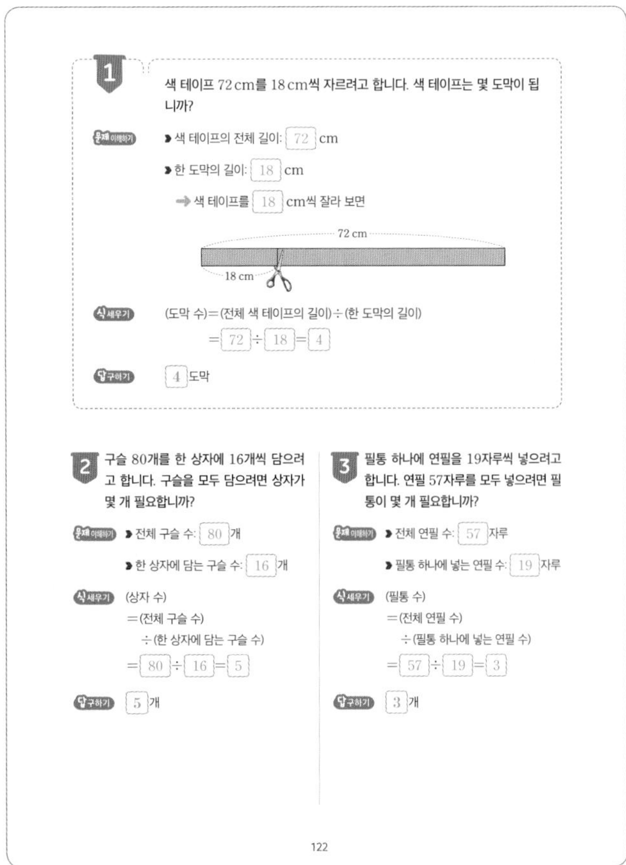

1 색 테이프 72 cm를 18 cm씩 자르려고 합니다. 색 테이프는 몇 도막이 됩니까?

문제 이해하기
- 색 테이프의 전체 길이: 72 cm
- 한 도막의 길이: 18 cm
- → 색 테이프를 18 cm씩 잘라 보면

식 세우기 (도막 수)=(전체 색 테이프의 길이)÷(한 도막의 길이)
=72÷18=4

답 구하기 4 도막

2 구슬 80개를 한 상자에 16개씩 담으려고 합니다. 구슬을 모두 담으려면 상자가 몇 개 필요합니까?

문제 이해하기
- 전체 구슬 수: 80 개
- 한 상자에 담는 구슬 수: 16 개

식 세우기 (상자 수)
=(전체 구슬 수)
÷(한 상자에 담는 구슬 수)
=80÷16=5

답 구하기 5 개

3 필통 하나에 연필을 19자루씩 넣으려고 합니다. 연필 57자루를 모두 넣으려면 필통이 몇 개 필요합니까?

문제 이해하기
- 전체 연필 수: 57 자루
- 필통 하나에 넣는 연필 수: 19 자루

식 세우기 (필통 수)
=(전체 연필 수)
÷(필통 하나에 넣는 연필 수)
=57÷19=3

답 구하기 3 개

122

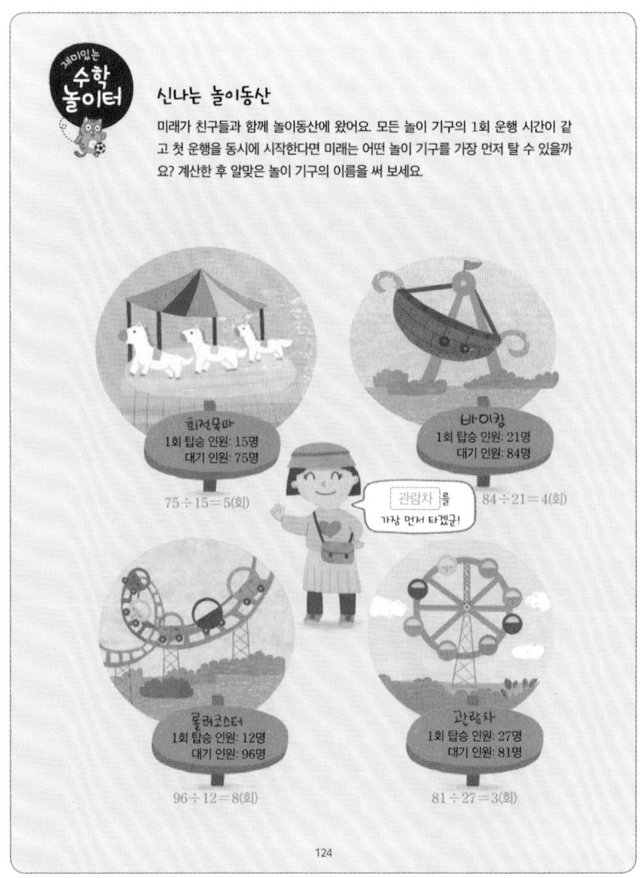

재미있는 수학 놀이터

신나는 놀이동산

미래가 친구들과 함께 놀이동산에 왔어요. 모든 놀이 기구의 1회 운행 시간이 같고 첫 운행을 동시에 시작한다면 미래는 어떤 놀이 기구를 가장 먼저 탈 수 있을까요? 계산한 후 알맞은 놀이 기구의 이름을 써 보세요.

124

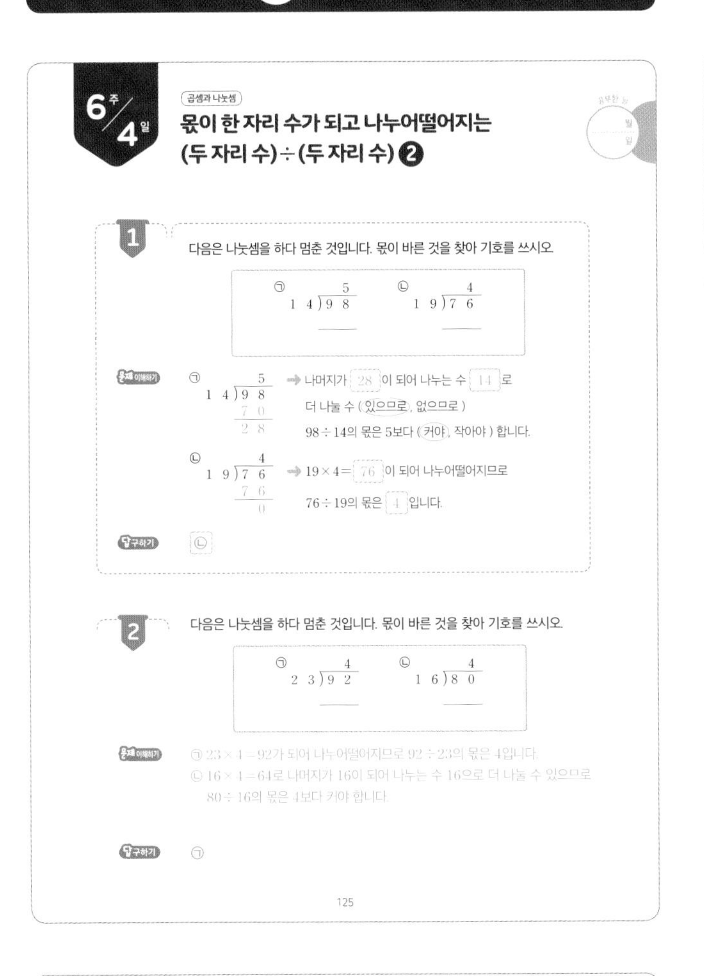

6주/4일

곱셈과 나눗셈

몫이 한 자리 수가 되고 나누어떨어지는 (두 자리 수)÷(두 자리 수) ❷

1 다음은 나눗셈을 하다 멈춘 것입니다. 몫이 바른 것을 찾아 기호를 쓰시오.

㉠ $14\overline{)98}$, 몫 5　　㉡ $19\overline{)76}$, 몫 4

문제 이해하기

㉠ $14\overline{)98}$, 몫 5, 70, 28 ➜ 나머지가 28이 되어 나누는 수 14로 더 나눌 수 (있으므로, 없으므로) 98÷14의 몫은 5보다 (커야, 작아야) 합니다.

㉡ $19\overline{)76}$, 몫 4, 76, 0 ➜ 19×4=76이 되어 나누어떨어지므로 76÷19의 몫은 4입니다.

답 구하기 ㉡

2 다음은 나눗셈을 하다 멈춘 것입니다. 몫이 바른 것을 찾아 기호를 쓰시오.

㉠ $23\overline{)92}$, 몫 4　　㉡ $16\overline{)80}$, 몫 4

문제 이해하기

㉠ 23×4=92가 되어 나누어떨어지므로 92÷23의 몫은 4입니다.

㉡ 16×4=64로 나머지가 16이 되어 나누는 수 16으로 더 나눌 수 있으므로 80÷16의 몫은 4보다 커야 합니다.

답 구하기 ㉠

125

3 복숭아 68개는 한 상자에 17개씩 담고, 자두 75개는 한 상자에 15개씩 담았습니다. 복숭아와 자두를 담은 상자는 모두 몇 개입니까?

문제 이해하기

- 전체 복숭아 수: 68개
- 한 상자에 담은 복숭아 수: 17개

(복숭아를 담은 상자 수)=(전체 복숭아 수)÷(한 상자에 담은 복숭아 수)
=68÷17=4(개)

- 전체 자두 수: 75개
- 한 상자에 담은 자두 수: 15개

(자두를 담은 상자 수)=(전체 자두 수)÷(한 상자에 담은 자두 수)
=75÷15=5(개)

➜ (복숭아와 자두를 담은 상자 수)=4+5=9(개)

답 구하기 9개

4 유리구슬 54개는 한 주머니에 18개씩 담고, 쇠구슬 65개는 한 주머니에 13개씩 담았습니다. 구슬을 담은 주머니는 모두 몇 개입니까?

문제 이해하기

- 전체 유리구슬 수: 54개
- 한 주머니에 담은 유리구슬 수: 18개

(유리구슬을 담은 주머니 수)=(전체 유리구슬 수)÷(한 주머니에 담은 유리구슬 수)
=54÷18=3(개)

- 전체 쇠구슬 수: 65개
- 한 주머니에 담은 쇠구슬 수: 13개

(쇠구슬을 담은 주머니 수)=(전체 쇠구슬 수)÷(한 주머니에 담은 쇠구슬 수)
=65÷13=5(개)

➜ (유리구슬과 쇠구슬을 담은 주머니 수)=3+5=8(개)

답 구하기 8개

126

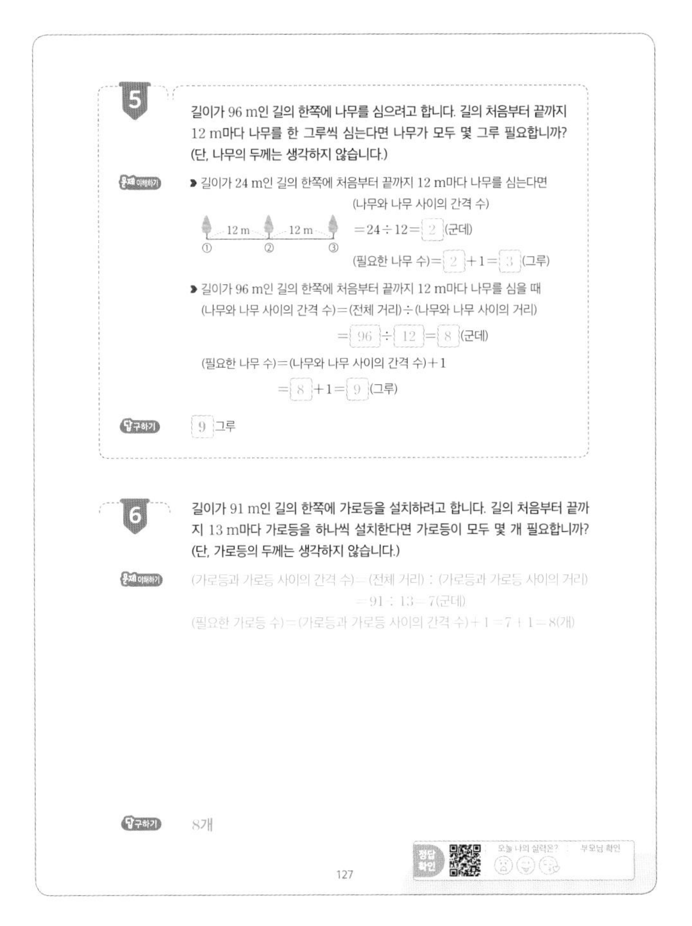

5 길이가 96 m인 길의 한쪽에 나무를 심으려고 합니다. 길의 처음부터 끝까지 12 m마다 나무를 한 그루씩 심는다면 나무가 모두 몇 그루 필요합니까? (단, 나무의 두께는 생각하지 않습니다.)

문제 이해하기

- 길이가 24 m인 길의 한쪽에 처음부터 끝까지 12 m마다 나무를 심는다면

(나무와 나무 사이의 간격 수)
=24÷12=2(군데)
(필요한 나무 수)=2+1=3(그루)

- 길이가 96 m인 길의 한쪽에 처음부터 끝까지 12 m마다 나무를 심을 때

(나무와 나무 사이의 간격 수)=(전체 거리)÷(나무와 나무 사이의 거리)
=96÷12=8(군데)

(필요한 나무 수)=(나무와 나무 사이의 간격 수)+1
=8+1=9(그루)

답 구하기 9그루

6 길이가 91 m인 길의 한쪽에 가로등을 설치하려고 합니다. 길의 처음부터 끝까지 13 m마다 가로등을 하나씩 설치한다면 가로등이 모두 몇 개 필요합니까? (단, 가로등의 두께는 생각하지 않습니다.)

문제 이해하기

(가로등과 가로등 사이의 간격 수)=(전체 거리)÷(가로등과 가로등 사이의 거리)
=91÷13=7(군데)

(필요한 가로등 수)=(가로등과 가로등 사이의 간격 수)+1=7+1=8(개)

답 구하기 8개

정답 확인　오늘 나의 실력은?　부모님 확인

127

재미있는 수학 놀이터

맛있는 잼 토스트

잼을 발라 토스트를 만들고 있어요. 각 숟가락에 적힌 양만큼 잼을 떠낼 수 있고 세 가지 잼을 한 숟가락씩 모두 발라 잼 토스트 하나를 만들어요. 잼 토스트를 몇 개까지 만들 수 있을까요?

128

6주/5일

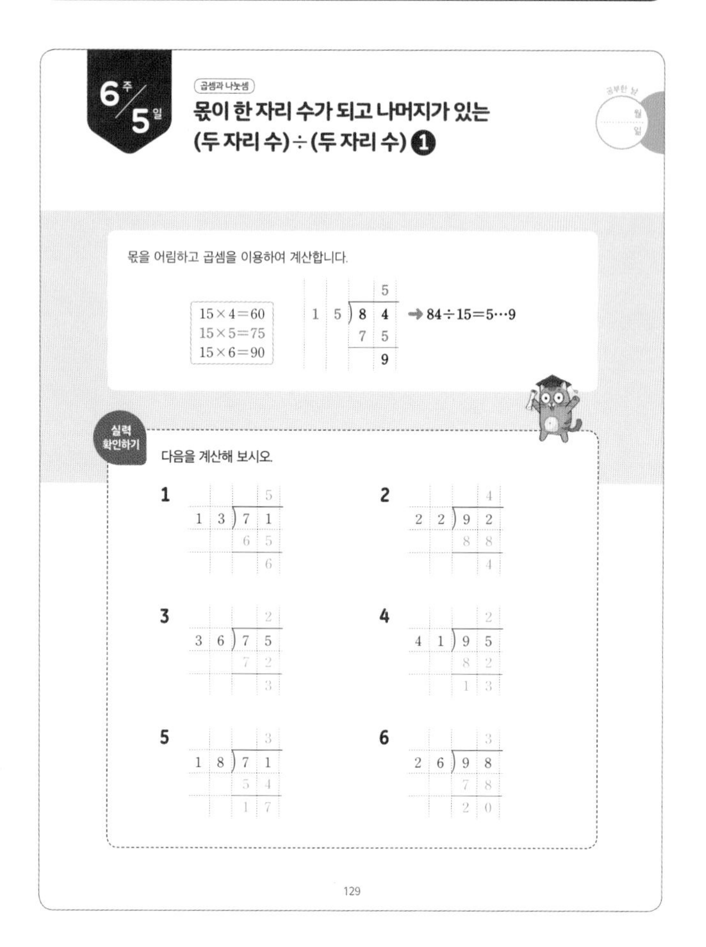

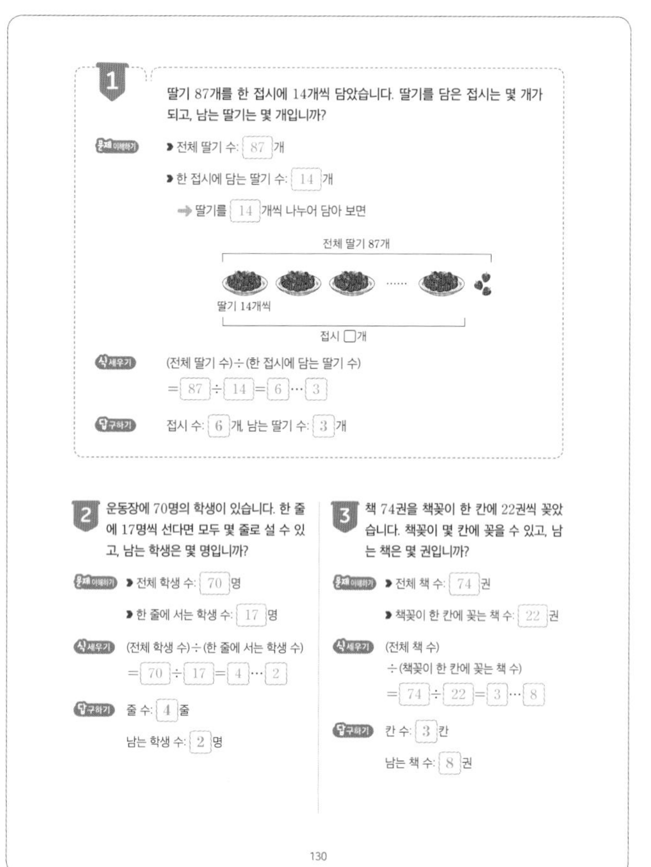

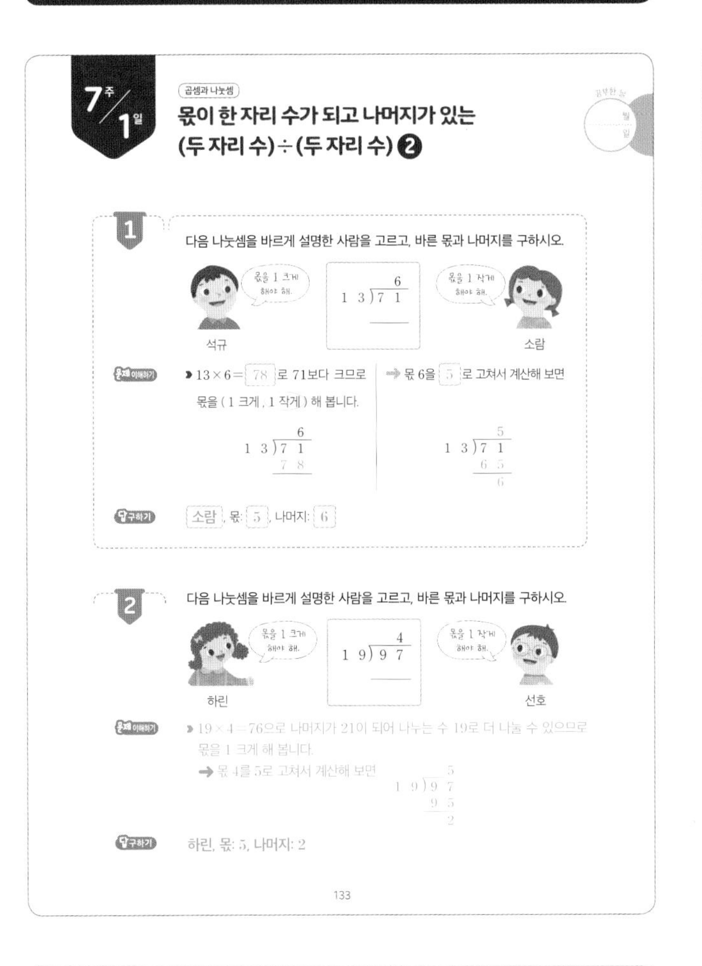

7주 1일

곱셈과 나눗셈

몫이 한 자리 수가 되고 나머지가 있는 (두 자리 수)÷(두 자리 수) ❷

1 다음 나눗셈을 바르게 설명한 사람을 고르고, 바른 몫과 나머지를 구하시오.

$$13\overline{)71}$$ (몫 6)

문제 이해하기
- $13 \times 6 = 78$로 71보다 크므로 몫을 (1 크게, 1 작게) 해 봅니다. → 몫 6을 5로 고쳐서 계산해 보면

$71 \div 13$: 몫 6, $13 \times 6 = 78$ → $71 \div 13$: 몫 5, $13 \times 5 = 65$, 나머지 6

답 구하기: 소람, 몫: 5, 나머지: 6

2 다음 나눗셈을 바르게 설명한 사람을 고르고, 바른 몫과 나머지를 구하시오.

$$19\overline{)97}$$ (몫 4)

문제 이해하기
- $19 \times 4 = 76$으로 나머지가 21이 되어 나누는 수 19로 더 나눌 수 있으므로 몫을 1 크게 해 봅니다.
→ 몫 4를 5로 고쳐서 계산해 보면 $97 \div 19$: 몫 5, $19 \times 5 = 95$, 나머지 2

답 구하기: 하린, 몫: 5, 나머지: 2

133

3 쿠키를 76개 만들어 16명에게 똑같이 나누어 주려고 합니다. 16명에게 나누어 준 쿠키는 모두 몇 개입니까?

문제 이해하기
- 전체 쿠키 수: 76개
- 사람 수: 16명

(전체 쿠키 수)÷(사람 수)$=76 \div 16 = 4 \cdots 12$이므로

한 사람에게 쿠키를 4개씩 나누어 줄 수 있고, 쿠키가 12개 남습니다.

→ (나누어 준 쿠키 수)=(한 사람에게 나누어 주는 쿠키 수)×(사람 수)
$=4 \times 16 = 64$

답 구하기: 64개

4 장미꽃 99송이를 한 다발에 23송이씩 묶어 팔려고 합니다. 꽃다발로 묶은 장미꽃만 팔 수 있다면 팔 수 있는 장미꽃은 모두 몇 송이입니까?

문제 이해하기
- 전체 장미꽃 수: 99송이
- 한 다발에 묶는 장미꽃 수: 23송이

(전체 장미꽃 수)÷(한 다발에 묶는 장미꽃 수)$=99 \div 23 = 4 \cdots 7$이므로 꽃다발을 4개 만들 수 있고, 꽃이 7송이 남습니다.

→ (팔 수 있는 장미꽃 수)=(한 다발에 묶는 장미꽃 수)×(꽃다발 수)
$=23 \times 4 = 92$

답 구하기: 92송이

134

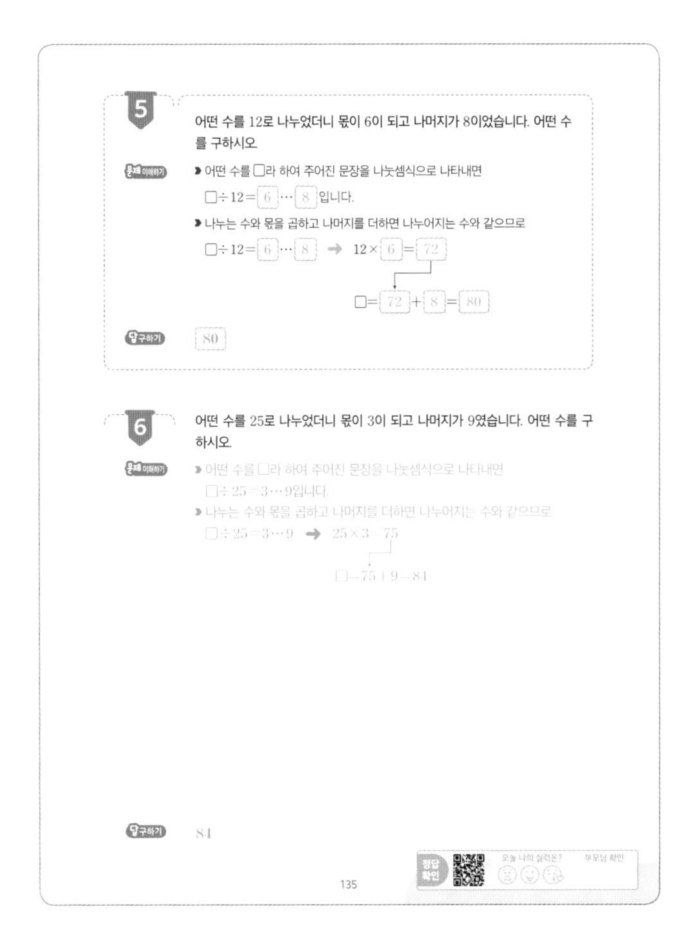

5 어떤 수를 12로 나누었더니 몫이 6이 되고 나머지가 8이었습니다. 어떤 수를 구하시오.

문제 이해하기
- 어떤 수를 □라 하여 주어진 문장을 나눗셈식으로 나타내면 $□ \div 12 = 6 \cdots 8$입니다.
- 나누는 수와 몫을 곱하고 나머지를 더하면 나누어지는 수와 같으므로
$□ \div 12 = 6 \cdots 8$ → $12 \times 6 = 72$
$□ = 72 + 8 = 80$

답 구하기: 80

6 어떤 수를 25로 나누었더니 몫이 3이 되고 나머지가 9였습니다. 어떤 수를 구하시오.

문제 이해하기
- 어떤 수를 □라 하여 주어진 문장을 나눗셈식으로 나타내면 $□ \div 25 = 3 \cdots 9$입니다.
- 나누는 수와 몫을 곱하고 나머지를 더하면 나누어지는 수와 같으므로
$□ \div 25 = 3 \cdots 9$ → $25 \times 3 = 75$
$□ = 75 + 9 = 84$

답 구하기: 84

정답 확인 오늘 나의 실력은? 부모님 확인

135

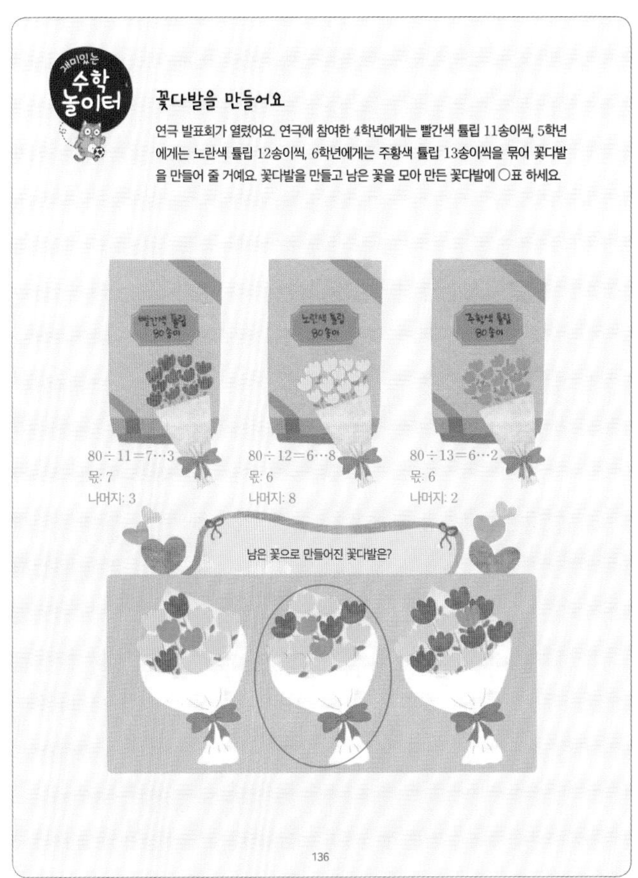

재미있는 수학 놀이터

꽃다발을 만들어요

연극 발표회가 열렸어요. 연극에 참여한 4학년에게는 빨간색 튤립 11송이씩, 5학년에게는 노란색 튤립 12송이씩, 6학년에게는 주황색 튤립 13송이씩을 묶어 꽃다발을 만들어 줄 거예요. 꽃다발을 만들고 남은 꽃을 모아 만든 꽃다발에 ○표 하세요.

136

7주/2일

곱셈과 나눗셈

몫이 한 자리 수가 되고 나누어떨어지는 (세 자리 수)÷(두 자리 수) ❶

공부한 날 월 일

몫을 어림하고 곱셈을 이용하여 계산합니다.

$24\times6=144$
$24\times7=168$
$24\times8=192$

$$\begin{array}{r} 7 \\ 24\overline{)168} \\ 168 \\ \hline 0 \end{array} \Rightarrow 168\div24=7$$

실력 확인하기

다음을 계산해 보시오.

1. $16\overline{)112}$ → 몫 7, 112, 나머지 0
2. $68\overline{)340}$ → 몫 5, 340, 나머지 0
3. $93\overline{)558}$ → 몫 6, 558, 나머지 0
4. $29\overline{)232}$ → 몫 8, 232, 나머지 0
5. $52\overline{)156}$ → 몫 3, 156, 나머지 0
6. $35\overline{)315}$ → 몫 9, 315, 나머지 0

137

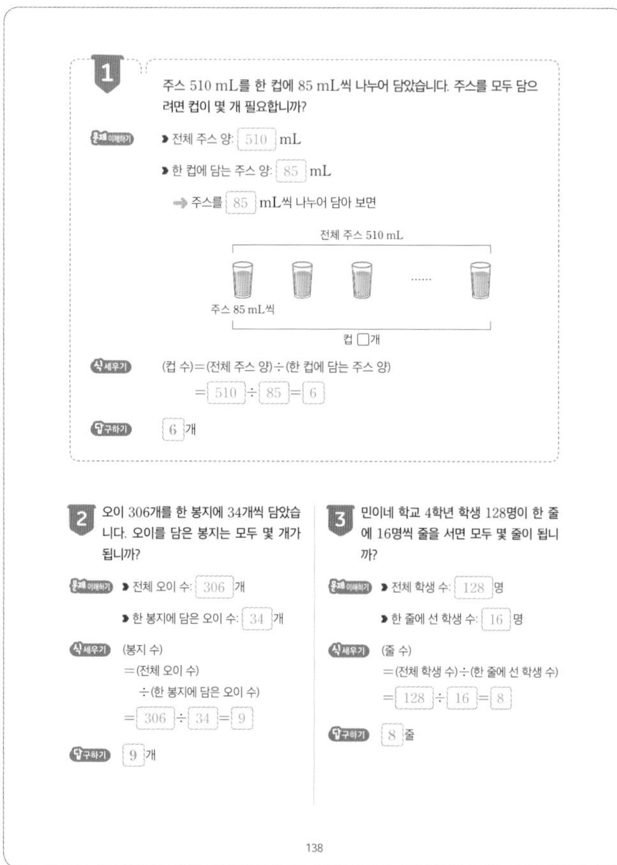

1 주스 510 mL를 한 컵에 85 mL씩 나누어 담았습니다. 주스를 모두 담으려면 컵이 몇 개 필요합니까?

문제 이해하기
- 전체 주스 양: 510 mL
- 한 컵에 담는 주스 양: 85 mL
  → 주스를 85 mL씩 나누어 담아 보면

식 세우기 (컵 수)=(전체 주스 양)÷(한 컵에 담는 주스 양)
=510÷85=6

답 구하기 6개

2 오이 306개를 한 봉지에 34개씩 담았습니다. 오이를 담은 봉지는 모두 몇 개가 됩니까?

문제 이해하기
- 전체 오이 수: 306개
- 한 봉지에 담은 오이 수: 34개

식 세우기 (봉지 수)
=(전체 오이 수)
÷(한 봉지에 담은 오이 수)
=306÷34=9

답 구하기 9개

3 민이네 학교 4학년 학생 128명이 한 줄에 16명씩 줄을 서면 모두 몇 줄이 됩니까?

문제 이해하기
- 전체 학생 수: 128명
- 한 줄에 선 학생 수: 16명

식 세우기 (줄 수)
=(전체 학생 수)÷(한 줄에 선 학생 수)
=128÷16=8

답 구하기 8줄

138

4 쿠키 256개를 32개의 봉투에 똑같이 나누어 담으려고 합니다. 한 봉투에 쿠키를 몇 개씩 담아야 합니까?

문제 이해하기
- 전체 쿠키 수: 256개
- 봉투 수: 32개
  → 쿠키를 32개의 봉투에 나누어 담아 보면

식 세우기 (한 봉투에 담는 쿠키 수)=(전체 쿠키 수)÷(봉투 수)
=256÷32=8

답 구하기 8개

5 수수깡 175개를 25명에게 똑같이 나누어 주려고 합니다. 한 사람에게 수수깡을 몇 개씩 나누어 주어야 합니까?

문제 이해하기
- 전체 수수깡 수: 175개
- 사람 수: 25명

식 세우기 (한 사람에게 주는 수수깡 수)
=(전체 수수깡 수)÷(사람 수)
=175÷25=7

답 구하기 7개

6 씨앗 324개를 54개의 봉투에 똑같이 나누어 담으려고 합니다. 한 봉투에 씨앗을 몇 개씩 담아야 합니까?

문제 이해하기
- 전체 씨앗 수: 324개
- 봉투 수: 54개

식 세우기 (한 봉투에 담는 씨앗 수)
=(전체 씨앗 수)÷(봉투 수)
=324÷54=6

답 구하기 6개

139

정답 확인 오늘 나의 실력은? 부모님 확인

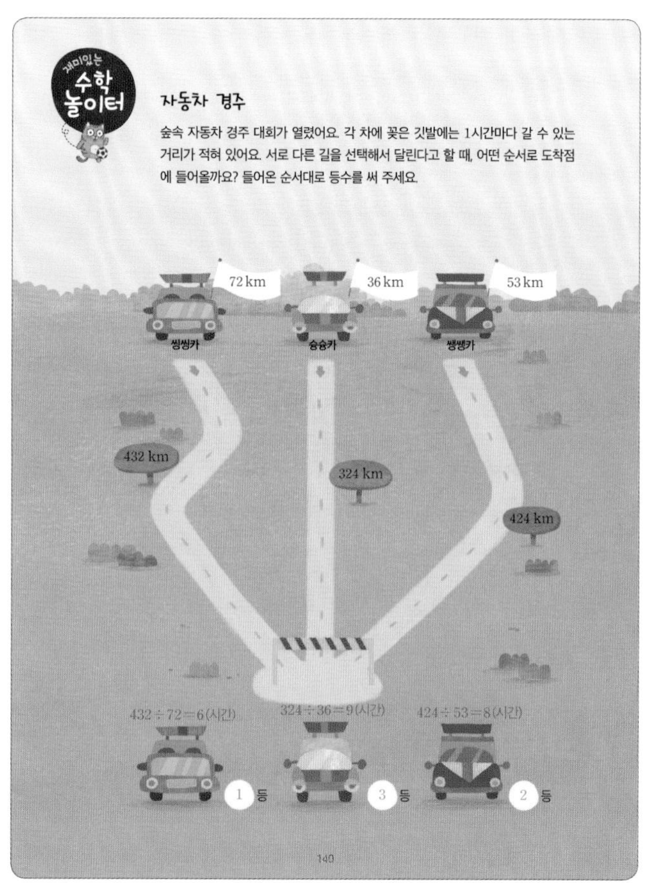

재미있는 수학 놀이터

자동차 경주

숲속 자동차 경주 대회가 열렸어요. 각 차에 꽂은 깃발에는 1시간마다 갈 수 있는 거리가 적혀 있어요. 서로 다른 길을 선택해서 달린다고 할 때, 어떤 순서로 도착점에 들어올까요? 들어온 순서대로 등수를 써 주세요.

140

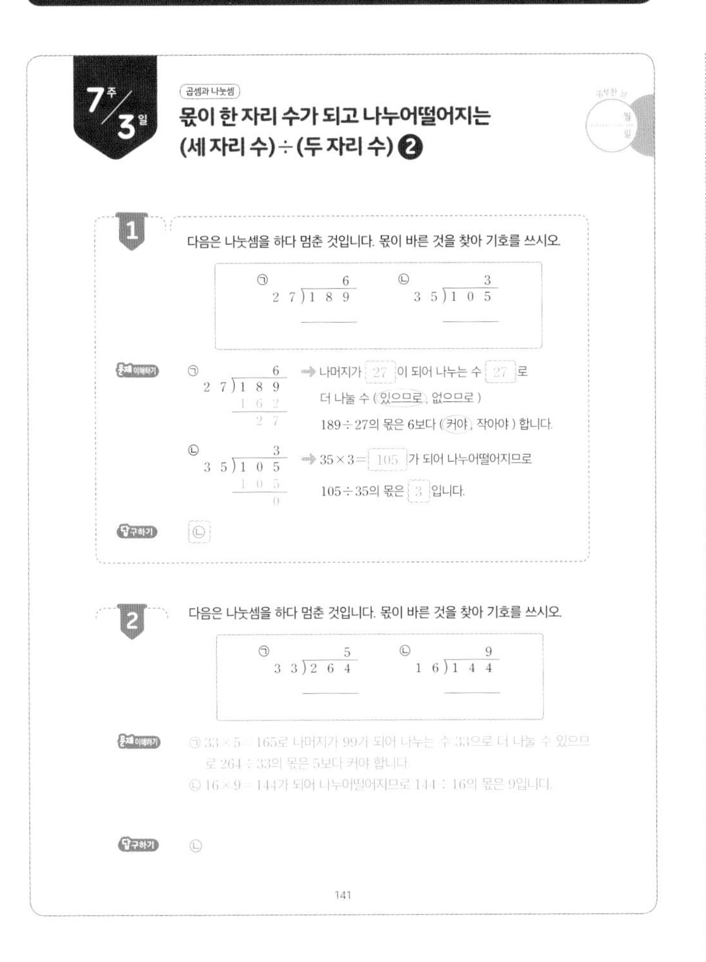

곱셈과 나눗셈

7주 3일

몫이 한 자리 수가 되고 나누어떨어지는 (세 자리 수)÷(두 자리 수) ❷

1 다음은 나눗셈을 하다 멈춘 것입니다. 몫이 바른 것을 찾아 기호를 쓰시오.

㉠ $27\overline{)189}$, 몫 6 ㉡ $35\overline{)105}$, 몫 3

문제 이해하기

㉠ $27\overline{)189}$, 몫 6, 162, 27 → 나머지가 27이 되어 나누는 수 27로 더 나눌 수 (있으므로, 없으므로) 189÷27의 몫은 6보다 (커야, 작아야) 합니다.

㉡ $35\overline{)105}$, 몫 3, 105, 0 → 35×3=105가 되어 나누어떨어지므로 105÷35의 몫은 3입니다.

답 구하기 ㉡

2 다음은 나눗셈을 하다 멈춘 것입니다. 몫이 바른 것을 찾아 기호를 쓰시오.

㉠ $33\overline{)264}$, 몫 5 ㉡ $16\overline{)144}$, 몫 9

문제 이해하기

㉠ 33×5=165로 나머지가 99가 되어 나누는 수 33으로 더 나눌 수 있으므로 264÷33의 몫은 5보다 커야 합니다.

㉡ 16×9=144가 되어 나누어떨어지므로 144÷16의 몫은 9입니다.

답 구하기 ㉡

141

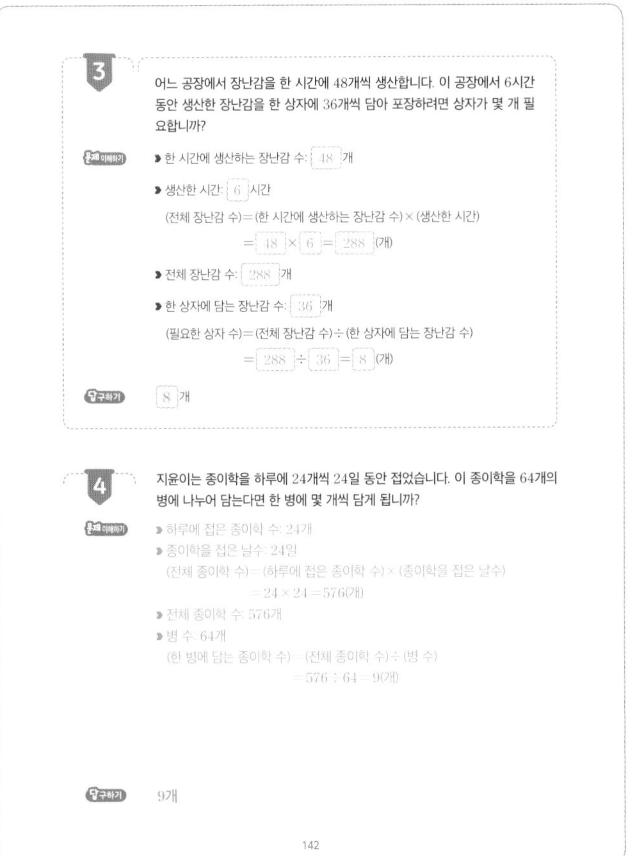

3 어느 공장에서 장난감을 한 시간에 48개씩 생산합니다. 이 공장에서 6시간 동안 생산한 장난감을 한 상자에 36개씩 담아 포장하려면 상자가 몇 개 필요합니까?

문제 이해하기

- 한 시간에 생산하는 장난감 수: 48개
- 생산한 시간: 6시간

(전체 장난감 수)=(한 시간에 생산하는 장난감 수)×(생산한 시간)
=48×6=288(개)

- 전체 장난감 수: 288개
- 한 상자에 담는 장난감 수: 36개

(필요한 상자 수)=(전체 장난감 수)÷(한 상자에 담는 장난감 수)
=288÷36=8(개)

답 구하기 8개

4 지윤이는 종이학을 하루에 24개씩 24일 동안 접었습니다. 이 종이학을 64개의 병에 나누어 담는다면 한 병에 몇 개씩 담게 됩니까?

문제 이해하기

- 하루에 접은 종이학 수: 24개
- 종이학을 접은 날수: 24일

(전체 종이학 수)=(하루에 접은 종이학 수)×(종이학을 접은 날수)
=24×24=576(개)

- 전체 종이학 수: 576개
- 병 수: 64개

(한 병에 담는 종이학 수)=(전체 종이학 수)÷(병 수)
=576÷64=9(개)

답 구하기 9개

142

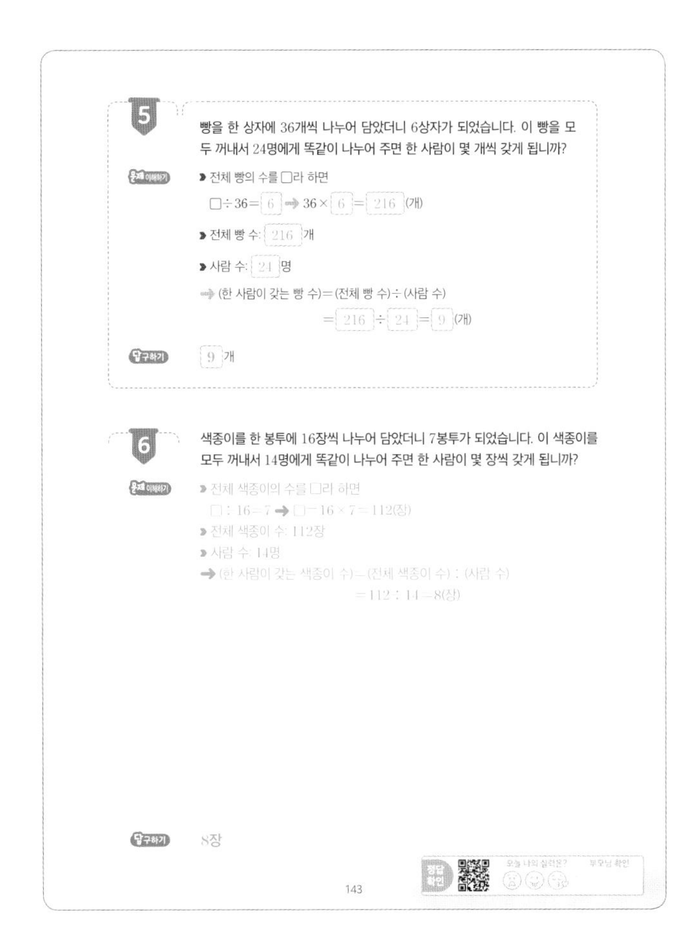

5 빵을 한 상자에 36개씩 나누어 담았더니 6상자가 되었습니다. 이 빵을 모두 꺼내서 24명에게 똑같이 나누어 주면 한 사람이 몇 개씩 갖게 됩니까?

문제 이해하기

- 전체 빵의 수를 □라 하면
□÷36=6 → 36×6=216(개)
- 전체 빵 수: 216개
- 사람 수: 24명

→ (한 사람이 갖는 빵 수)=(전체 빵 수)÷(사람 수)
=216÷24=9(개)

답 구하기 9개

6 색종이를 한 봉투에 16장씩 나누어 담았더니 7봉투가 되었습니다. 이 색종이를 모두 꺼내서 14명에게 똑같이 나누어 주면 한 사람이 몇 장씩 갖게 됩니까?

문제 이해하기

- 전체 색종이의 수를 □라 하면
□÷16=7 → □=16×7=112(장)
- 전체 색종이 수: 112장
- 사람 수: 14명

→ (한 사람이 갖는 색종이 수)=(전체 색종이 수)÷(사람 수)
=112÷14=8(장)

답 구하기 8장

143

정답 확인

오늘 나의 실력은? 부모님 확인

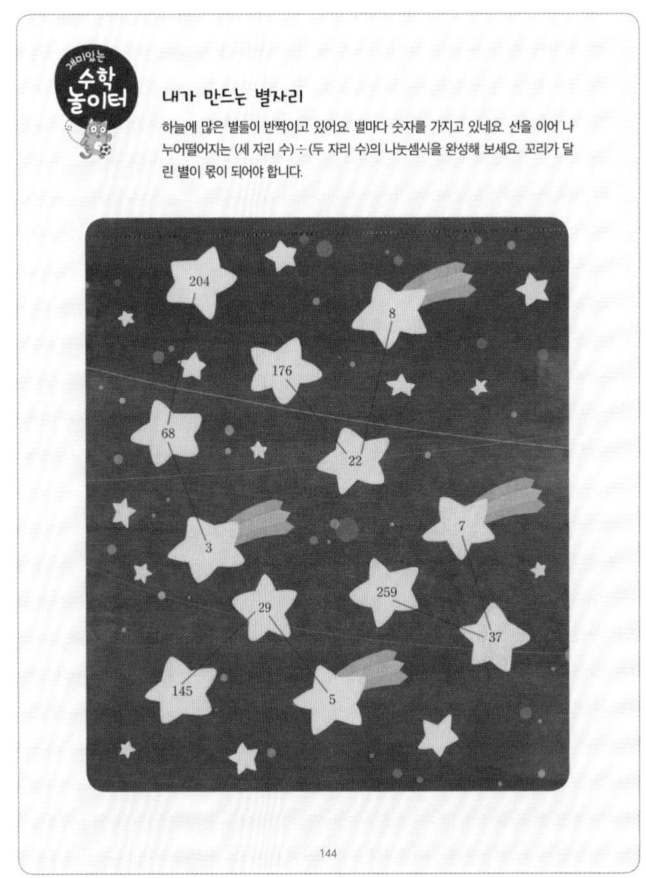

재미있는 수학 놀이터

내가 만드는 별자리

하늘에 많은 별들이 반짝이고 있어요. 별마다 숫자를 가지고 있네요. 선을 이어 나누어떨어지는 (세 자리 수)÷(두 자리 수)의 나눗셈식을 완성해 보세요. 꼬리가 달린 별이 몫이 되어야 합니다.

144

7주/4일

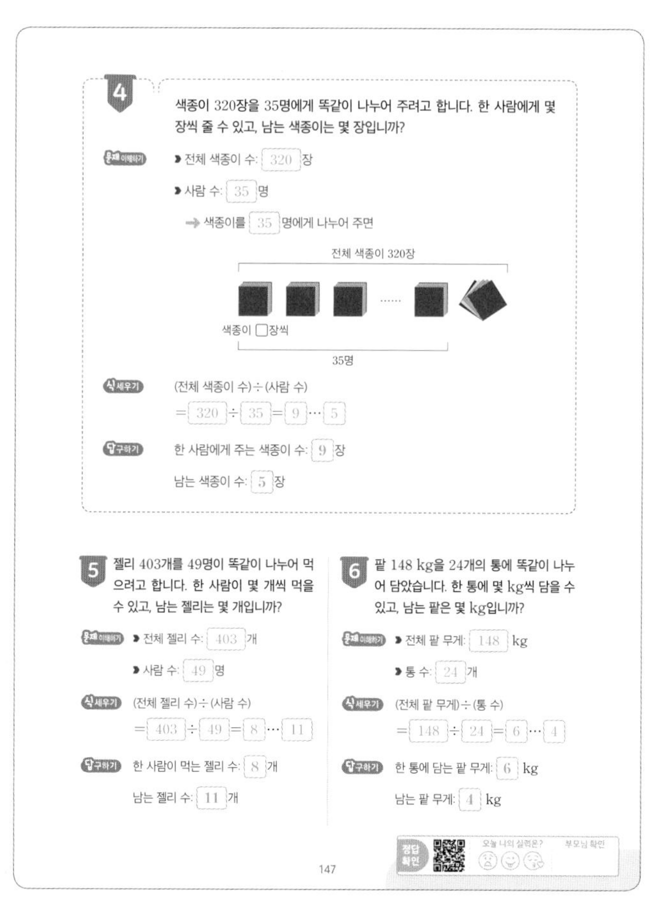

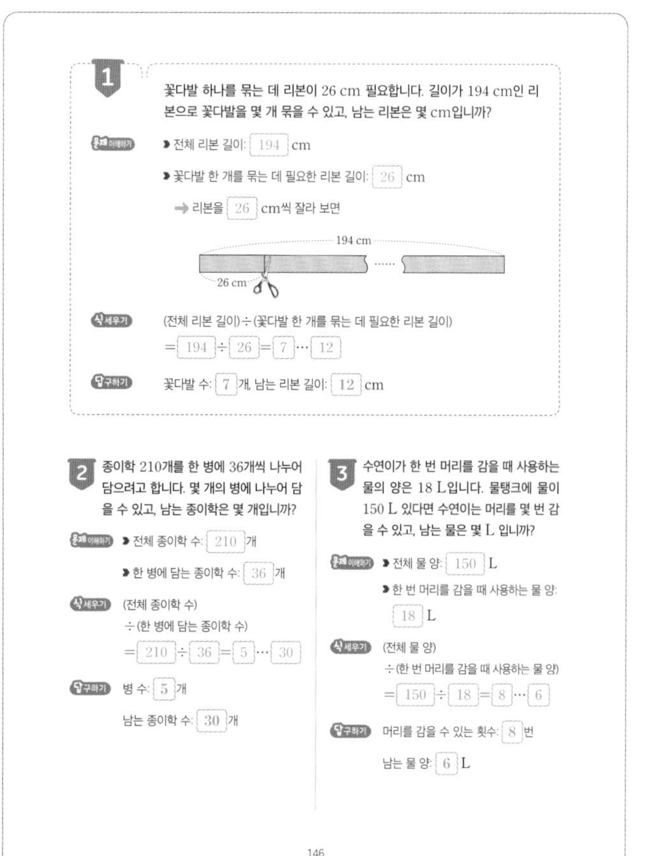

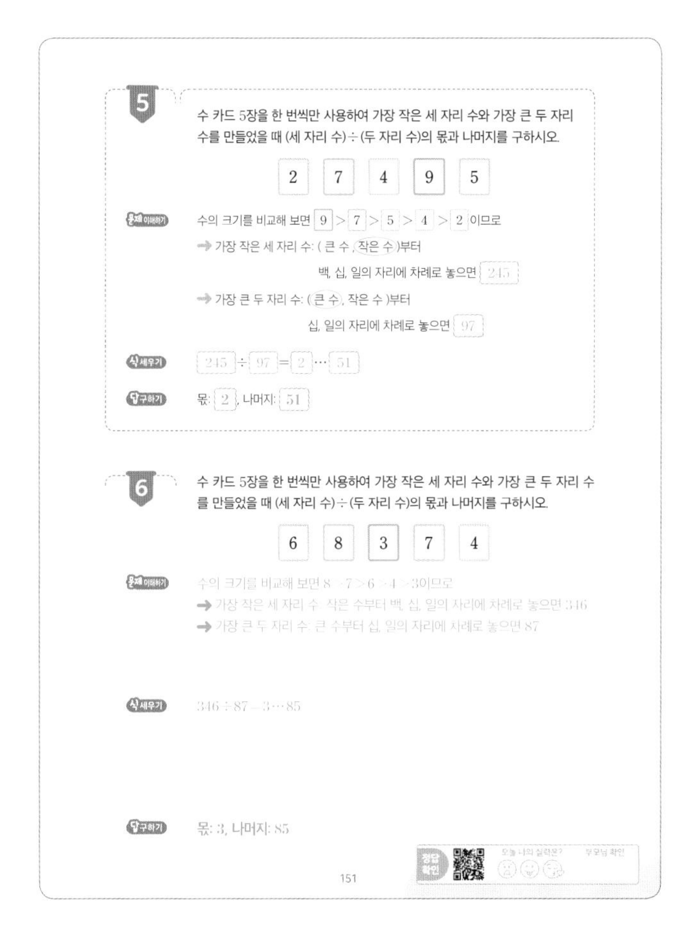

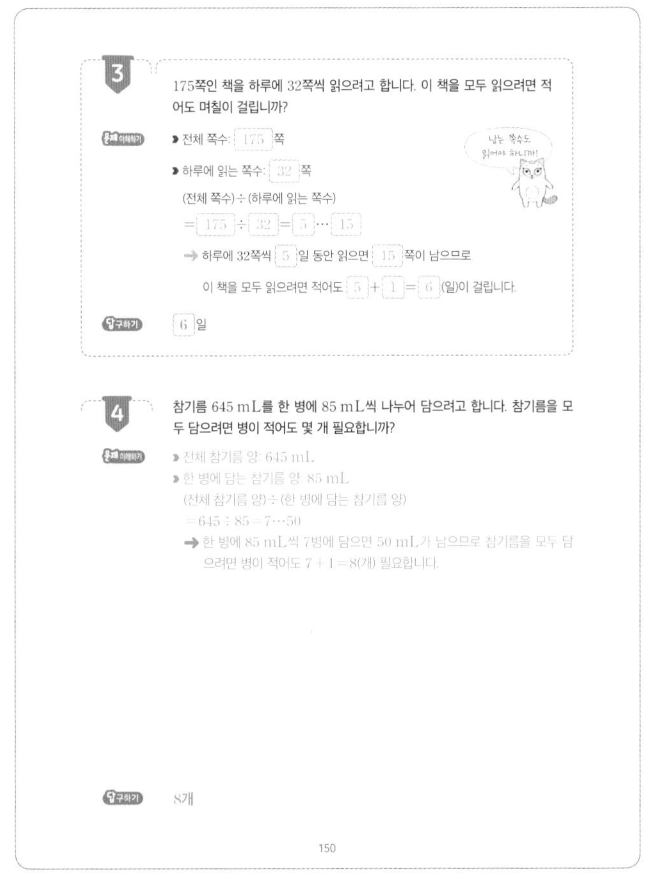

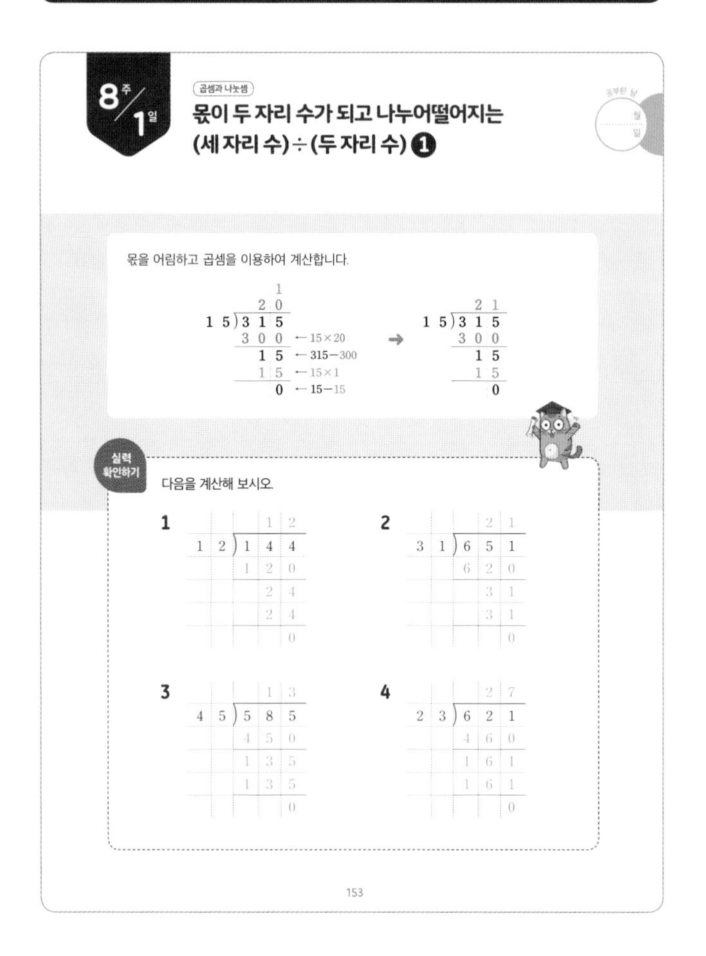
곱셈과 나눗셈

8주 1일

몫이 두 자리 수가 되고 나누어떨어지는 (세 자리 수)÷(두 자리 수) ❶

몫을 어림하고 곱셈을 이용하여 계산합니다.

```
      1
    2 0                           2 1
1 5)3 1 5                   1 5)3 1 5
    3 0 0  ← 15×20       ➜      3 0 0
      1 5  ← 315−300              1 5
      1 5  ← 15×1                 1 5
        0  ← 15−15                  0
```

실력 확인하기

다음을 계산해 보시오.

1
```
        1 2
1 2)1 4 4
    1 2 0
      2 4
      2 4
        0
```

2
```
        2 1
3 1)6 5 1
    6 2 0
      3 1
      3 1
        0
```

3
```
        1 3
4 5)5 8 5
    4 5 0
    1 3 5
    1 3 5
        0
```

4
```
        2 7
2 3)6 2 1
    4 6 0
    1 6 1
    1 6 1
        0
```

153

1 연필 286자루를 연필꽂이 하나에 13자루씩 꽂으려고 합니다. 연필꽂이는 몇 개 필요합니까?

문제 이해하기
- 전체 연필 수: 286 자루
- 연필꽂이 하나에 꽂는 연필 수: 13 자루
- ➜ 연필을 13 자루씩 나누어 꽂아 보면

전체 연필 286자루 / 연필 13자루씩 / 연필꽂이 □개

식 세우기 (연필꽂이 수)=(전체 연필 수)÷(연필꽂이 하나에 꽂는 연필 수)
=286÷13=22

답 구하기 22 개

2 512개의 수학 문제를 하루에 16개씩 푼다면 며칠만에 다 풀게 됩니까?

문제 이해하기
- 전체 문제 수: 512 개
- 하루에 푸는 문제 수: 16 개

식 세우기 (문제를 푸는 날수)
=(전체 문제 수)÷(하루에 푸는 문제 수)
=512÷16=32

답 구하기 32 일

3 하루는 24시간입니다. 600시간은 며칠입니까?

문제 이해하기
- 전체 시간: 600 시간
- 하루의 시간: 24 시간

식 세우기 (날수)
=(전체 시간)÷(하루의 시간)
=600÷24=25

답 구하기 25 일

154

4 434개의 떡을 14개의 상자에 똑같이 나누어 담으려고 합니다. 한 상자에 떡을 몇 개씩 담아야 합니까?

문제 이해하기
- 전체 떡 수: 434 개
- 상자 수: 14 개
- ➜ 떡을 14 개의 상자에 나누어 담아 보면

전체 떡 434개 / 떡 □개씩 / 상자 14개

식 세우기 (한 상자에 담는 떡 수)=(전체 떡 수)÷(상자 수)
=434÷14=31

답 구하기 31 개

5 270명이 버스 18대에 똑같이 나누어 타려고 합니다. 버스 한 대에 몇 명씩 타야 합니까?

문제 이해하기
- 전체 사람 수: 270 명
- 버스 수: 18 대

식 세우기 (버스 한 대에 타는 사람 수)
=(전체 사람 수)÷(버스 수)
=270÷18=15

답 구하기 15 명

6 길이가 832 cm인 끈을 똑같이 32도막으로 나누려고 합니다. 끈 한 도막의 길이는 몇 cm가 됩니까?

문제 이해하기
- 전체 끈 길이: 832 cm
- 도막 수: 32 개

식 세우기 (끈 한 도막의 길이)
=(전체 끈 길이)÷(도막 수)
=832÷32=26

답 구하기 26 cm

정답 확인 / 오늘 나의 실력은? / 부모님 확인

155

재미있는 수학 놀이터

물건을 팔아요

푸르네 숲에 장이 섰어요. 동물들이 저마다 자기가 수확한 것을 팔 준비를 하고 있어요. 푸르네 숲에서는 무엇이든 한 묶음에 10000원입니다. 동물들이 준비한 것을 모두 팔았을 때 각각 얼마를 벌었을까요? 가장 많은 돈을 번 동물에게 ○표 하세요.

989÷43=23(묶음) 888÷37=24(묶음) 935÷55=17(묶음)

156

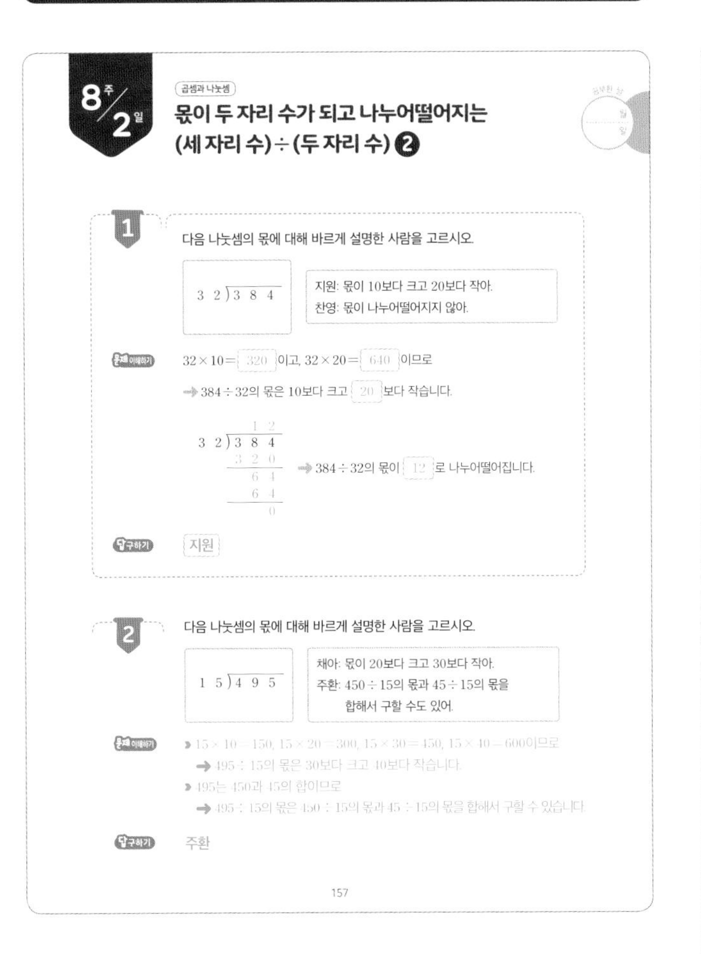

8주 2일

곱셈과 나눗셈

몫이 두 자리 수가 되고 나누어떨어지는 (세 자리 수)÷(두 자리 수) ❷

1 다음 나눗셈의 몫에 대해 바르게 설명한 사람을 고르시오.

32)384

지원: 몫이 10보다 크고 20보다 작아.
찬영: 몫이 나누어떨어지지 않아.

문제 이해하기 $32\times10=$ 320 이고, $32\times20=$ 640 이므로
→ $384\div32$의 몫은 10보다 크고 20 보다 작습니다.

32)384 = 12 … 320, 64, 64, 0 → $384\div32$의 몫이 12 로 나누어떨어집니다.

답 구하기 지원

2 다음 나눗셈의 몫에 대해 바르게 설명한 사람을 고르시오.

15)495

채아: 몫이 20보다 크고 30보다 작아.
주환: $450\div15$의 몫과 $45\div15$의 몫을 합해서 구할 수도 있어.

문제 이해하기 $15\times10=150$, $15\times20=300$, $15\times30=450$, $15\times40=600$이므로
→ $495\div15$의 몫은 30보다 크고 40보다 작습니다.
495는 450과 15의 합이므로
→ $495\div15$의 몫은 $450\div15$의 몫과 $45\div15$의 몫을 합해서 구할 수 있습니다.

답 구하기 주환

157

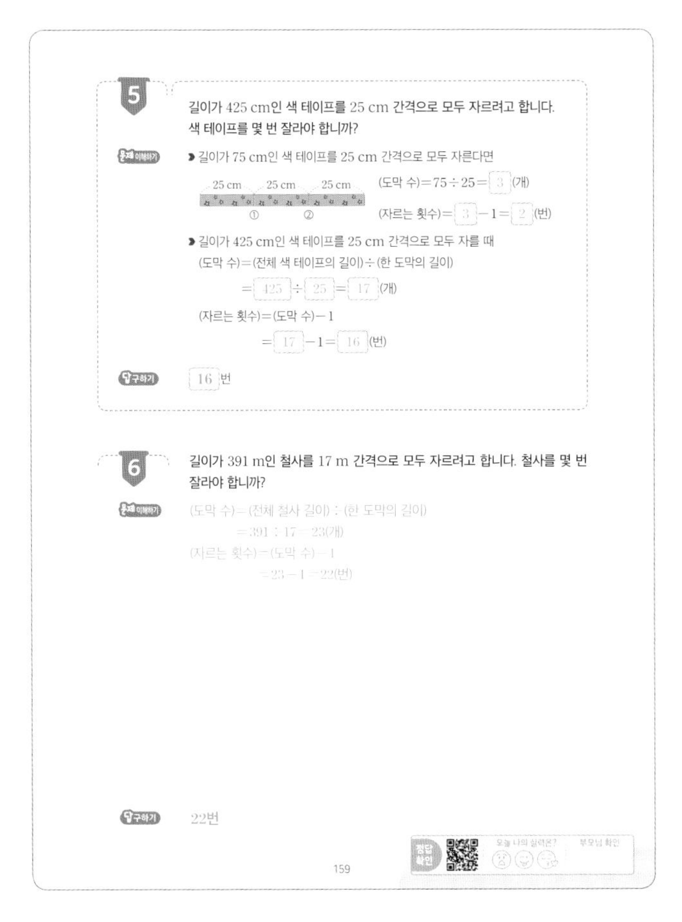

5 길이가 425 cm인 색 테이프를 25 cm 간격으로 모두 자르려고 합니다. 색 테이프를 몇 번 잘라야 합니까?

문제 이해하기 길이가 75 cm인 색 테이프를 25 cm 간격으로 모두 자른다면
25 cm 25 cm 25 cm ① ②
(도막 수)$=75\div25=$ 3 (개)
(자르는 횟수)$=$ 3 $-1=$ 2 (번)
길이가 425 cm인 색 테이프를 25 cm 간격으로 모두 자를 때
(도막 수)=(전체 색 테이프의 길이)÷(한 도막의 길이)
$=$ 425 $\div$ 25 $=$ 17 (개)
(자르는 횟수)=(도막 수)−1
$=$ 17 $-1=$ 16 (번)

답 구하기 16 번

6 길이가 391 m인 철사를 17 m 간격으로 모두 자르려고 합니다. 철사를 몇 번 잘라야 합니까?

문제 이해하기 (도막 수)=(전체 철사 길이)÷(한 도막의 길이)
$=391\div17=23$(개)
(자르는 횟수)=(도막 수)−1
$=23-1=22$(번)

답 구하기 22번

정답 확인 오늘 나의 실력은? 부모님 확인

159

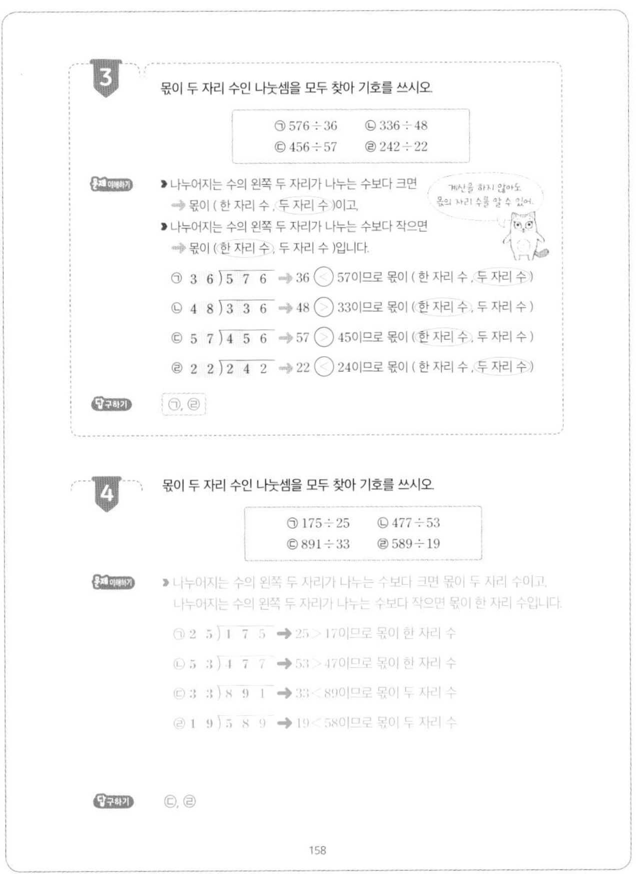

3 몫이 두 자리 수인 나눗셈을 모두 찾아 기호를 쓰시오.

㉠ $576\div36$ ㉡ $336\div48$
㉢ $456\div57$ ㉣ $242\div22$

문제 이해하기 나누어지는 수의 왼쪽 두 자리가 나누는 수보다 크면
→ 몫이 (한 자리 수, 두 자리 수)이고,
나누어지는 수의 왼쪽 두 자리가 나누는 수보다 작으면
→ 몫이 (한 자리 수, 두 자리 수)입니다.

계산을 하지 않아도 몫의 자리 수를 알 수 있어.

㉠ 36)576 → 36 < 57이므로 몫이 (한 자리 수, 두 자리 수)
㉡ 48)336 → 48 > 33이므로 몫이 (한 자리 수, 두 자리 수)
㉢ 57)456 → 57 > 45이므로 몫이 (한 자리 수, 두 자리 수)
㉣ 22)242 → 22 < 24이므로 몫이 (한 자리 수, 두 자리 수)

답 구하기 ㉠, ㉣

4 몫이 두 자리 수인 나눗셈을 모두 찾아 기호를 쓰시오.

㉠ $175\div25$ ㉡ $477\div53$
㉢ $891\div33$ ㉣ $589\div19$

문제 이해하기 나누어지는 수의 왼쪽 두 자리가 나누는 수보다 크면 몫이 두 자리 수이고, 나누어지는 수의 왼쪽 두 자리가 나누는 수보다 작으면 몫이 한 자리 수입니다.
㉠ 25)175 → 25>17이므로 몫이 한 자리 수
㉡ 53)477 → 53>47이므로 몫이 한 자리 수
㉢ 33)891 → 33<89이므로 몫이 두 자리 수
㉣ 19)589 → 19<58이므로 몫이 두 자리 수

답 구하기 ㉢, ㉣

158

재미있는 수학 놀이터

막대 과자 나눗셈식

미래와 동훈이가 과자로 만든 집을 발견했어요. 과자로 만든 집에 들어가려면 문에 걸린 막대 과자 나눗셈식을 바르게 고쳐야 해요. 각 식에서 막대 과자 하나씩을 빼면 나눗셈식이 올바르게 바뀐대요. 각 식에서 어떤 과자를 빼야 할지 ○표 하세요.

160

8주 / 3일

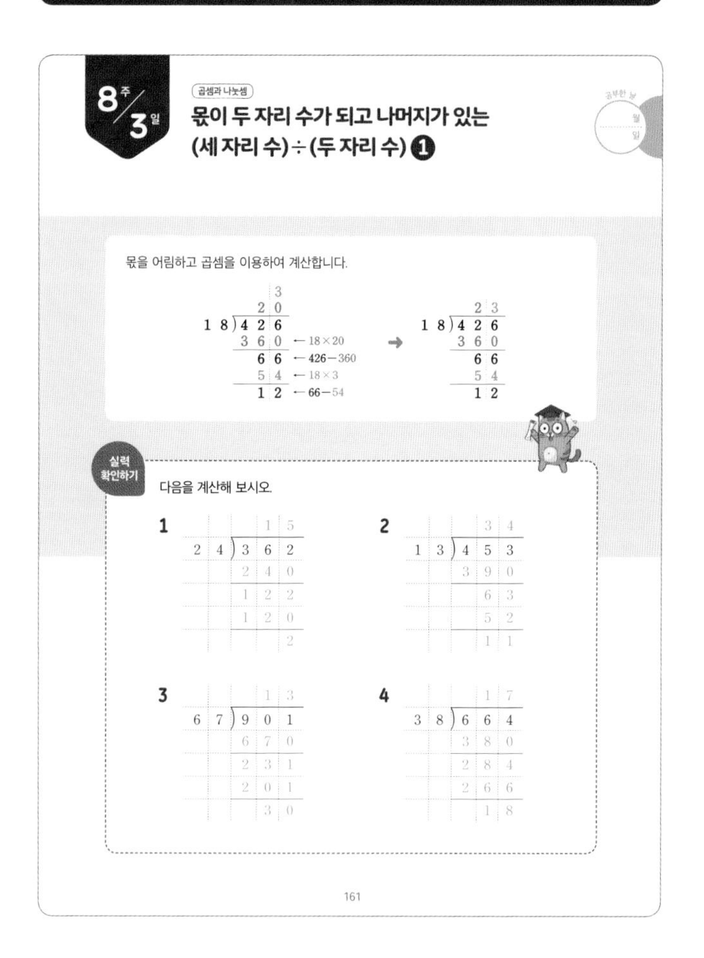

8주 3일

곱셈과 나눗셈

몫이 두 자리 수가 되고 나머지가 있는 (세 자리 수)÷(두 자리 수) ❶

몫을 어림하고 곱셈을 이용하여 계산합니다.

$426 \div 18$: 360 ← 18×20, 66 ← 426−360, 54 ← 18×3, 12 ← 66−54 ➜ 몫 23, 나머지 12

실력 확인하기

다음을 계산해 보시오.

1. $362 \div 24$: 240, 122, 120, 2 → 몫 15, 나머지 2
2. $453 \div 13$: 390, 63, 52, 11 → 몫 34, 나머지 11
3. $901 \div 67$: 670, 231, 201, 30 → 몫 13, 나머지 30
4. $664 \div 38$: 380, 284, 266, 18 → 몫 17, 나머지 18

161

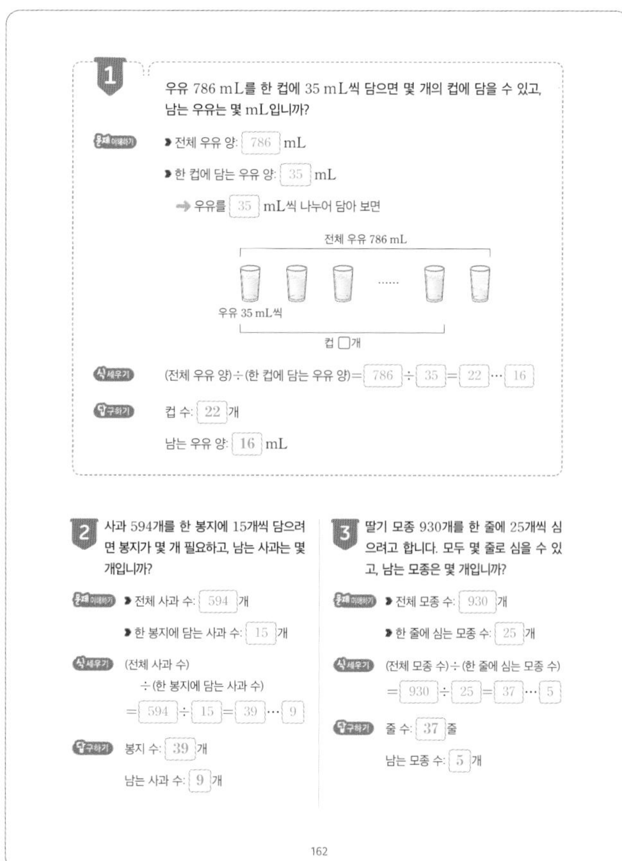

1 우유 786 mL를 한 컵에 35 mL씩 담으면 몇 개의 컵에 담을 수 있고, 남는 우유는 몇 mL입니까?

문제 이해하기
- 전체 우유 양: 786 mL
- 한 컵에 담는 우유 양: 35 mL
- ➜ 우유를 35 mL씩 나누어 담아 보면

식 세우기 (전체 우유 양)÷(한 컵에 담는 우유 양)=786÷35=22…16

답 구하기 컵 수: 22개

남는 우유 양: 16 mL

2 사과 594개를 한 봉지에 15개씩 담으려면 봉지가 몇 개 필요하고, 남는 사과는 몇 개입니까?

문제 이해하기
- 전체 사과 수: 594개
- 한 봉지에 담는 사과 수: 15개

식 세우기 (전체 사과 수)÷(한 봉지에 담는 사과 수)=594÷15=39…9

답 구하기 봉지 수: 39개

남는 사과 수: 9개

3 딸기 모종 930개를 한 줄에 25개씩 심으려고 합니다. 모두 몇 줄로 심을 수 있고, 남는 모종은 몇 개입니까?

문제 이해하기
- 전체 모종 수: 930개
- 한 줄에 심는 모종 수: 25개

식 세우기 (전체 모종 수)÷(한 줄에 심는 모종 수)=930÷25=37…5

답 구하기 줄 수: 37줄

남는 모종 수: 5개

162

4 고구마 745 kg을 14대의 수레에 똑같이 나누어 실었습니다. 한 수레에 몇 kg씩 실을 수 있고, 남는 고구마는 몇 kg입니까?

문제 이해하기
- 전체 고구마 무게: 745 kg
- 수레 수: 14대
- ➜ 고구마를 14대의 수레에 나누어 담아 보면

식 세우기 (전체 고구마 무게)÷(수레 수)=745÷14=53…3

답 구하기 수레 하나에 실은 고구마 무게: 53 kg

남는 고구마 무게: 3 kg

5 375명의 학생을 똑같이 16개의 모둠으로 나누려고 합니다. 한 모둠에는 학생이 몇 명씩이고, 남는 학생은 몇 명입니까?

문제 이해하기
- 전체 학생 수: 375명
- 모둠 수: 16개

식 세우기 (전체 학생 수)÷(모둠 수)=375÷16=23…7

답 구하기 한 모둠의 학생 수: 23명

남는 학생 수: 7명

6 꽃 903송이를 23명에게 똑같이 나누어 주었습니다. 한 사람이 몇 송이씩 갖고, 남는 꽃은 몇 송이입니까?

문제 이해하기
- 전체 꽃 수: 903송이
- 사람 수: 23명

식 세우기 (전체 꽃 수)÷(사람 수)=903÷23=39…6

답 구하기 한 사람이 갖는 꽃 수: 39송이

남는 꽃 수: 6송이

정답 확인 오늘 나의 실력은? 부모님 확인

163

재미있는 수학 놀이터

토순이네 튼튼 주스 만들기

토순이는 몸에 좋은 튼튼 주스를 만들어 팔고 있어요. 양배추즙, 사과 주스, 블루베리 주스를 일정량씩 섞어서 병에 담으면 완성돼요. 오늘 토순이가 만들 수 있는 튼튼 주스의 병 수만큼 상자 안에 ○표 하세요.

토순이네 튼튼 주스 레시피
1. 양배추즙, 사과 주스, 블루베리 주스를 준비합니다.
양배추즙 15 mL
사과 주스 25 mL
블루베리 주스 35 mL
2. 다음과 같이 넣고 잘 흔듭니다.
30 mL
75 mL
70 mL
오늘은 튼튼 주스를 몇 병 만들 수 있을까?
440
918
856

양배추즙: 440÷30=14…20

사과 주스: 918÷75=12…18

블루베리 주스: 856÷70=12…16

164

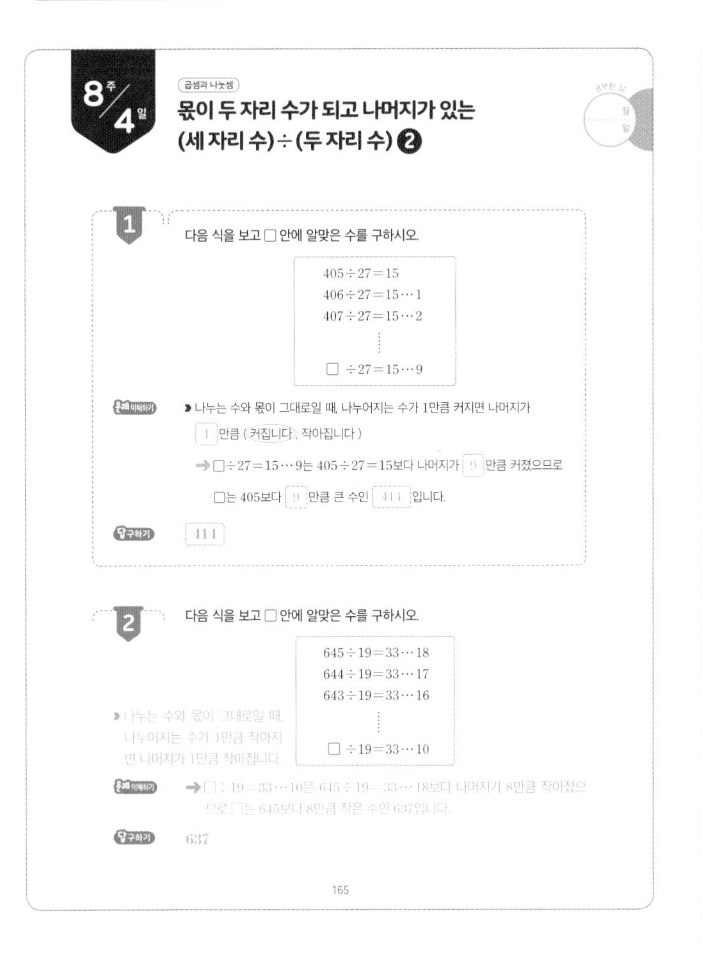

8주/4일

곱셈과 나눗셈

몫이 두 자리 수가 되고 나머지가 있는 (세 자리 수)÷(두 자리 수) ❷

1 다음 식을 보고 □ 안에 알맞은 수를 구하시오.

$405 \div 27 = 15$
$406 \div 27 = 15 \cdots 1$
$407 \div 27 = 15 \cdots 2$
⋮
$\square \div 27 = 15 \cdots 9$

문제 이해하기 ▸ 나누는 수와 몫이 그대로일 때, 나누어지는 수가 1만큼 커지면 나머지가 1 만큼 (커집니다, 작아집니다)
→ $\square \div 27 = 15 \cdots 9$는 $405 \div 27 = 15$보다 나머지가 9 만큼 커졌으므로 □는 405보다 9 만큼 큰 수인 414 입니다.

답 구하기 414

2 다음 식을 보고 □ 안에 알맞은 수를 구하시오.

$645 \div 19 = 33 \cdots 18$
$644 \div 19 = 33 \cdots 17$
$643 \div 19 = 33 \cdots 16$
⋮
$\square \div 19 = 33 \cdots 10$

▸ 나누는 수와 몫이 그대로일 때, 나누어지는 수가 1만큼 작아지면 나머지가 1만큼 작아집니다.

문제 이해하기 → $\square \div 19 = 33 \cdots 10$은 $645 \div 19 = 33 \cdots 18$보다 나머지가 8만큼 작아졌으므로 □는 645보다 8만큼 작은 수인 637입니다.

답 구하기 637

165

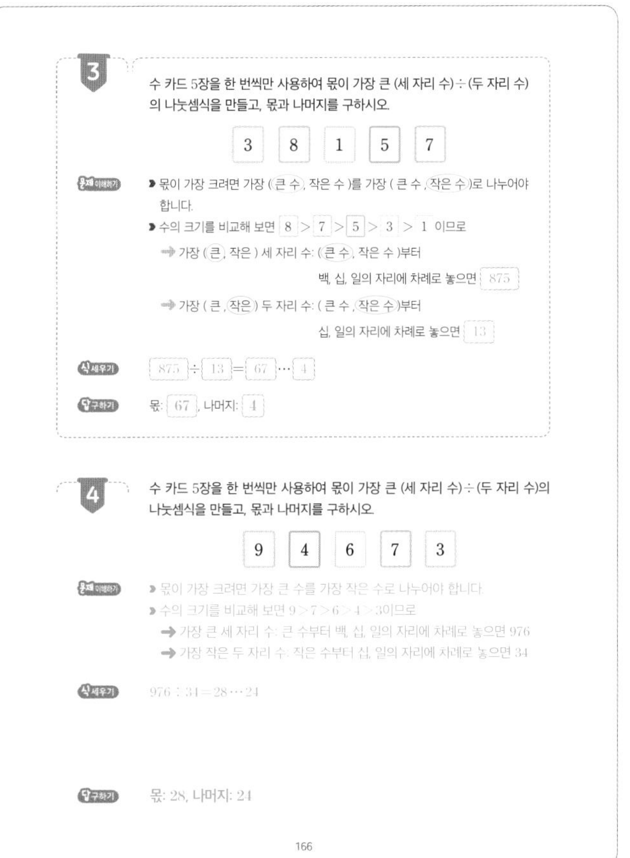

3 수 카드 5장을 한 번씩만 사용하여 몫이 가장 큰 (세 자리 수)÷(두 자리 수)의 나눗셈식을 만들고, 몫과 나머지를 구하시오.

3 8 1 5 7

문제 이해하기 ▸ 몫이 가장 크려면 가장 (큰 수, 작은 수)를 가장 (큰 수, 작은 수)로 나누어야 합니다.
▸ 수의 크기를 비교해 보면 8 > 7 > 5 > 3 > 1 이므로
→ 가장 (큰, 작은) 세 자리 수: (큰 수, 작은 수)부터 백, 십, 일의 자리에 차례로 놓으면 875
→ 가장 (큰, 작은) 두 자리 수: (큰 수, 작은 수)부터 십, 일의 자리에 차례로 놓으면 13

식 세우기 $875 \div 13 = 67 \cdots 4$

답 구하기 몫: 67, 나머지: 4

4 수 카드 5장을 한 번씩만 사용하여 몫이 가장 큰 (세 자리 수)÷(두 자리 수)의 나눗셈식을 만들고, 몫과 나머지를 구하시오.

9 4 6 7 3

문제 이해하기 ▸ 몫이 가장 크려면 가장 큰 수를 가장 작은 수로 나누어야 합니다.
▸ 수의 크기를 비교해 보면 $9 > 7 > 6 > 4 > 3$이므로
→ 가장 큰 세 자리 수: 큰 수부터 백, 십, 일의 자리에 차례로 놓으면 976
→ 가장 작은 두 자리 수: 작은 수부터 십, 일의 자리에 차례로 놓으면 34

식 세우기 $976 \div 34 = 28 \cdots 24$

답 구하기 몫: 28, 나머지: 24

166

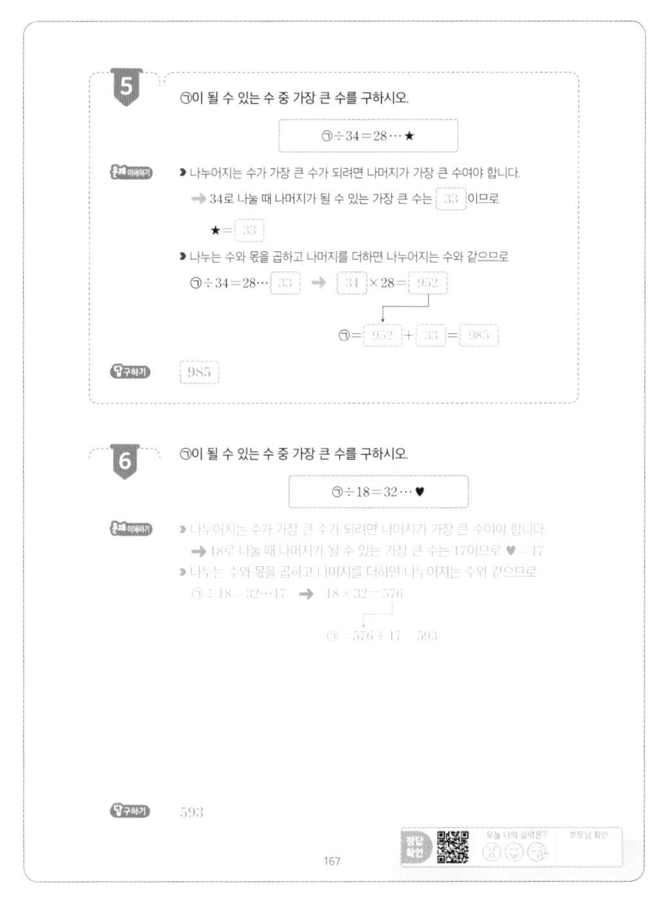

5 ㉠이 될 수 있는 수 중 가장 큰 수를 구하시오.

㉠$\div 34 = 28 \cdots$★

문제 이해하기 ▸ 나누어지는 수가 가장 큰 수가 되려면 나머지가 가장 큰 수여야 합니다.
→ 34로 나눌 때 나머지가 될 수 있는 가장 큰 수는 33 이므로 ★= 33
▸ 나누는 수와 몫을 곱하고 나머지를 더하면 나누어지는 수와 같으므로
㉠$\div 34 = 28 \cdots 33$ → $34 \times 28 = 952$
㉠$= 952 + 33 = 985$

답 구하기 985

6 ㉠이 될 수 있는 수 중 가장 큰 수를 구하시오.

㉠$\div 18 = 32 \cdots$♥

문제 이해하기 ▸ 나누어지는 수가 가장 큰 수가 되려면 나머지가 가장 큰 수여야 합니다.
→ 18로 나눌 때 나머지가 될 수 있는 가장 큰 수는 17이므로 ♥=17
▸ 나누는 수와 몫을 곱하고 나머지를 더하면 나누어지는 수와 같으므로
㉠$\div 18 = 32 \cdots 17$ → $18 \times 32 = 576$
㉠$= 576 + 17 = 593$

답 구하기 593

167

재미있는 수학 놀이터

떡을 돌려요

미래네는 '깨끗 마을'에 이사를 왔어요. 그래서 엄마와 동생은 A동에, 아빠와 미래는 B동에 떡을 돌리기로 했어요. 같은 동에 사는 이웃에게는 떡을 같은 양만큼씩 주려고 해요. 떡을 다 돌린 후 남은 떡의 개수를 써 보세요.

168

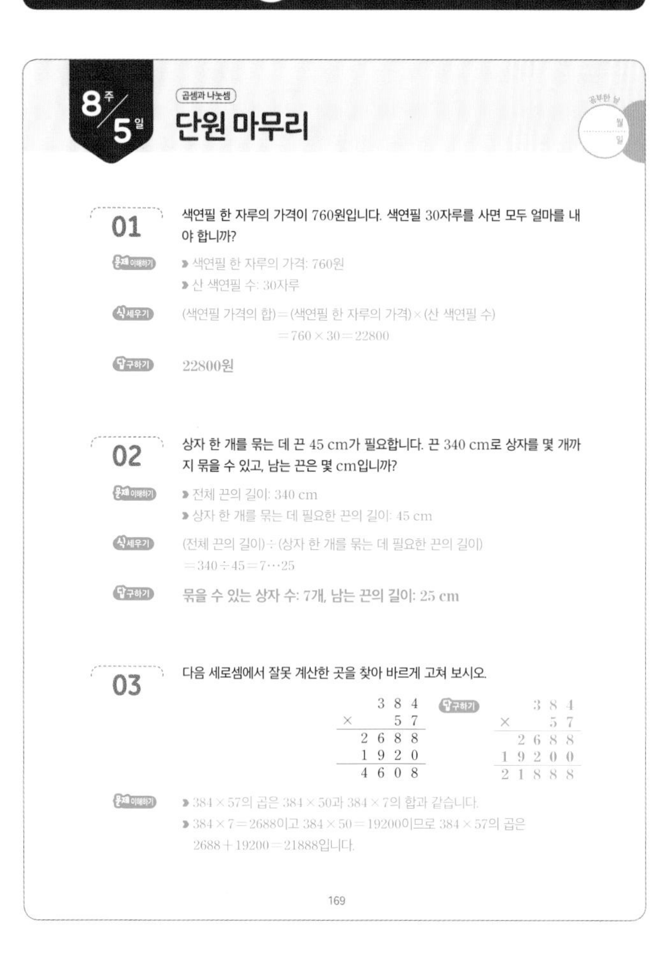
8주/5일

곱셈과 나눗셈

단원 마무리

공부한 날 월 일

01 색연필 한 자루의 가격이 760원입니다. 색연필 30자루를 사면 모두 얼마를 내야 합니까?

문제 이해하기
- 색연필 한 자루의 가격: 760원
- 산 색연필 수: 30자루

식 세우기
(색연필 가격의 합)=(색연필 한 자루의 가격)×(산 색연필 수)
$=760\times30=22800$

답 구하기 22800원

02 상자 한 개를 묶는 데 끈 45 cm가 필요합니다. 끈 340 cm로 상자를 몇 개까지 묶을 수 있고, 남는 끈은 몇 cm입니까?

문제 이해하기
- 전체 끈의 길이: 340 cm
- 상자 한 개를 묶는 데 필요한 끈의 길이: 45 cm

식 세우기
(전체 끈의 길이)÷(상자 한 개를 묶는 데 필요한 끈의 길이)
$=340\div45=7\cdots25$

답 구하기 묶을 수 있는 상자 수: 7개, 남는 끈의 길이: 25 cm

03 다음 세로셈에서 잘못 계산한 곳을 찾아 바르게 고쳐 보시오.

$$\begin{array}{r} 3\,8\,4 \\ \times\quad 5\,7 \\ \hline 2\,6\,8\,8 \\ 1\,9\,2\,0 \\ \hline 4\,6\,0\,8 \end{array}$$

답 구하기

$$\begin{array}{r} 3\,8\,4 \\ \times\quad 5\,7 \\ \hline 2\,6\,8\,8 \\ 1\,9\,2\,0\,0 \\ \hline 2\,1\,8\,8\,8 \end{array}$$

문제 이해하기
- 384×57의 곱은 384×50과 384×7의 합과 같습니다.
- $384\times7=2688$이고 $384\times50=19200$이므로 384×57의 곱은 $2688+19200=21888$입니다.

169

단원 마무리

04 윤지네 학교 4학년은 한 반에 36명씩 5개 반입니다. 윤지네 학교 4학년 학생들을 20개 모둠으로 나눈다면 한 모둠은 몇 명씩입니까?

문제 이해하기
- 한 반의 학생 수: 36명
- 반 수: 5개
  → (4학년 전체 학생 수)=(한 반의 학생 수)×(반 수)$=36\times5=180$(명)
- 4학년 전체 학생 수: 180명
- 모둠 수: 20개
  → (한 모둠의 학생 수)=(4학년 전체 학생 수)÷(모둠 수)$=180\div20=9$(명)

답 구하기 9명

05 학생 90명이 버스를 타고 소풍을 가려고 합니다. 버스 한 대에 24명까지 탈 수 있다면 버스가 적어도 몇 대 필요합니까?

문제 이해하기
- 전체 학생 수: 90명
- 버스 한 대에 탈 수 있는 학생 수: 24명

(전체 학생 수)÷(버스 한 대에 탈 수 있는 학생 수)
$=90\div24=3\cdots18$
→ 버스 3대에 24명씩 타면 18명이 남으므로 90명의 학생이 모두 버스를 타려면 버스가 적어도 $3+1=4$(대) 필요합니다.

답 구하기 4대

06 □ 안에 알맞은 수를 써넣으시오.

답 구하기

$$\begin{array}{r} 5\;\;2\;\;^{㉠}\boxed{6} \\ \times\quad ^{㉡}\boxed{3}\;\;7 \\ \hline 3\;^{㉢}\boxed{6}\;\;8\;\;2 \\ 1\;^{㉣}\boxed{5}\;\;7\;\;8\quad \\ \hline 1\;^{㉤}\boxed{9}\;\;4\;^{㉥}\boxed{6}\;\;2 \end{array}$$

문제 이해하기
- ㉠×7의 일의 자리 숫자가 2이고 $6\times7=42$이므로 ㉠=6, $526\times7=3682$이므로 ㉢=6
- ㉠×㉡=6×㉡의 일의 자리 숫자가 8이고 $6\times3=18$, $6\times8=48$이므로 ㉡은 3 또는 8
- $526\times3=1578$, $526\times8=4208$이므로 ㉡=3, ㉣=5
- $3682+15780=19462$이므로 ㉤=9, ㉥=6

170

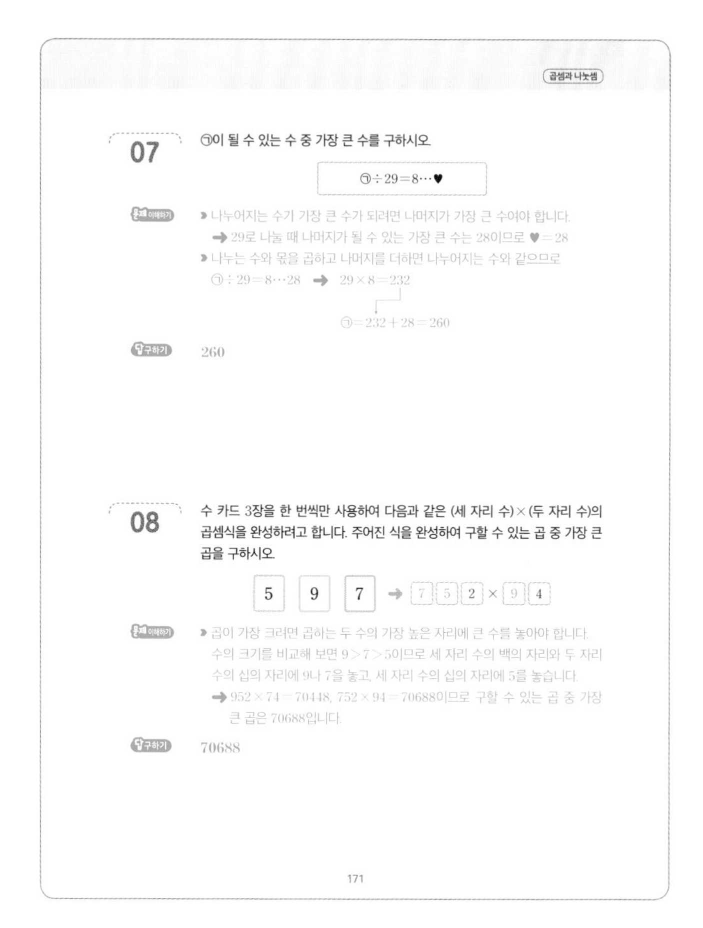
곱셈과 나눗셈

07 ㉠이 될 수 있는 수 중 가장 큰 수를 구하시오.

㉠÷29=8⋯♥

문제 이해하기
- 나누어지는 수가 가장 큰 수가 되려면 나머지가 가장 큰 수여야 합니다.
  → 29로 나눌 때 나머지가 될 수 있는 가장 큰 수는 28이므로 ♥=28
- 나누는 수와 몫을 곱하고 나머지를 더하면 나누어지는 수와 같으므로
  ㉠÷29=8⋯28 → $29\times8=232$
  ㉠$=232+28=260$

답 구하기 260

08 수 카드 3장을 한 번씩만 사용하여 다음과 같은 (세 자리 수)×(두 자리 수)의 곱셈식을 완성하려고 합니다. 주어진 식을 완성하여 구할 수 있는 곱 중 가장 큰 곱을 구하시오.

5 9 7 → 7 5 2 × 9 4

문제 이해하기
- 곱이 가장 크려면 곱하는 두 수의 가장 높은 자리에 큰 수를 놓아야 합니다. 수의 크기를 비교해 보면 $9>7>5$이므로 세 자리 수의 백의 자리와 두 자리 수의 십의 자리에 9나 7을 놓고, 세 자리 수의 십의 자리에 5를 놓습니다.
  → $952\times74=70448$, $752\times94=70688$이므로 구할 수 있는 곱 중 가장 큰 곱은 70688입니다.

답 구하기 70688

171

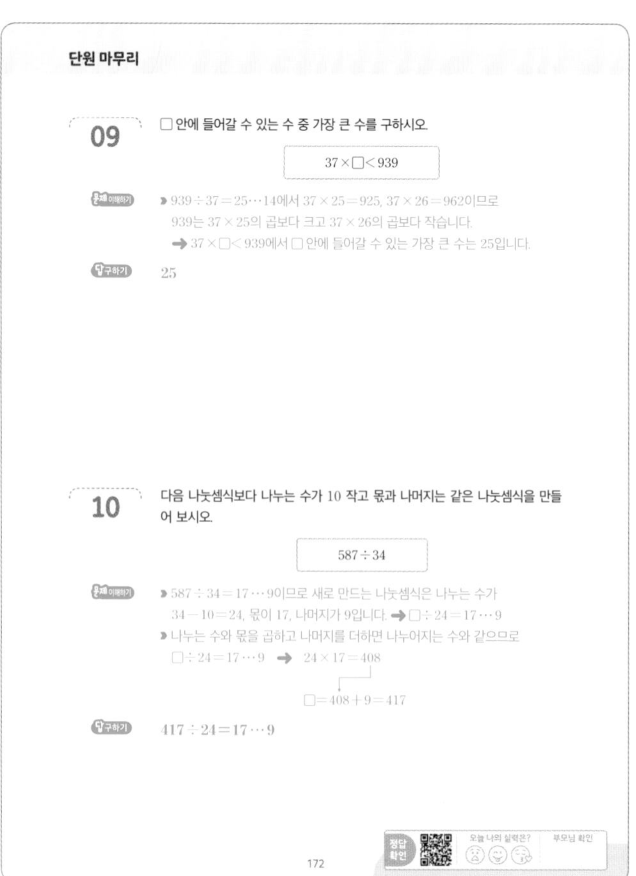
단원 마무리

09 □ 안에 들어갈 수 있는 수 중 가장 큰 수를 구하시오.

37×□<939

문제 이해하기
- $939\div37=25\cdots14$에서 $37\times25=925$, $37\times26=962$이므로 939는 37×25의 곱보다 크고 37×26의 곱보다 작습니다.
  → 37×□<939에서 □ 안에 들어갈 수 있는 가장 큰 수는 25입니다.

답 구하기 25

10 다음 나눗셈식보다 나누는 수가 10 작고 몫과 나머지는 같은 나눗셈식을 만들어 보시오.

587÷34

문제 이해하기
- $587\div34=17\cdots9$이므로 새로 만드는 나눗셈식은 나누는 수가 $34-10=24$, 몫이 17, 나머지가 9입니다. → □÷24=17⋯9
- 나누는 수와 몫을 곱하고 나머지를 더하면 나누어지는 수와 같으므로
  □÷24=17⋯9 → $24\times17=408$
  □$=408+9=417$

답 구하기 $417\div24=17\cdots9$

정답 확인 오늘 나의 실력은? 부모님 확인

172

초등 수학 완전 정복 프로젝트

구　성 1~6학년 학기별 [12책]
콘셉트 교과서에 따른 수·연산·도형·측정까지 연산력을 향상하는 연산 기본서
키워드 기본 연산력 다지기

구　성 1~6학년 학기별 [12책]
콘셉트 문장제부터 창의·사고력 문제까지 수학적 역량을 키우는 연산 응용서
키워드 연산 응용력 키우기

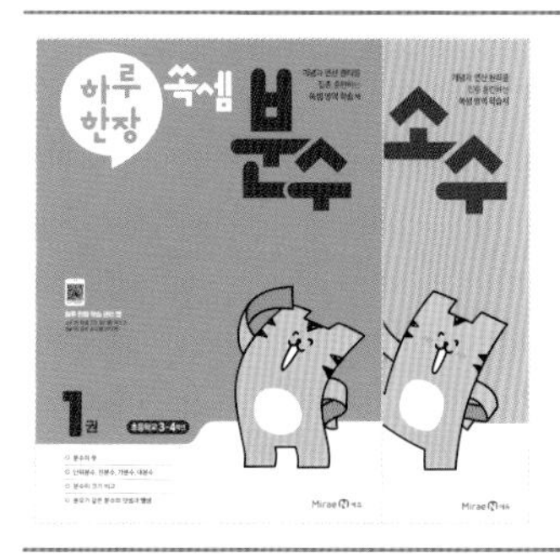

구　성 3~6학년 단계별 [분수 2책, 소수 2책]
콘셉트 분수·소수의 개념과 연산 원리를 익히고 연산력을 키우는 쏙셈 영역 학습서
키워드 분수·소수 집중 훈련하기

문해길 원리

구　성 1~6학년 학기별 [12책]
콘셉트 8가지 문제 해결 전략을 익히며 문장제와 서술형을 정복하는 상위권 학습서
키워드 문장제 해결력 강화하기

문해길 심화

구　성 1~6학년 학년별 [6책]
콘셉트 고난도 유형 해결 전략을 익히며 최고 수준에 도전하는 최상위권 학습서
키워드 고난도 유형 해결력 완성하기

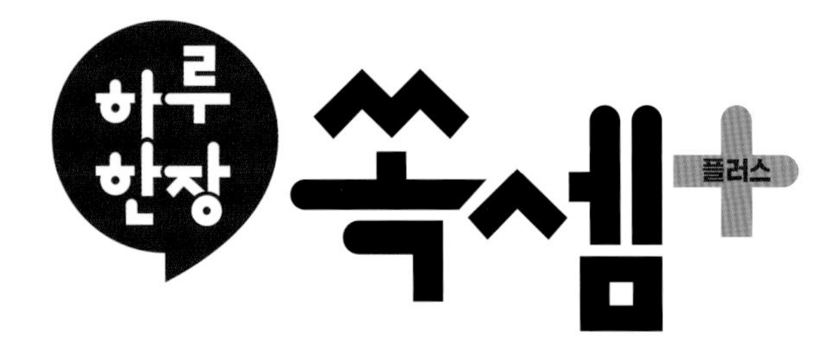

www.mirae-n.com

학습하다가 이해되지 않는 부분이나 정오표 등의 궁금한 사항이 있나요?
미래엔 홈페이지에서 해결해 드립니다.

교재 내용 문의

1:1 문의 | 수학 과외쌤 | 자주하는 질문

교재 자료 및 정답

동영상 강의 | 쌍둥이 문제 | 정답과 해설 | 정오표

초등학교

학년 반 이름

초등학교에서 탄탄하게 닦아 놓은
공부력이 중·고등 학습의 실력을 가릅니다.

하루한장 쏙셈

쏙셈 시작편
초등학교 입학 전 연산 시작하기
[2책] 수 세기, 셈하기

쏙셈
교과서에 따른 수·연산·도형·측정까지 계산력 향상하기
[12책] 1~6학년 학기별

쏙셈+플러스
문장제 문제부터 창의·사고력 문제까지 수학 역량 키우기
[12책] 1~6학년 학기별

쏙셈 분수·소수
3~6학년 분수·소수의 개념과 연산 원리를 집중 훈련하기
[분수 2책, 소수 2책] 3~6학년 학년군별

하루한장 한국사

큰별★쌤 최태성의 한국사
최태성 선생님의 재미있는 강의와 시각 자료로
역사의 흐름과 사건을 이해하기
[3책] 3~6학년 시대별

하루한장 한자

그림 연상 한자로 교과서 어휘를 익히고 급수 시험까지 대비하기
[4책] 1~2학년 학기별

하루한장 급수 한자

하루한장 한자 학습법으로 한자 급수 시험 완벽하게 대비하기
[3책] 8급, 7급, 6급

하루한장 ENGLISH BITE

ENGLISH BITE 알파벳 쓰기
알파벳을 보고 듣고 따라쓰며 읽기·쓰기 한 번에 끝내기
[1책]

ENGLISH BITE 파닉스
자음과 모음 결합 과정의 발음 규칙 학습으로
영어 단어 읽기 완성
[2책] 자음과 모음, 이중자음과 이중모음

ENGLISH BITE 사이트 워드
192개 사이트 워드 학습으로 리딩 자신감 키우기
[2책] 단계별

ENGLISH BITE 영문법
문법 개념 확인 영상과 함께 영문법 기초 실력 다지기
[Starter 2책, Basic 2책] 3~6학년 단계별

ENGLISH BITE 영단어
초등 영어 교육과정의 학년별 필수 영단어를
다양한 활동으로 익히기
[4책] 3~6학년 단계별

"문제 해결의 길잡이"와 함께 문제 해결 전략을 익히며 수학 사고력을 향상시켜요!

초등 수학 상위권 진입을 위한 "문제 해결의 길잡이" 비법 전략 4가지

비법 전략 1 문제 분석을 통한 수학 독해력 향상

문제에서 구하고자 하는 것과 주어진 조건을 찾아내는 훈련으로 수학 독해력을 키웁니다.

비법 전략 2 해결 전략 집중 학습으로 수학적 사고력 향상

문해길에서 제시하는 8가지 문제 해결 전략을 익히고 적용하는 과정을 집중 연습함으로써 수학적 사고력을 키웁니다.

비법 전략 3 문장제 유형 정복으로 고난도 수학 자신감 향상

문장제 및 서술형 유형을 풀이하는 연습을 반복적으로 함으로써 어려운 문제도 흔들림 없이 해결하는 자신감을 키웁니다.

비법 전략 4 스스로 학습이 가능한 문제 풀이 동영상 제공

해결 전략에 따라 단계별로 문제를 풀이하는 동영상 제공으로 자기 주도 학습 능력을 키웁니다.